MICROCLIMATOLOGIA AGRÍCOLA:

INTRODUÇÃO BIOFÍSICA DA RELAÇÃO PLANTA-ATMOSFERA

Fábio R. Marin

Departamento de Engenharia de Biossistemas

ESALQ/USP

Fotos da capa: Nirutdps by Depositphotos imagebank

FEALQ

Av. Centenário, 1080
13416-000. Piracicaba, SP, Brasil

Fone: 19-3417-6609
livros@fealq.org.br
ww.fealq.org.br

Catalogação na Publicação
DIVISÃO DE BIBLIOTECA – DIBD/ESALQ/USP

Marin, Fábio Ricardo
Microclimatologia agrícola: introdução biofísica da relação planta-atmosfera / Fábio Ricardo Marin. - - Piracicaba : FEALQ, 2021.

263 p. : il.

ISBN: 978-65-89722-03-8

1. Microclimatologia agrícola 2. Biofísica aplicada 3. Relação planta-atmosfera 4. Dossel 5. Radiação solar I. Titulo

CDD 630.2516

Elaborada por Maria Angela de Toledo Leme - CRB-8/3359

Dedicatória

Eu dedico este livro aos meus pais, Sérgio e Luiza, minha esposa Michelle e meus filhos André, Pedro, Alice e Elisa.

Sumário

PREFÁCIO

A obra faz uma introdução biofísica da relação planta-atmosfera, levando a um enfoque de interesse da microclimatologia agrícola. Nas microescalas meteorológica e climatológica, que trabalham com médias de variáveis meteorológicas de uma camada muito próxima à superfície da Terra, é importante considerar-se que no tipo de estudo em microescala é comum encontrar as duas bases de estudo, já que ambas trabalham com os mesmos processos atmosféricos e a diferença entre elas é o tempo de cálculo das variáveis. Dados obtidos em curtos intervalos de tempo micrometeorológicos (menor que uma hora) acabam sendo integrados para se obter os climatológicos.

Após compor os quatro primeiros capítulos, com base em aspectos básicos da atmosfera e os fenômenos climáticos, das leis da radiação solar e as relações Terra-Sol, dos fluxos de massa e energia na atmosfera e da água e do vapor d'água da atmosfera, nos cinco capítulos posteriores são introduzidos conhecimentos em áreas de muito interesse à microclimatologia agrícola.

No quinto capítulo faz-se uma discussão da arquitetura da copa, entendendo-se como as diferentes formações de folhagem nas espécies vegetais permitem um melhor aproveitamento da radiação solar. Cita-se de forma rápida os métodos de determinação direta de área foliar e deixa espaço para discutir com ênfase equações que servem de base para o desenvolvimento de instrumentos indiretos de medida do índice de área foliar, úteis para uso em espécies de porte elevado, cobrindo ou não totalmente o terreno.

O capítulo seguinte trata do balanço de radiação e de energia de comunidades vegetais, com três partes principais. A primeira expõe conceitos e definições sobre o tema, envolvendo os componentes que o constituem, a segunda envolve a medida do saldo de radiação tanto em culturas com cobertura continua como com cobertura descontínua do terreno e na terceira introduz-se o uso da estimativa pela lei de Beer. São apresentados dados com cafeeiros pelo uso dos dois últimos métodos citados e encerra-se o capítulo com um estudo sobre o balanço de radiação e as mudanças climáticas globais na Terra.

No capítulo sete aborda-se a temperatura do ar e a do solo. Após a exposição dos conceitos básicos do processo de formação de ambas, é explicada a relação entre temperatura do ar e a pressão atmosférica. Como esta última diminui com a altitude na tropopausa, é comum medir-se a temperatura do ar em um padrão adotado no mundo, com altura de estação meteorológica entre 1,25 m e 2,00 acima da superfície do solo local. Outra ocorrência da relação observada entre a variação das duas variáveis é a definição de Temperatura Potencial TP, representando a temperatura de uma parcela submetida a uma pressão atmosférica adotada como referência, normalmente de 100 KPa, de maneira que tal temperatura tenha a propriedade de ser conservada durante o movimento vertical da parcela de ar, quando o calor não é adicionado ou removido durante sua movimentação ascendente. Explica-se, também, o estabelecimento do grau de estabilidade atmosférica pelo efeito do gradiente vertical de temperatura sobre a formação de turbilhões e pelo acionamento de parcelas de ar contribuindo para a variação da estabilidade. O capítulo é incrementado com a discussão sobre a temperatura do solo, com exemplos de suas propriedades térmicas, com a modelagem da variação temporal de ambos os tipos de temperatura (ar e solo) pelo método de Parton e Logan (1981) para Piracicaba, SP e explica-se o efeito de temperatura do ar em sistemas biológicos com o exemplo de cálculo de graus-dias de cultivo diário milho nesse local.

Após discutir a caraterística sobre o efeito do vento (velocidade horizontal da massa de ar) ao comportar-se como uma grandeza vetorial (dependente da sua velocidade e direção), contrariamente a outras grandezas meteorológicas escalares, no penúltimo capítulo discute-se aspectos peculiares da grandeza envolvendo o escoamento de um fluido, que pode atingir seu deslocamento dependente do número de Reynolds (Re), função direta da velocidade do fluído e do diâmetro do tubo, e do inverso da viscosidade cinemática do fluído. Quando o valor Re atinge valores acima de 2300, a velocidade do fluido torna-se caótica (turbulenta), o que acontece com o vento. Vários outros pontos são discutidos no capítulo (o transporte de momento, a compressibilidade atmosférica, o comprimento da rugosidade, a velocidade de fricção e o deslocamento do plano zero), além do efeito do gradiente vertical de temperatura no transporte de propriedades atmosféricas. O capítulo é encerrado pela discussão do que é a bordadura ("fetch") e como é calculada sua espessura, encerrando-se o capítulo de como pode ser calculada dada a resistência aerodinâmica em três tipos de vegetação: a de comunidades vegetais, a de plantas isoladas e a de folhas isoladas.

No último capítulo discute-se o fluxo de vapor d´água em comunidades vegetais. Após discorrer sobre o processo de evapotranspiração, envolvendo variantes fisiológicas, do solo e meteorológicas, com identificação dos diferentes tipos de evapotranspiração empregadas no sistema solo-planta-atmosfera (de referência, real, de oásis e de culturas) e com o desenvolvimento de estudos nessa área, várias modificações foram introduzidas na metodologia ao longo dos últimos 70 anos. Em trabalhos com o Kc para culturas anuais, pode-se usar a abordagem de dualizar as fases de cálculo, primeiro calculando-se ETo, seguido do cálculo de ETc com uso de Kc adequado. No caso de renques e pomares com árvores espaçadas, incluindo-se a possibilidade de determinação de transpiração de árvores em condições de cultivo em que elas se tornam predominantes em transferir água do solo até a passagem para a fase gasosa, há ainda aspectos a serem estudados quanto ao fato de Kcb ter ou não valores únicos observados; para cafezal e laranjal no Brasil não se encontrou valor único. Outro aspecto tratado é a definição do fator de acoplamento entre a vegetação e a atmosfera, com base na resistência ao inverso da relação r_f/r_a (relação entre a resistência à difusão de vapor e da resistência aerodinâmica da cultura); quando essa relação gama tende a 1(ou seja, r_f/r_a tende a zero), há maior interação entre a folhagem e a atmosfera. No lado contrário (gama tende a zero, com menor rugosidade aerodinâmica ou baixa velocidade do vento), há um maior desacoplamento entre as condições experimentadas pela vegetação e as registradas pela estação meteorológica.

Cabe felicitações ao Prof. Fábio R. Marin pela obra direcionada à aspectos de interesse de microclimatologia agrícola, em português e facilitadora daqueles que se interessam em tomar conhecimento do fundamental à introdução do assunto.

Prof. Luiz Roberto Angelocci
Esalq-USP

1. A ATMOSFERA E OS FENÔMENOS CLIMÁTICOS

1.1. INTRODUÇÃO

O planeta Terra é fisicamente constituído por um grande número de componentes que estão distribuídos no estado líquido, sólido ou gasoso. Tais componentes podem também ser didaticamente organizados em grandes agrupamentos (ou esferas) que unidos formam a estrutura do planeta, como a biosfera, a litosfera, a hidrosfera e a atmosfera. A atmosfera é um dos principais componentes da Terra, constituído por um conjunto de gases e organizados em camadas, como discutido nas próximas seções deste capítulo.

Etimologicamente, o termo "meteorologia" deriva do latim *meteorum* que significa "coisas ou fenômenos que ocorrem suspensos na atmosfera". A meteorologia é definida como o ramo da ciência dedicada aos processos e fenômenos da atmosfera, com foco especial na previsão do tempo. Tempo, por sua vez, é o termo utilizado para descrever o estado da atmosfera num dado momento, resultado do seu deslocamento e condicionado por uma variedade de processos e forças agindo nas três escalas espaço-temporais. Espacialmente, tais processos podem ocorrer desde a escala de milímetros chegando até a envolver grande parte da circunferência terrestre. As escalas temporais vão desde uma fração de segundos até meses, havendo fenômenos que podem desenvolver-se até mesmo na escala de anos. Tais escalas mais longas envolvem aspectos do clima e são alvo de estudo da climatologia, que por definição se refere à síntese do tempo num dado local durante um longo período.

1.2. ESTRUTURA E COMPOSIÇÃO DA ATMOSFERA

O objeto de estudo da meteorologia é a estrutura e a movimentação da atmosfera. A meteorologia pode ser didaticamente subdividida quanto à escala espaço-temporal de interesse em micro, meso e macroescala, de acordo com o tipo e abrangência dos fenômenos que condicionam o tempo em uma dada região. Em algumas situações, utiliza-se também os termos global, regional e local para caracterizar essas escalas atmosféricas e os fenômenos a elas associados.

A atmosfera é o envelope gasoso que envolve o planeta Terra e que é composta por diversos gases e partículas dispersas numa camada com espessura máxima de cerca de 100 km de altitude. Se comparada com a Terra, a espessura da atmosfera não representa mais que 0,6% de seu diâmetro. Se considerarmos que, sob o ponto de vista meteorológico, a camada mais importante da atmosfera está restrita a 20 km de altitude, tem-se que essa espessura é menos de 0,2% do diâmetro terrestre (Figura 1.1.). Proporcionalmente, a espessura da atmosfera em relação ao diâmetro da Terra é equivalente à espessura da camada de tinta que recobre uma bola de bilhar (Gore, 2006).

Cerca de 50% da massa da atmosfera está concentrada nos primeiros 5 km de altitude e, até os 20 km, concentram-se mais de 95% da sua massa total. Essa variação na concentração de gases a partir da superfície do solo confere propriedades diferentes à medida que subimos a partir da superfície. Por isso, uma opção didática interessante é dividir a atmosfera em camadas com o objetivo de facilitar seu estudo e compreensão. Vale frisar, contudo, que essa divisão é meramente didática, de modo que a espessura das camadas não é fixa no tempo, mas apenas um referencial aproximado. Um critério que tem sido utilizado fundamenta-se na variação da temperatura com a altitude. De acordo com essa abordagem, a atmosfera pode ser dividida em quatro camadas (troposfera, estratosfera, mesosfera e termosfera) separadas por três zonas de transição (tropopausa, estratopausa e mesopausa) (Figura 1.1.).

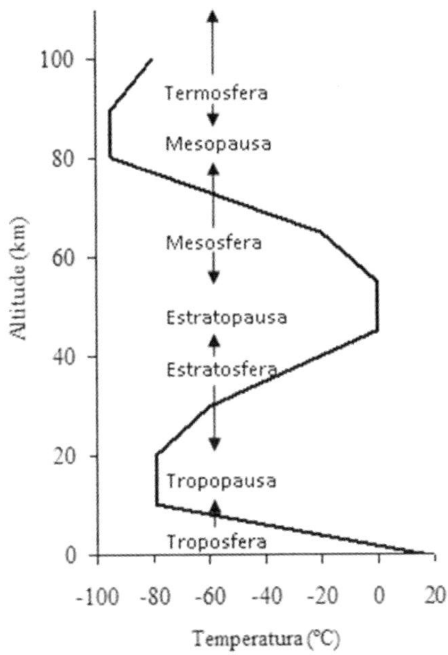

Fonte: Assunção, 2004.

Figura 1.1. Variação vertical da temperatura do ar com as respectivas camadas homogêneas da atmosfera e zonas de transição.

A camada de interesse para esta obra é a que fica mais próxima da superfície, conhecida como troposfera. É ela que efetivamente interage com a vegetação. A troposfera pode ser subdividida em três outras camadas: 1) atmosfera livre; 2) camada limite planetária e; 3) a camada limite superficial (Figura 1.2.). A camada limite superficial, por sua vez, pode também ser subdividida em duas subcamadas: 4) a camada rugosa superficial e; 5) camada laminar superficial. Dentre estas, a micrometeorologia dedica-se ao estudo das camadas 4 e 5, que sofrem forte influência das estruturas rugosas da superfície e do regime radiativo incidente, com variação diuturna definida. A camada rugosa se estende do topo dos elementos de rugosidade da superfície até duas ou três vezes a sua dimensão, enquanto a camada limite laminar é aquela que está em contato direto com os elementos de rugosidade da superfície e em condição não turbulenta. Ela possui apenas alguns milímetros de espessura e se reproduz sobre todas as estruturas presentes no ambiente, representando uma camada de transição entre um ponto em que a velocidade do vento é zero (ou muito próxima disso) e a camada onde o fluxo é caótico e o regime de vento é turbulento.

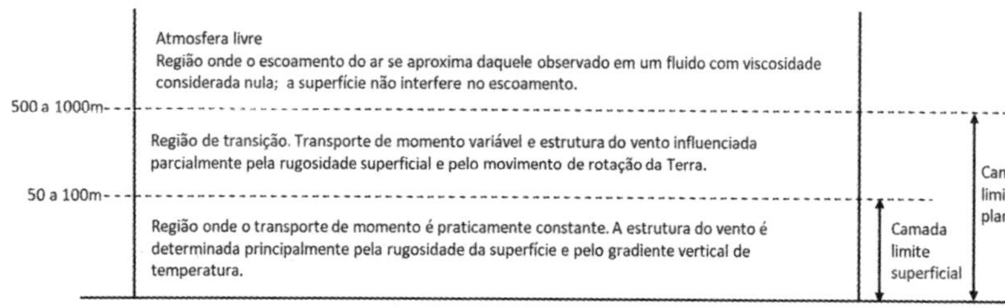

Figura 1.2. Representações das dimensões e principais características da troposfera.

A atmosfera compreende uma mistura de gases, vapor d'água e partículas dispersas, tendo como principais constituintes o nitrogênio, o oxigênio, o argônio, o dióxido de carbono e o vapor d´água (Tabela 1.1.). Outros gases ocorrem em pequenas proporções, como o neônio, criptônio, hélio, metano e o hidrogênio e têm uma importância secundária sob o ponto de vista meteorológico. A atmosfera mantém-se aderida à crosta terrestre por causa da força da gravidade e, por isso, verifica-se a progressiva rarefação do ar com a altitude (Varejão-Silva, 2001).

Tabela 1.1. Fração com base em volume dos seis constituintes principais da atmosfera.

Constituinte	Fração com base em volume (%)	ppm$_v$
Nitrogênio (N)	78,084%	780,8401
Oxigênio (O_2)	20,946%	209,460
Argônio (Ar)	0,934%	9,349
Dióxido de Carbono (CO_2)	0,0390%	390,0
Neônio (Ne)	0,0018%	18,18
Hélio (He)	0,000524%	5,2

1.2.1. ESCALAS DOS FENÔMENOS ATMOSFÉRICOS

Fenômenos de grande escala são considerados como de macroescala e tratados no âmbito da meteorologia sinótica; fenômenos condicionados principalmente pela topografia são considerados fenômenos de mesoescala (Figura 1.3.). A macroescala é condicionada principalmente por fatores de ordem geográfica e àqueles ligados à circulação atmosférica, com extensão entre 1000 e 5000km, proximidade com grandes massas de água ou forma dos continentes. Em resumo, os fatores que controlam o macroclima são a latitude, a altitude/relevo, oceanidade/continentalidade, distribuição de oceanos e continentes, movimentos da Terra; as correntes oceânicas, os centros de alta e baixa pressões semipermanentes, as grandes massas de ar, e as variações da composição atmosférica. A temperatura, por exemplo, na escala macroclimática, sofre influência da irradiância solar, ventos, nebulosidade, transporte convectivo de calor, e concentração de vapor d'água na atmosfera. A escala mesoclimática é condicionada pela topografia, em função do relevo da região. A exposição (N, S, E ou W), a configuração (vale, espigão, meia encosta), e o grau de inclinação do terreno determinam o clima local. Portanto, dentro do macroclima da região é possível que existam vários topoclimas. A configuração e a exposição do terreno podem modificar bastante os climas regionais, sendo de grande importância na agricultura, devendo ser levado em consideração no planejamento agrícola (Pereira et al., 2002).

O escopo da microclimatologia/micrometeorologia é limitado aos fenômenos que se originam e que se desenvolvem na camada mais baixa da atmosfera, sujeita aos efeitos do atrito provocado pela superfície da Terra, conhecida como "camada limite planetária". A micrometeorologia é o ramo da meteorologia dedicada aos processos que ocorrem nas menores escalas espaço-temporais, que têm duração variando de segundos a minutos, numa escala espacial de um centímetro a um quilômetro. É nesta escala onde os fenômenos meteorológicos que importam para vida das plantas ocorre e é por isso que ele nos interessa mais no contexto desta obra.

Modificado de Oke (1992).

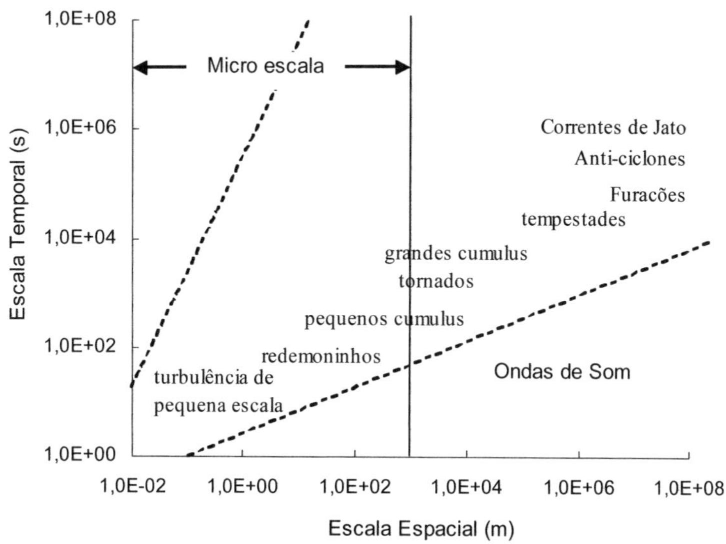

Figura 1.3. Escalas de tempo e espaço dos fenômenos atmosféricos, enfatizando o escopo da microclimatologia/micrometeorologia.

Como mencionado, este texto tem enfoque no estudo das relações de troca entre a vegetação e a atmosfera na escala de uma cultura agrícola e, portanto, seu escopo é próximo daquele estudado pela microclimatologia.

No entanto, o texto vale-se grandemente de conceitos relacionados às escalas meso e macroclimática para interpretação de fenômenos que ocorrem na interface planta-atmosfera. A microclimatologia lida em especial com as trocas de energia, massa e momento que ocorrem continuamente entre a atmosfera e a superfície da Terra. Assim, a variação vertical de elementos meteorológicos como a velocidade do vento, temperatura e umidade, bem como a concentração de gases são também objeto de estudo da microclimatologia. A evapotranspiração, por exemplo, é um componente muito importante do balanço de energia de ecossistemas, controlado pelos processos de trocas gasosas entre as plantas e a atmosfera.

1.3. PAPEL BIOLÓGICO DA ATMOSFERA

A atmosfera é essencial à vida na Terra e para o balanço de energia do globo, interagindo com a radiação solar, seja por absorção (elevando o estado energético dos átomos e moléculas), ou por espalhamento (alterando a direção dos raios solares). Embora todos os constituintes atmosféricos tenham sua importância na dinâmica e estrutura da atmosfera, na manutenção da vida e na formação dos sistemas meteorológicos, o oxigênio, o ozônio, o vapor d'água e o dióxido de carbono merecem atenção especial quando se estuda a atmosfera sob o ponto de vista ambiental.

A importância do oxigênio está diretamente relacionada à manutenção da vida como agente essencial oxidante das substâncias orgânicas através do processo fisiológico da respiração. O oxigênio é um elemento gasoso incolor e inodoro e sua forma química mais comum é a de uma molécula com dois átomos (O_2). O oxigênio reage com a maioria dos outros elementos para formar óxidos e é o elemento mais abundante na crosta terrestre, representando 49,2%, em termos de massa, e 58% dos átomos (Duursma e Boisson, 1994). O oxigênio é um dos produtos do processo fotossintético, resultado de duas reações principais. Quando expostos à luz, os pigmentos fotossintéticos absorvem a energia radiante e procedem a fotólise da água, liberando elétrons para a redução de um nucleotídeo fosfatado que, por sua vez, atua durante a fase independente da luz para a redução do carbono presente no CO_2 a hidrato de carbono, numa via metabólica conhecida como Ciclo de Calvin.

Além da sua interferência decisiva na evolução do planeta e no desenvolvimento da vida na Terra, a concentração do oxigênio também teve uma forte influência da atividade biológica. Estima-se que se não houvesse vida na crosta terrestre, a concentração de O_2 seria muito mais baixa que os níveis atuais, já que ao longo da história da Terra a concentração de O_2 partiu de valores próximos a 0,08%, há pouco mais de dois bilhões de anos atrás, até os cerca de 21% observados atualmente (Lenton, 2003).

A elevação da concentração de oxigênio na crosta terrestre deu origem a uma camada com maior concentração de ozônio (O_3) na alta atmosfera, que atua como um protetor efetivo contra a incidência da radiação ultravioleta (UV) – com comprimento de onda menor que 242,5nm - emitida pelo Sol sobre a superfície terrestre (Miller Jr., 2006). O processo de absorção do UV se dá através da dissociação do O_3 quando as ondas UV incidem sobre ele, liberando átomos de oxigênio (O^-) que, por sua vez, podem se combinar com outros componentes atmosféricos, tal como N_2 ou mesmo com outra molécula de O_2, dando origem a uma nova molécula de ozônio, havendo neste caso liberação de energia química. A esta liberação de energia é que se atribui o aquecimento da atmosfera na camada próxima a 50 km de altitude, onde essa reação ocorre com maior frequência.

Por absorver radiação na faixa do ultravioleta, o ozônio tem uma grande importância como protetor da vida na Terra. Mas, como é possível depreender a partir dessa sucinta descrição, o ozônio é um gás muito instável que está continuamente em processo de decomposição e reconstituição, num ciclo contínuo e natural.

A presença de determinados gases, contudo, pode afetar esse balanço, sendo este o fator responsável por promover uma expressiva redução na concentração do ozônio na faixa atmosférica compreendida entre 15 e 35 km de altitude (Ayoade, 1996). Os benefícios da camada de ozônio são bem conhecidos atualmente e ainda não foi identificado outro constituinte atmosférico natural que desempenhe funções similares quanto à extinção do UV e proteção da vida na Terra. Na década de 70, pesquisadores apontaram para o fato que alguns compostos químicos fabricados pelo homem, com destaque para o clorofluorcarbono (CFC), contribuíam para a destruição da camada de ozônio, reduzindo perigosamente a sua espessura (Pickering e Owen, 1995). Na época, esses componentes químicos eram largamente utilizados na produção de refrigeradores, em sistemas de pressurização, como solventes na indústria eletrônica, produção de isopor e sprays, entre outros. Quando ascende às camadas mais altas da atmosfera, o átomo de cloro (Cl) liberado da molécula de CFC reage com o oxigênio, formando um composto muito estável que dificilmente se dissocia, interferindo no equilíbrio dinâmico do processo de formação do ozônio. Consciente do perigo que o afinamento na camada de ozônio significaria ao meio ambiente e à saúde humana, a partir de 1º de janeiro de 1989 passou a vigorar o Protocolo de Montreal (UNEP, 1991). Esse tratado internacional passou a incentivar os países a eliminarem o consumo dos produtos químicos que destroem a camada de ozônio. Segundo estimativas da Divisão de Estatística das Nações Unidas, as emissões de CFCs caíram quase 95% em relação ao que era emitido em 1990, após a assinatura do protocolo.

Apesar da forte redução nas emissões, superando os limites estabelecidos na maioria dos países que aderiram ao acordo, os seus efeitos ainda não foram completamente sentidos pela humanidade. Isto é resultado do longo tempo de emissão descontrolada de compostos que demoram várias décadas, até séculos, para decompor-se e por ainda haver diversos tipos de aparelhos elétricos e utensílios domésticos de fabricação antiga, em pleno uso, que ainda utilizam o CFC como gás propelente.

Reduções na concentração de ozônio na estratosfera podem influir na temperatura da Terra porque maior quantidade de energia na faixa do ultravioleta chega à superfície conforme se reduz a ozonosfera, favorecendo o aquecimento do globo. Se comparado aos demais fatores que atuam no balanço de radiação da Terra, entretanto, este efeito tem pouca importância quantitativa, mas é relevante qualitativamente, promovendo aumento da incidência de casos de câncer em humanos e diminuição da capacidade fotossintética dos vegetais.

Maiores concentrações de vapor d'água são normalmente observadas em camadas atmosféricas próximas à superfície da Terra, podendo representar no máximo 4% em volume da composição do ar. Apesar dessa baixa concentração relativa, o vapor d'água exerce função fundamental na composição climática e na presença de vida. As camadas de ar próximas à superfície das regiões tropicais quentes e úmidas podem conter grandes quantidades de vapor, enquanto as zonas polares e frias têm uma atmosfera mais seca. O vapor d'água tem a propriedade de absorver grandes quantidades de energia radiante na faixa do infravermelho, desempenhando papel fundamental no equilíbrio energético da atmosfera. Um exemplo interessante relacionado ao vapor d´água é que as geadas não ocorrem em noites com céu nublado, mas apenas em ocasiões em que a atmosfera tem baixos níveis de umidade. Isso porque, nestas condições, a radiação de onda longa emitida pela Terra escapa em direção ao espaço sideral com consequente resfriamento da crosta terrestre. Em regiões com maior quantidade de vapor d´água na atmosfera, em contrapartida, a atmosfera atua absorvendo e reemitindo uma fração importante da energia radiante emitida pela Terra, mantendo a temperatura das camadas de ar que envolve a vegetação em níveis normalmente mais elevados do que nas regiões mais secas.

O CO_2 é uma molécula que resulta da respiração aeróbica dos seres vivos, da queima de combustíveis fósseis e das queimadas agrícolas e florestais. Devido à importância e extensão espacial que esses processos ocupam na dinâmica da matéria e da energia no globo terrestre, fica fácil entender por que ele é considerado o principal Gás de Efeito Estufa (GEE). Sua concentração vem aumentando continuamente desde a revolução industrial, no século 19, quando o consumo de combustíveis fósseis se intensificou. Estima-se que nos últimos 160 anos a concentração de CO_2 tenha saltado de 270ppm para cerca de 410ppm (Figura 1.4).

A Figura 1.4 ilustra os registros dos últimos quatro anos realizados pela estação de medidas da NASA situada na ilha de Mauna Loa, no Havaí. O CO_2 atua como um forte absorvedor da radiação de onda longa, emitida preferencialmente pela superfície do solo, mantendo o equilíbrio no balanço de radiação da Terra. A esse processo de "aprisionamento" da radiação de onda longa emitida pela superfície dá-se o nome de efeito estufa, que é visto em detalhe no capítulo 7. Os oceanos são os principais sumidouros de CO_2, além da biota terrestre, especialmente as florestas tropicais, que têm potencial de acúmulo de até 250 toneladas de carbono por hectare no estádio clímax (Gibbs, 2007).

As emissões mundiais de CO_2 diferem entre os países de acordo com seu desenvolvimento econômico e atividade industrial. De modo geral, conforme dados divulgados pelo Painel Intergovernamental para Mudanças Climáticas (IPCC), países desenvolvidos respondem pela maior parte das emissões, oriundas do funcionamento de indústrias, transporte urbano e rodoviário e geração de energia elétrica pela queima de combustíveis fósseis (carvão mineral e derivados de petróleo). Já nos países em desenvolvimento, como o Brasil, outros processos de ação humana respondem pela maior parte do CO_2 emitido, com destaque para a derrubada de florestas.

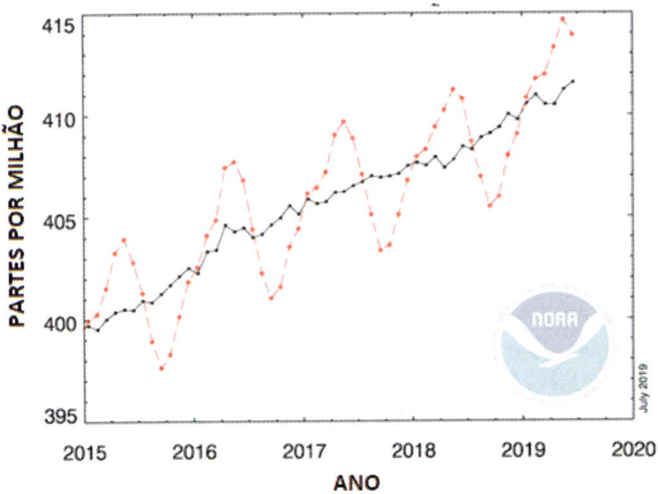

Fonte: Tans (2019).

Figura 1.4. Variação mensal da concentração de dióxido de carbono na atmosfera entre 2015 e 2019 (linha vermelha) no observatório de Mauna Loa, Havaí. A linha preta mostra a média móvel de longo prazo.

O metano é outro GEE que teve sua concentração elevada a partir da revolução industrial. Estima-se que o potencial de "aprisionamento" de radiação de onda longa, também denominado potencial de aquecimento global (do inglês, *global warming potential, GWP*) pelo metano seja entre 10 e 20 vezes maior que o do CO_2. Entretanto, a concentração relativamente menor na atmosfera e a sua menor estabilidade temporal mantêm o dióxido de carbono como o centro das atenções quando o assunto é efeito estufa. O metano resulta da decomposição de matéria orgânica em ambiente anaeróbico e isso faz dos aterros sanitários uma importante fonte de metano antropogênico para a natureza. As áreas de cultivo do arroz irrigado, os gases oriundos da digestão dos animais ruminantes, as minas de carvão, a queima de biomassa, as refinarias de petróleo e os vazamentos nos sistemas de distribuição de gás natural são outras fontes de emissão de metano relacionadas às atividades humanas. Entre as fontes naturais, as áreas pantanosas merecem destaque.

O óxido nitroso (N_2O) é outro GEE que ganhou importância por causa do aumento rápido na sua concentração desde o início da era industrial. Estima-se que, entre 1980 e 1998, a concentração de N_2O tenha subido a uma taxa de 0,25% ao ano (IPCC, 2014). A principal fonte natural de emissão de N_2O é o solo agrícola e os oceanos e, dentre as fontes antrópicas, a queima de biomassa e as atividades industriais são apontadas como as principais (Tavares, 2004). A importância dada ao N_2O deve-se ao seu potencial de aquecimento global, que é cerca de 300 vezes maior que o do CO_2.

1.4. APLICAÇÕES DA MICROCLIMATOLOGIA E MICROMETEOROLOGIA

Embora a microclimatologia/micrometeorologia trate de uma fina camada de ar que envolve os elementos terrestres e as culturas agrícolas, ela tem grande importância por tratar da camada onde a maior parte dos fenômenos atmosféricos que interferem sobre a vida das plantas e animais acontecem. Por exemplo, os processos de transferência turbulenta são responsáveis pelas trocas de massa e energia entre a vegetação e a atmosfera e, exatamente nessa camada mais próxima à superfície terrestre é onde se verifica a maior turbulência atmosférica. Sem os processos turbulentos, estima-se que esses processos de troca ocorreriam apenas em função dos processos moleculares, o que reduziria a magnitude das trocas em 10^{-3} ou 10^{-6} em relação às trocas em condições turbulentas (Arya, 2001).

As equações de fluxo a serem discutidas ao longo desta obra, que se baseiam no conceito de rugosidade aerodinâmica, são muito utilizadas em microclimatologia/micrometeorologia para entender a interação ar-oceano, poluição atmosférica, hidrologia e na modelagem de larga escala da atmosfera. Nesses casos, os fluxos estão relacionados com o produto entre a velocidade do vento e a diferença entre os valores de uma grandeza entre duas alturas. Em agricultura, esta abordagem é a base para os estudos de evapotranspiração de culturas ou sobre o balanço de carbono e outros gases de efeito estufa. Por exemplo, toda a teoria que embasa a grande prática do manejo da irrigação de culturas vem deste tipo de estudo.

Outra aplicação bastante comum nos estudos de fluxos entre superfícies vegetais e a atmosfera é o conceito de resistência aerodinâmica, que permite uma aplicação relativamente simples para estimativa de fluxos de massa e energia a partir dos componentes de um sistema agrícola ou florestal.

O balanço radiativo de superfícies vegetadas é outro ponto de interesse da microclimatologia e da micrometeorologia. Ainda que se trate de um tema bastante complexo e relativamente pouco estudado pelas ciências correlatas, a compreensão quali-quantitativa dos fluxos energéticos permite antever a taxa fotossintética e o padrão de funcionamento térmico dos ecossistemas, além de explicar boa parte dos demais fluxos biogeoquímicos que atuam naquele ambiente.

O tamanho e a forma de uma copa, bem como a orientação das folhas que a compõem, determinam sua interação com a radiação solar, seu padrão térmico e suas taxas de assimilação de carbono e de transpiração. Tais aspectos estão relacionados com o conceito de arquitetura de copa e a orientação das folhas, caracterizada pelo ângulo de inclinação e seu azimute, são úteis indicadores sobre o funcionamento das espécies vegetais, e para a diferenciação entre cultivares.

Enfim, é na escala microclimatológica onde se encontra uma interface mais próxima com outras ciências agronômicas, como a fitotecnia e a fisiologia vegetal. Os conceitos e técnicas de estudo que envolvem a microclimatologia são, portanto, bastante aplicados para a compreensão de uma série de práticas adotadas no processo de produção agrícola e florestal, comprovados empiricamente, mas às vezes sem a explicação teórica sobre seu funcionamento. Os conceitos físicos utilizados ao longo desta obra, espera-se, irão servir ao leitor de base para ampliação do seu entendimento sobre processos produtivos agrícolas.

REFERÊNCIAS

Arya, S. P. 2001. Introduction to Micrometeorology. San Diego: Academic Press.

Assunção, J. V. Controle Ambiental do Ar. In: Philipi Jr.; Roméro, M.A.; Bruna, G.C (eds.). Curso de Gestão Ambiental. Barueri: Manole. 2004. p. 101-154.

Ayoade, J. O. Introdução a climatologia para os trópicos. 4ª ed. Rio de Janeiro, 1996. 332p.

Duursma, E.K. and Boisson, M.P.R.M. (1994). Global oceanic and atmospheric oxygen stability considered in relation to the carbon cycle and to different time scales. Oceanologica Acta, v.17, p.117-141.

Gibbs, H.K.; Brown, S.; Niles, J.O.; Foley, J.A. Monitoring and estimating tropical forest carbon stocks: making REDD a reality. Environmental Research Letters. v.2, p.1-13, 2007.

Gore, A., 2006. An inconvenient truth: The planetary emergency of global warming and what we can do about it, 1st ed. Rodale books, New York.

IPCC. 2014. Fifth Assessment Report (AR5). Cambridge Univ. Press.

Lenton, T.M. The coupled evolution of life and atmospheric oxygen. In: Rothschild, L.; Lister, A. Evolution on Planet Earth: Impact of the Physical Environment. p. 35-53. 2003.

Miller Jr., G.T. Ciência Ambiental. São Paulo: Thonsom. 501p. 2006.

Oke, T.R., 1992. Boundary layer climates, 3rd ed. Taylor & Francis.

Pereira, A.R., Angelocci, L. R.; Sentelhas, P.C. 2002. Agrometeorologia: Fundamentos e Aplicações Práticas. Guaíba: Agropecuária.

Pickering, K.T.; Owen, L.A. An Introduction to Global Environmental Issues. Londres: Routledge, 1995.

Tans, P. NOAA/ESRL (www.esrl.noaa.gov/gmd/ccgg/trends/) and Dr. Ralph Keeling, Scripps Institution of Oceanography (scrippsco2.ucsd.edu/). Acessado em 11 de agosto de 2019.

Tavares, A.C. Mudanças Climáticas. In: Vitte, A.C.; Guerra, A.J.T. (Orgs.) Reflexões sobre a Geografia Física no Brasil. Rio de Janeiro: Bertrand Brasil. 2004. 280p.

UNEP. Selected multilateral treaties in the field of the environment, v.2. Grotius Publications Ltda: Cambridge. 1991. 573p.

Varejão-Silva, M.A. Meteorologia e Climatologia. Brasília: INMET, 2001, 525p.

2. A RADIAÇÃO SOLAR

Denomina-se "radiação" a energia que se propaga à velocidade da luz no vácuo, sem a necessidade de um meio material. Ela pode ser transmitida através do ar ou de meios semi-materiais e, dependendo do enfoque que se pretenda aplicar, a radiação pode ser entendida como uma onda eletromagnética ou como sendo de natureza corpuscular, quando a energia é transferida em unidades discretas chamadas de quanta ou fótons. No estudo da meteorologia e da climatologia, o enfoque ondulatório é mais utilizado e, segundo ele, a radiação pode ser caracterizada por um comprimento de onda (λ) e por sua frequência (*f*), conforme descrito na Equação 2.1.

$$E = \frac{h \cdot c}{\lambda} = h \cdot f \qquad (2.1.)$$

em que h é a constante de Planck ($6{,}62606957 \cdot 10^{-34}$ J·s), c é a velocidade da luz no vácuo ($3 \cdot 10^{8}$ m·s^{-1}), λ é o comprimento de onda (m) e *f* é a frequência (Hz).

Comprimento de onda é a distância que separa duas cristas consecutivas de uma onda. É normalmente expresso em micrômetros (10^{-6}m) ou nanômetros (10^{-9}m). Frequência é o número de cristas que passam num determinado ponto de referência por unidade de tempo, expressa em oscilações por segundo (hertz, Hz). A Tabela 2.1. apresenta os principais termos e medidas relacionados à radiação solar utilizados em meteorologia, climatologia e fisiologia vegetal.

Tabela 2.1. Nomenclatura, unidades e definições para grandezas utilizadas para a quantificação da radiação.

Termo	Unidade	Símbolo	Definição
Energia radiante	J	E	Energia na forma de radiação eletromagnética
Número de fótons	mol	n_f	Radiação incidente
Fluxo radiante	$J \cdot s^{-1} = W$	$f_r = \frac{E}{dt}$	Energia radiante emitida ou absorvida por uma superfície por unidade de tempo
Fluxo de fótons	$mol \cdot s^{-1}$	$Qn = \frac{n_f}{dt}$	Número de fótons emitidos ou absorvidos por uma superfície por unidade de tempo
Irradiância	$W \cdot m^{-2}$	$Q_r = \frac{f_r}{A}$	Densidade de fluxo de energia radiante incidente sobre uma unidade de área de uma superfície plana
Irradiância de fótons	$mol \cdot m^{-2} \cdot s^{-1}$	$Q_f = \frac{f_f}{A}$	Densidade de fluxo de fótons incidentes sobre uma unidade de área de uma superfície plana
Emitância	$W \cdot m^{-2}$	$E_r = \frac{f_r}{A}$	Fluxo radiante emitido por unidade de área de uma superfície plana

Fonte: adaptado de Jones (1992).

O espectro eletromagnético pode ser dividido em vários intervalos espectrais e a Figura 2.1. apresenta as diferentes bandas do espectro considerando a sua nomenclatura mais comum, a saber:

- Raios-gama: radiação com comprimento de onda menor que 1 nanômetro;
- Raios-X: radiação com comprimento de onda entre 1 e 10 nm;
- Ultravioleta: região compreendida entre 10 nm $< \lambda \leq$ 400 nm;
- Visível ou radiação fotossinteticamente ativa: 400 nm $< \lambda \leq$ 700 nm;
- Infravermelho: 700 nm $< \lambda \leq$ 100.000 nm. A banda do infravermelho é normalmente dividida em dois intervalos: o infravermelho próximo (IVP), em que 700 nm $< \lambda \leq$ 3.500 nm e o térmico (ou distante), em que 3.500nm $< \lambda \leq$ 100.000nm; Micro-

ondas: radiação com comprimentos de onda entre 3 mm e 300 mm; Ondas de rádio: radiação com comprimento de onda maior que 300 mm.

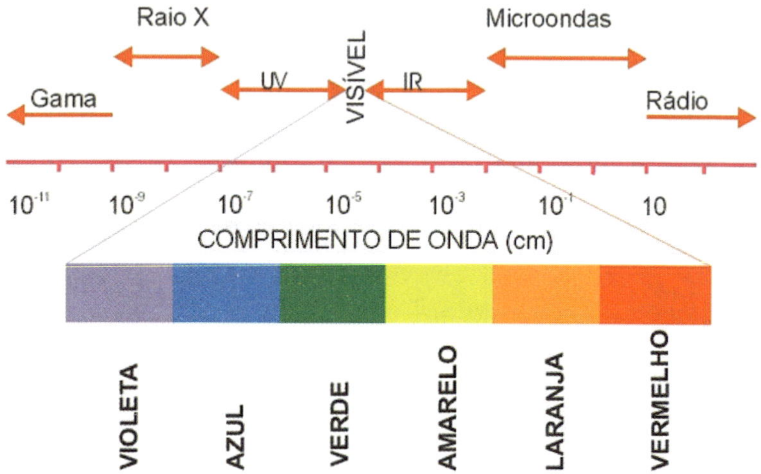

Figura 2.1. Parte do espectro eletromagnético e seus respectivos nomes, com ênfase para a radiação na faixa do visível.

Didaticamente, o espectro de radiação pode ser dividido em dois grandes grupos, utilizando como referência a radiação emitida pelo Sol. Por ter temperatura muito alta em comparação com a Terra, o Sol emite radiação em comprimentos de onda predominantemente menores que 4000 nm (como será discutido nas seções sobre a Lei de Planck e Lei de Wien a frente). Por isso, convencionou-se denominar os comprimentos de onda maiores que 4000 nm ($\lambda > 4000$ nm, provenientes da superfície terrestre) como radiação de onda longa, enquanto a radiação com $\lambda < 4000$ nm (proveniente do Sol) é chamada de radiação de onda curta.

A energia radiante interage com a matéria através da reflexão, absorção e emissão, e essa interação depende da direção da radiação incidente e do comprimento de onda da radiação. Essa interação pode ser descrita através das seguintes propriedades do meio:

- Absortividade [α(λ)]: fração do fluxo radiante incidente num determinado comprimento de onda (λ) que é absorvido pelo material.
- Emissividade [ε(λ)]: fração da emitância de um corpo negro num dado comprimento de onda (λ) emitido pelo material. A emissividade de um corpo negro é igual à unidade.
- Refletividade [r(λ)]: fração do fluxo radiante incidente num determinado comprimento de onda (λ) que é refletido pelo material.
- Transmissividade [t(λ)]: fração do fluxo radiante incidente num determinado comprimento de onda (λ) que é transmitido pelo material.

2.1. LEIS DA RADIAÇÃO

2.1.1. LEI DOS COSSENOS DE LAMBERT

A irradiância numa superfície varia em função da radiação incidente de acordo com a seguinte relação (Lambert, 1760):

$$Q = Q_n \cdot \cos\theta = Q_n \cdot sen\,\beta \qquad (2.2.)$$

em que Q é a irradiância incidente sobre uma superfície, Q_n é a irradiância que hipoteticamente incidiria sobre uma superfície posicionada perpendicularmente à direção da radiação; θ é o ângulo formado entre a direção predominante da radiação e a normal à superfície e; β é o ângulo complementar a θ (Figura 2.2.).

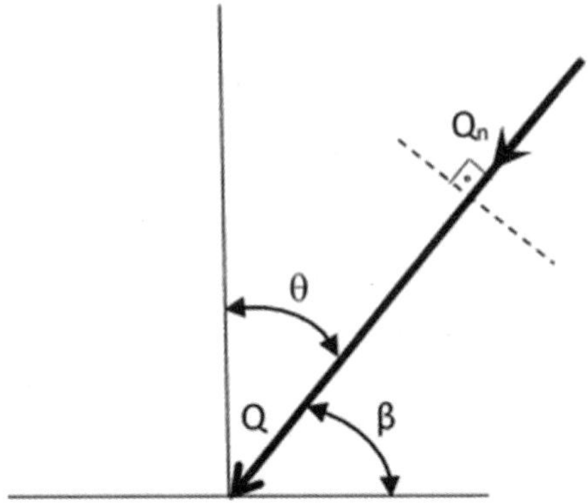

Figura 2.2. Representação esquemática da lei dos cossenos de Lambert.

Uma forma simples de compreender o significado lei dos cossenos de Lambert é imaginar que uma lanterna é utilizada para iluminar uma sala escura. Num primeiro momento, a lanterna é posicionada perpendicularmente à superfície do solo, de modo que a figura geométrica formada pela luz seja o círculo. Neste caso, o ângulo θ da Figura 2.2. seria zero. Imagine agora que essa mesma lanterna seja mantida à mesma distância em relação ao solo, mas a direção da luz já não é mais perpendicular à superfície, de modo que radiação atinge o solo com certa inclinação. Neste caso, teríamos um ângulo θ maior que zero e diferente de 90°, semelhante ao esquema observado na Figura 2.2. A forma geométrica observada no solo nesta segunda situação seria uma elipse, com área maior que aquela do círculo observado na primeira. Considerando que a potência da lâmpada não muda (pois se trata da mesma lanterna), é fácil perceber que a irradiância (dada pela razão entre fluxo radiante e a área incidente) seria reduzida quando a energia radiante que provém da lanterna atinge o solo com alguma inclinação.

Esse exemplo da lanterna ilustra o efeito do ângulo de incidência dos raios solares sobre a superfície ao longo de um dia, ou mesmo a variação na densidade de fluxo de radiação ao longo do ano, considerando-se um horário fixo em cada dia. Nos horários ou períodos do ano em que a radiação solar incide com menor inclinação, maior quantidade de energia atinge a superfície por unidade de área, elevando a temperatura do ar, entre outros efeitos.

Na natureza, a única fonte de radiação de onda curta para os ecossistemas naturais é o Sol e a Lei dos cossenos de Lambert é usada para calcular a atenuação da irradiância solar decorrente da inclinação de incidência dos raios solares. Num local situado entre os trópicos de Câncer e Capricórnio, pelo menos uma vez por ano – duas, na maioria dos locais –, a radiação incidirá perpendicularmente sobre a superfície do solo e a irradiância será máxima nesta ocasião porque $\theta=0$ e, portanto, $Q=Q_n$. Esta situação ocorrerá entre a primavera e o verão. Nas estações de outono e inverno, ao contrário, observaremos o caso oposto, em que θ vai aumentando progressivamente até um valor máximo (quando Q atinge seu valor mínimo), passando a diminuir novamente. Esse fenômeno, juntamente com a variação no fotoperíodo – ambos resultam da inclinação do eixo de rotação da Terra e do seu movimento de translação - explica em boa parte as variações nas condições do tempo ao longo das estações do ano, apesar do Sol manter-se sempre com a mesma emissão de energia em direção a Terra.

2.1.2. LEI DE KIRCHHOFF

Em meados do século 19, Gustav Robert Kirchhoff estabeleceu que, sob a condição de equilíbrio radiativo, o quociente entre a emissividade e o coeficiente de absorção de um corpo depende apenas do comprimento de onda e da temperatura do corpo. De maneira mais simples, pode-se dizer que se um corpo não absorve radiação em determinado comprimento de onda, ele também não emite radiação neste comprimento de onda e vice-versa – se ele é bom emissor em determinado comprimento de onda, ele certamente também terá grande capacidade de absorver radiação neste mesmo comprimento de onda, numa dada temperatura.

2.1.3. LEI DE PLANCK

Uma das maiores contribuições da física moderna para compreender como se dá a distribuição espectral da radiação de um corpo negro foi dada por Planck (1901). Um corpo negro, por definição, é uma superfície ou um objeto que absorve completamente qualquer radiação incidente sobre ela. Uma maneira de reproduzir o comportamento de um corpo negro é imaginando-se um pequeno furo numa caixa com superfície interna irregular e temperatura interna uniforme; se um feixe de radiação incidir na abertura da caixa, haveria uma chance remota de sair. Na natureza, talvez não haja nenhum corpo negro perfeito, uma vez que as superfícies naturais normalmente refletem ao menos uma parte da radiação incidente sobre ela. O interior de uma floresta tropical densa, por exemplo, seria um ambiente que teria comportamento radiativo mais aproximado de um corpo negro, absorvendo a maior parte da radiação incidente sobre ela.

O modelo conceitual clássico para descrever a distribuição espectral de emissão de ondas eletromagnéticas em função da temperatura de um corpo baseava-se na teoria de vibrações elásticas (Rayleigh, 1887), utilizado para o estudo das vibrações de uma mola ou fio esticado, por exemplo. Este raciocínio era muito útil para descrever situações particulares, mas uma das suas principais limitações era o que os físicos denominavam de "catástrofe do ultravioleta", pois, segundo a teoria, a quantidade de energia emitida por uma superfície aumentaria conforme o comprimento de onda diminuísse, sem limites. Isso implicaria em admitir que a energia do universo seria convertida, em última instância, em comprimentos de onda cada vez menores ao serem emitidos. Para contornar esse problema, Planck postulou que a energia radiativa seria emitida em pacotes finitos, denominados *quanta* (plural de *quantum*), e que a irradiância espectral emitida por um corpo negro poderia ser descrita matematicamente pela Equação 2.3., posteriormente denominada de função de Planck.

$$E_b = \frac{2 \cdot \pi \cdot h \cdot c^2}{\lambda^5 \cdot \left[e^{\left(\frac{h \cdot c}{k \cdot \lambda \cdot T} \right)} - 1 \right]} \quad (2.3.)$$

em que E_b é a emitância espectral ($W \cdot m^{-3}$); T é a temperatura do corpo (K); h é a constante de Planck ($6{,}62606957 \cdot 10^{-34}$ J·s); e k é a constante de Boltzmann ($1{,}38 \cdot 10^{-23}$ $J \cdot K^{-1}$); c é a velocidade da luz no vácuo ($3{,}0 \cdot 10^8$ $m \cdot s^{-1}$); λ é o comprimento de ondas (m).

O modelo de Planck permitiu estimar a emissão espectral de um corpo em função de sua temperatura para cada comprimento de onda. Aplicando-a para uma sequência de comprimentos de onda, observa-se a variação da emitância espectral de um corpo negro em diferentes temperaturas (Figura 2.3.a). Aplicando-a para uma temperatura de 6000K (simulando a emitância do Sol) pode-se comparar com o espectro de radiação observado na superfície terrestre (Figura 2.3.b), evidenciando o papel importante da atmosfera na determinação da quantidade e qualidade da radiação que atinge a superfície terrestre.

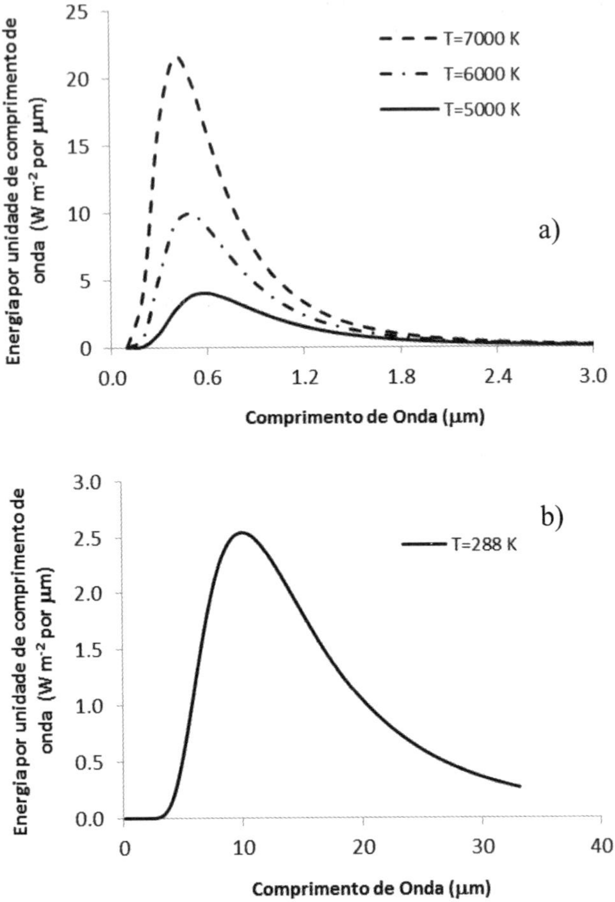

Figura 2.3. Variação da emitância e do comprimento de onda de maior emissão com a temperatura do corpo emissor, sendo a) referente à temperatura de 5000K, 6000K e 7000K e b) referente à temperatura de 288K.

Na Figura 2.4., pode-se notar, por exemplo, o papel do ozônio absorvendo ondas na faixa do ultravioleta ($\lambda<0,4\mu m$), enquanto o vapor d'água absorve principalmente radiação na faixa do infravermelho

(λ>0,7μm). A diferença entre as duas linhas da Figura 2.4. dá ideia da absortividade de alguns constituintes da atmosfera para diferentes comprimentos de onda, ressaltando as principais faixas espectrais em que atuam o ozônio, vapor d'água e dióxido de carbono.

Interessante notar, também, que para todos os comprimentos de onda do espectro solar, a radiação é atenuada por dois processos. Um deles é conhecido como espalhamento - desvio na orientação original das ondas eletromagnéticas - de Rayleigh (1887), que consiste na difusão da radiação causado por partículas e moléculas atmosféricas de pequeno diâmetro. Esse processo é mais intenso quanto menor o comprimento de onda da radiação incidente, e essa é a razão para a cor azul do céu. Lembrando, o azul corresponde a onda com o menor comprimento na faixa do visível. O segundo processo é causado pelo espalhamento de Mie (1908), decorrente da difusão por partículas de maior diâmetro, como poeira e vapor d'água, sem uma clara dependência em relação ao comprimento de onda como ocorre no espalhamento de Rayleigh.

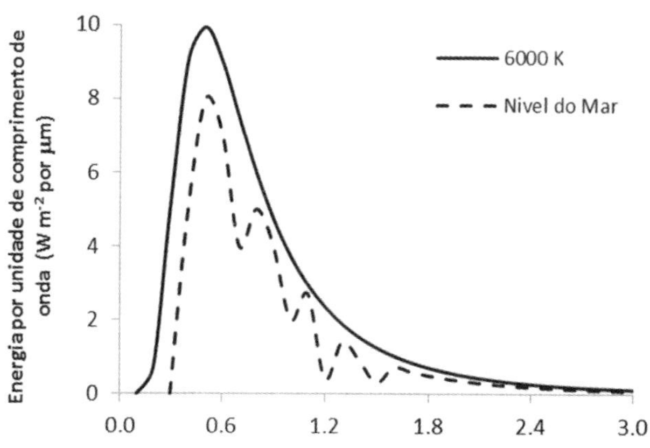

Figura 2.4. Distribuição espectral da radiação no topo da atmosfera e no nível médio do mar, comparadas com a emissão de um corpo negro estimada com a equação de Planck.

2.1.4. LEI DE WIEN

Diferenciando a função de Planck com relação ao comprimento de onda e igualando o resultado a zero, pode-se conhecer o comprimento de onda de maior emissão de um corpo. Isso é o que estabelece a Lei de Wien (Wien, 1898) (Equação 2.4.). Segundo ela, o comprimento de onda para o qual a emissão de um corpo negro é máxima é inversamente proporcional à sua temperatura. Portanto, quanto maior a temperatura de um corpo, menor será o comprimento de onda de máxima emissão. Pela lei de Wien, por exemplo, os comprimentos de onda de máxima emitância de dois corpos com temperatura de 6000K (temperatura do Sol) e 288K (temperatura da Terra) são 0,482 e 10,059μm, respectivamente. Isso é uma evidência numérica de que o Sol emite ondas curtas e a Terra, ondas longas.

$$\lambda_m = \frac{2897}{T} \tag{2.4.}$$

em que λ_m é o comprimento de onda de máxima emitância do corpo (μm) e T é a temperatura do corpo (K).

2.1.5. LEI DE STEFAN-BOLTZMANN

Um objeto trocando energia com o ambiente em seu entorno emite uma quantidade de radiação proporcional à quarta potência da temperatura do corpo (T^4) e recebe uma quantidade de energia proporcional à quarta potência da temperatura do meio ao seu redor (T_e^4). Admitindo que tanto o corpo como o ambiente tenham uma emissividade ε, o saldo de radiação *d*E recebido ou perdido por um objeto, por unidade de área A e por unidade de tempo, é dado pela Equação 2.5.

$$\frac{1}{A} \cdot \frac{dE}{dt} = \varepsilon \cdot \sigma \cdot \left(T^4 - T_e^4\right) \tag{2.5.}$$

Essa é uma das aplicações da lei sugerida independentemente por Stefan (1879) e Boltzmann (1884), cujo enunciado original estabelecia que a radiação eletromagnética emitida por um corpo negro é proporcional à quarta potência da sua temperatura absoluta. A irradiância total emitida por um corpo negro pode ser obtida integrando-se a função de Planck em todo o domínio de comprimentos de onda emitidos por ele. Desta integração resulta a Equação 2.6., que permite estimar a emitância de um corpo à temperatura T, com emissividade ε:

$$Qe = \varepsilon \cdot \sigma \cdot T^4 \qquad (2.6.)$$

em que ε é a emissividade, variável de acordo com a substância que constitui o corpo emissor, constituindo-se num fator de proporcionalidade que dá ideia do quanto o corpo emissor aproxima-se do corpo negro – superfície de referência utilizada para a obtenção da Equação 2.6. (Tabela 2.2.); σ é a constante de Stefan-Boltzman ($5{,}6697 \cdot 10^{-8}$ $W \cdot m^{-2} \cdot K^{-4}$ ou $4{,}903 \cdot 10^{-9}$ $MJ \cdot m^{-2}$ $d^{-1} \cdot K^{-4}$) e T é a temperatura do corpo (K).

Tabela 2.2. Valores da emissividade para diversas superfícies.

Superfícies	ε
Água	0,92 a 0,96
Areia molhada	0,95
Areia seca	0,89 a 0,90
Gelo	0,82 a 0,99
Solo molhado	0,95 a 0,98
Folhagem de algodoeiro	0,96
Folhagem de cana-de-açúcar	0,97
Folhagem de feijão	0,94
Folhagem de fumo	0,97
Folhagem de milho	0,94

Fonte: An et al. (2017); Rosenberg et al. (1983)

2.1.6. LEI DE BEER

O termo Lei de Beer é largamente utilizado para descrever a atenuação da radiação atravessando meios distintos, inclusive superfícies vegetadas. Vale, contudo, destacar que antes de Beer, Bouguer (1729) estudou a atenuação da radiação na atmosfera, postulando que "*a intensidade da luz, ao atravessar diferentes meios com espessuras variadas, pode ser representado por uma curva logarítmica num gráfico em que a intensidade da luz está no eixo das ordenadas e a espessura do meio no eixo das abcissas*". Lambert (1760), observando a variação na intensidade de feixe de luz monocromática ao atravessar um meio denso, postulou que "a *intensidade da luz emitida decresce exponencialmente à medida que a espessura do meio absorvente aumenta aritmeticamente*". Beer (1852) aplicou a lei de Lambert para descrever a atenuação da luz em uma solução, enquanto Monsi e Saeki (1953) aplicaram-na pela primeira vez no estudo de dosséis vegetativos. Por conveniência, neste texto, utilizaremos o termo Lei de Beer para descrever a atenuação exponencial da radiação atravessando um meio vegetal, utilizando-se, portanto, da abordagem desenvolvida por Monsi e Saeki (1953).

A radiação eletromagnética, ao atravessar um meio qualquer, pode sofrer absorção ou difusão, reduzindo progressivamente sua intensidade. A este processo, denomina-se extinção ou atenuação da radiação. No processo de absorção, parte ou toda a energia radiante é transferida para as moléculas que compõem o meio sobre o qual ela incide. O processo de absorção está sempre associado a uma alteração física do meio. No caso da atmosfera, por exemplo, a alteração mais significativa é a elevação da temperatura decorrente da absorção de alguns comprimentos de onda, mas também pode ocorrer reflexão ou transmissão das ondas. Se, durante a penetração no meio, a radiação é espalhada e volta para o seu hemisfério de origem, tem-se o processo de reflexão; quando a radiação mantém o sentido original (ainda que em direções diferentes), diz-se que ela foi transmitida.

Quando um feixe monocromático de radiação I_λ atravessa um meio absorvente, é empiricamente demonstrado que a variação de I_λ em função da distância x é proporcional à radiação incidente $I_{o,\lambda}$, como mostra a relação 2.7.:

$$\frac{dI_\lambda}{dx} \; \alpha \; I_{o,\lambda} \quad \rightarrow \quad \frac{dI_\lambda}{dx} = -k_\lambda \cdot I_{o,\lambda} \qquad (2.7.)$$

em que dI_λ é a variação infinitesimal da radiação incidente (W m^{-2}) com comprimento de onda λ ao atravessar o meio ao longo da distância *dx* (m). Para transformar a proporcionalidade 2.7. em uma equação de fato, há necessidade de incluir um coeficiente adimensional k_λ, descrevendo a habilidade do meio em atenuar a radiação solar, específico para o comprimento de onda λ.

Manipulando-se e integrando-se ambos os termos da equação 2.7, e admitindo-se *k* constante para o meio ao longo de *dx*, obtém-se a Equação 2.8.

$$I_\lambda = I_{o,\lambda} \cdot e^{-k.x} \qquad (2.8.)$$

em que I_λ é a intensidade do fluxo monocromático depois de atravessar a camada atenuante *x*; $I_{o,\lambda}$ é a intensidade do fluxo antes de atingir a camada atenuante; k é denominado coeficiente de extinção.

A Equação 2.8. apresenta a lei de Beer, descrevendo a atenuação de um feixe monocromático em um meio homogêneo. Nessa forma, essa equação pode ser aplicada para comprimentos de onda próximos àqueles para os quais *k* foi determinado, estudando a extinção de radiação na atmosfera e na água. Ela também pode ser adaptada para aplicações envolvendo folhas e dosséis vegetativos. As principais aplicações da Lei de Beer em coberturas vegetais serão novamente abordadas no capítulo 4.

2.2. RELAÇÕES TERRA-SOL

O Sol é a principal fonte de energia da Terra, sendo essa energia gerada pela fusão termonuclear de átomos de hidrogênio, a uma temperatura aproximada de 6000 K. Ele está a uma distância que varia de $1{,}471 \cdot 10^8$ km em janeiro (periélio), até $1{,}521 \cdot 10^8$ km em julho (afélio). Sob o ponto de vista dos habitantes da Terra, o principal produto do Sol é a radiação solar, pois ela é o principal fator para manutenção da vida na Terra e o principal elemento meteorológico, desencadeando todos os demais processos que ocorrem na atmosfera. É responsável pelo aquecimento, evapotranspiração e fotossíntese dos ecossistemas vegetais.

2.2.1. ESTAÇÕES DO ANO

Além do ciclo diurno, produzido pelo movimento de rotação da Terra, a quantidade de radiação solar que atinge o topo da atmosfera terrestre varia de acordo com a época do ano devido à órbita elíptica da Terra ao redor do Sol, causando variação na distância Terra-Sol. Cada época do ano é caracterizada por uma posição da Terra em relação ao Sol. Tomando-se a linha do equador como referência e traçando-se uma linha que ligue o centro da Terra e o centro do Sol (Figura 2.5.), tem-se um ângulo denominado declinação solar (δ). À semelhança da latitude, a declinação também é contada de 0° a 90° para o norte e para o sul, recebendo os mesmos sinais atribuídos às latitudes de acordo com o hemisfério em que o astro se encontrar naquele instante. Ela pode variar entre -23°27′ (solstício de verão) e +23°27′ (solstício de inverno) e pode ser calculada com a Equação 2.9., sendo função apenas da época do ano:

$$\delta = 23{,}45 \cdot sen\left[360 \cdot \frac{(NDA - 80)}{365}\right] \tag{2.9.}$$

em que δ é a declinação solar (graus) e NDA é o número do dia do ano – variando de 1 a 365 (sendo igual a 366 nos anos bissextos) e é contado continuamente do primeiro ao último dia do ano (veja Tabela 2.3.).

Figura 2.5. Variação anual da declinação solar, representada pelo movimento aparente do Sol ao longo das estações do ano e indicação das efemérides.

Em função do movimento de translação e da inclinação do eixo terrestre em relação ao plano da eclíptica (23°27′), a Terra assume posições diferentes no que se refere à incidência de energia radiante nos seus hemisférios e, com base nesse movimento circular, adotaram-se algumas posições referenciais, conhecidas como efemérides e que estão sempre associadas ao início oficial das estações do ano.

Tabela 2.3. Número do dia do ano em função da data, utilizado nos cálculos envolvendo as relações Terra-Sol.

	Jan	Fev	Mar	Abr	Mai	Jun	Jul	Ago	Set	Out	Nov	Dez
1	1	32	60	91	121	152	182	213	244	274	305	335
2	2	33	61	92	122	153	183	214	245	275	306	336
3	3	34	62	93	123	154	184	215	246	276	307	337
4	4	35	63	94	124	155	185	216	247	277	308	338
5	5	36	64	95	125	156	186	217	248	278	309	339
6	6	37	65	96	126	157	187	218	249	279	310	340
7	7	38	66	97	127	158	188	219	250	280	311	341
8	8	39	67	98	128	159	189	220	251	281	312	342
9	9	40	68	99	129	160	190	221	252	282	313	343
10	10	41	69	100	130	161	191	222	253	283	314	344
11	11	42	70	101	131	162	192	223	254	284	315	345
12	12	43	71	102	132	163	193	224	255	285	316	346
13	13	44	72	103	133	164	194	225	256	286	317	347
14	14	45	73	104	134	165	195	226	257	287	318	348
15	15	46	74	105	135	166	196	227	258	288	319	349
16	16	47	75	106	136	167	197	228	259	289	320	350
17	17	48	76	107	137	168	198	229	260	290	321	351
18	18	49	77	108	138	169	199	230	261	291	322	352
19	19	50	78	109	139	170	200	231	262	292	323	353
20	20	51	79	110	140	171	201	232	263	293	324	354
21	21	52	80	111	141	172	202	233	264	294	325	355
22	22	53	81	112	142	173	203	234	265	295	326	356
23	23	54	82	113	143	174	204	235	266	296	327	357
24	24	55	83	114	144	175	205	236	267	297	328	358
25	25	56	84	115	145	176	206	237	268	298	329	359
26	26	57	85	116	146	177	207	238	269	299	330	360
27	27	58	86	117	147	178	208	239	270	300	331	361
28	28	59	87	118	148	179	209	240	271	301	332	362
29	29		88	119	149	180	210	241	272	302	333	363
30	30		89	120	150	181	211	242	273	303	334	364
31	31		90		151		212	243		304		365

2.2.2. FOTOPERÍODO

O movimento de rotação e translação da Terra dá origem a uma variação espacial na duração do período diurno e noturno no sentido latitudinal. Denomina-se de fotoperíodo a duração do período iluminado do dia e o seu conhecimento é grande de interesse em diversas áreas do conhecimento. Por exemplo, ele é elemento essencial para a estimativa da energia incidente na superfície da Terra e, sob o ponto de vista ecológico, tem grande importância por condicionar diversos processos e eventos fisiológicos na flora e fauna. Nas plantas, por exemplo, o fotoperíodo é responsável por desencadear o florescimento e o ciclo de desenvolvimento de um grande número de espécies.

O fotoperíodo (N) pode ser calculado com base na simetria da trajetória do Sol em relação ao meio-dia, o que permite admitir que, se conhecermos o ângulo horário do nascer do Sol (h_n), conheceremos também o ângulo horário do pôr do Sol. Assim, pode-se admitir que:

$$N = \frac{2 \cdot h_n}{15^o} \qquad (2.10.)$$

Para calcularmos h_n, contudo, é necessário conhecer o ângulo de incidência dos raios solares (ângulo zenital. Z_n) no nascer do Sol. É fácil deduzir que este ângulo é sempre igual a 90° no instante em que o Sol aponta no horizonte, mas caso seja necessário calcular Z_n para qualquer instante do dia, pode-se utilizar a Equação 2.11. para este fim.

$$\cos Z_n = sen\ \phi \cdot sen\ \delta + \cos \phi \cdot \cos \delta \cdot \cosh \qquad (2.11.)$$

em que ϕ é a latitude do local (graus e décimos); δ é a declinação solar (graus e décimos) e h é o instante do dia para o qual se quer conhecer o ângulo zenital Z_n, expresso pelo ângulo formado entre o plano meridiano no qual o Sol está posicionado no momento e o plano meridiano local

(Equação 2.12.), sendo que a hora local deve ser expressa em horas e décimos.

$$h = (hora\ de\ interesse - 12) \cdot 15^o \qquad (2.12.)$$

Quando o Sol passa pelo meridiano local tem-se h=0°, de forma que, ao meio-dia solar, em qualquer local, h=0° e cos 0°=1. Assim, Z_n ao meio-dia pode ser calculado com uma simplificação da Equação 2.11., conforme descrito na Equação 2.13.

$$Z_n = \delta - \phi \qquad (2.13.)$$

Voltando ao fotoperíodo e substituindo Z_n = 90 na Equação 2.11., tem-se as equações 2.14. e 2.15.

$$\cos\ h_n = -\frac{(sen\ \phi \cdot sen\ \delta)}{(\cos\ \phi \cdot \cos\ \delta)} = -tg\,\phi \cdot tg\,\delta \qquad (2.14.)$$

$$hn = arccos(-tg\phi\ tg\delta) \qquad (2.15.)$$

Exemplo 2.1.: Calcular o fotoperíodo, o horário do nascer e do pôr do Sol no dia 07/03 em Piracicaba, latitude 22°43' Sul.

Resposta: Primeiramente, calcula-se a declinação solar para esta data, utilizando a Equação 2.9.:

$$\delta = 23{,}45 \cdot sen\left[360 \cdot \frac{(66-80)}{365}\right] = -5{,}5968$$

Com a Equação 2.15., tem-se que:

$$h_n = arccos[-tg(-22{,}72) \cdot tg(-5{,}5968)] = 92{,}35°$$

Com a Equação 2.10., pode-se, finalmente, calcular o fotoperíodo do dia especificado:

$$N = \frac{2 \cdot 92{,}35}{15^o} = 12{,}31h$$

Pode-se, então, calcular o horário do nascer (HNS) e do pôr-do-Sol (HPS):

HNS = 12,31/2 - 12 = 5,845h

HPS = 12,31/2 + 12 = 18,155h

2.2.3. RADIAÇÃO SOLAR EXTRATERRESTRE

Em um determinado instante (h) de um dia com declinação solar (δ) em um local com latitude (ϕ), a energia solar que incide sobre uma superfície perpendicular aos raios solares (I_h) no topo da atmosfera pode ser calculada pela Equação 2.16.

$$I_h = J_o \cdot \left(\frac{d}{D}\right)^2 \cdot cosZ_h \tag{2.16.}$$

em que J_o é o valor da constante solar ($MJ \cdot m^{-2} \cdot dia^{-1}$); d/D é a relação entre a distância entre a Terra e o Sol na data considerada (d) e a distância média (D) entre a Terra e o Sol. A relação $\left(\frac{d}{D}\right)^2$ pode ser calculada com a Equação 2.17.

$$\left(\frac{d}{D}\right)^2 = 1 + 0{,}033 \cdot cos\left(\frac{360 \cdot NDA}{365}\right) \tag{2.17.}$$

Integrando-se I_h desde o nascer até o pôr do Sol, tem-se o total diário de radiação que incide sobre uma superfície horizontal, no topo da atmosfera, como mostra a Equação 2.18.

$$Q_o = \int_{t_{hns}}^{t_{hpss}} I_h \cdot cos(Z_h) \cdot dt \tag{2.18.}$$

em que t_{hns} e t_{hps} são, respectivamente, os horários do nascer e do pôr do Sol.

Substituindo t_{hns} e t_{hps} pelos respectivos ângulos horários e as substituições adequadas, pode-se chegar à Equação 2.19.

$$Q_o = \frac{J_o}{\pi} \cdot \left(\frac{d}{D}\right)^2 \cdot \left[\left(\frac{\pi}{180}\right) \cdot h_n \cdot sen\phi \cdot sen\delta + cos\phi \cdot cos\delta \cdot sen \cdot h_n\right] \quad (2.19.)$$

À fração da radiação interceptada por uma superfície perpendicular aos raios solares e posicionada acima da atmosfera terrestre dá-se o nome de Constante Solar (J_o). O valor da constante solar pode ser deduzido de modo simples, com base na temperatura do Sol, na distância média entre o Sol e a Terra e no diâmetro do Sol. Admitindo-se que o diâmetro do Sol seja de $1{,}4 \cdot 10^9$ m, tem-se que a área da superfície do Sol é de:

$$A_{sol} = 4 \cdot \pi \cdot (0{,}7 \cdot 10^9 m)^2 = 6{,}15752 \cdot 10^{18} m^2 \quad (2.20.)$$

Admitindo que a temperatura média do Sol seja de 5570 K e que a potência P_{sol} irradiada pelo astro possa ser dada pelo produto da área do Sol (Equação 2.20) pela equação de Stefan-Boltzman, como mostra a Equação 2.21.

$$P_{Sol} = A_{Sol} \cdot E_{sol} = (6{,}15752 \cdot 10^{18}) \cdot (5{,}6696 \cdot 10^{-8} \cdot 5770^4) = 3{,}8669 \cdot 10^{26} W \quad (2.21.)$$

Ainda, supondo que a área da esfera ($A_{Terra\text{-}Sol}$) cujo raio é equivalente à distância média entre o Sol e a Terra ($1{,}5 \cdot 10^{11}$ m) seja dada por:

$$A_{Terra-Sol} = 4 \cdot \pi \cdot (1{,}5 \cdot 10^{11} m)^2 = 2{,}8274 \cdot 10^{26} m^2 \quad (2.22.)$$

Por fim, a constante solar J_o é dada pela razão entre a potência dissipada pelo Sol nas 4π direções pela área da esfera, cujo raio equivale a distância Terra-Sol, como mostra a Equação 2.23.

$$J_o = \frac{P_{Sol}}{A_{Terra-Sol}} = \frac{3{,}8669 \cdot 10^{26} W}{2{,}8274 \cdot 10^{23} m^2} = 1367\, W \cdot m^2 \quad (2.23.)$$

Exemplo 2.2.: Calcular a radiação solar extraterrestre para Piracicaba (latitude 22,72°S), no dia 7 de março.
Resposta: Aplicando a Equação 2.19. para calcular Q_o no exemplo citado acima, obtém-se o seguinte:

$$Q_o = \frac{118{,}11}{\pi} \cdot 1{,}013896 \cdot \left[\left(\frac{\pi}{180} \right) \cdot 92{,}35 \cdot sen(-22{,}72) \cdot sen(-5{,}5968) + cos(-22{,}72) \cdot cos(-5{,}5968) \cdot sen(92{,}35) \right]$$

$$Q_o = 37{,}28 \text{ MJ} \cdot \text{m}^{-2} \cdot d^{-1}$$

A Figura 2.6. mostra a variação diária de Q_o para três latitudes do globo terrestre, sendo duas no hemisfério Sul e a terceira no Equador. Nela, pode-se observar que a amplitude anual (diferença entre o maior e o menor valor) aumenta conforme se distancia do Equador. No Equador, os picos de Q_o ocorrem nos equinócios de primavera e de outono, quando os raios solares incidem perpendicularmente sobre a superfície.

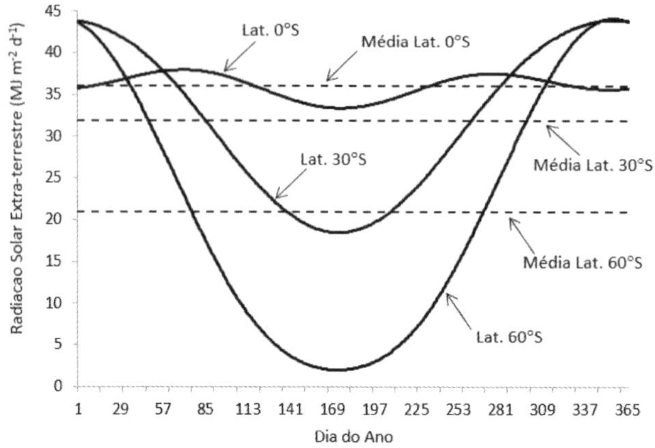

Figura 2.6. Variação diária da radiação solar extraterrestre para duas latitudes do hemisfério norte e uma para o Equador, com indicação dos valores médios anuais para cada local.

2.2.4. RADIAÇÃO SOLAR GLOBAL

Denomina-se radiação solar global (Q_g) a densidade de fluxo de energia eletromagnética proveniente do Sol, que atinge a superfície do solo. O valor de Q_g é dependente da radiação solar extraterrestre (Q_o) e também do estado da atmosfera, principalmente no que concerne à presença de nuvens. Ela é composta por dois componentes, didaticamente classificados como radiação solar direta e radiação solar difusa, discutidas mais adiante. A radiação solar global pode ser medida por diferentes equipamentos (solarímetros, piranômetros, radiômetros e actinógrafos), mas não é raro, no Brasil, ser necessário estimá-la com base em outras variáveis meteorológicas. Apenas as estações meteorológicas instaladas recentemente contam com registros de radiação solar. Na falta de equipamentos para medida, ou mesmo de séries históricas, pode-se estimar Q_g a partir da proposta feita por Angström, estabelecendo uma relação de Q_g/Q_o com a razão entre a insolação (n) e o fotoperíodo (N), como ilustra a Figura 2.7. Insolação é o número de horas com radiação solar direta ou de brilho solar (n) observada ao longo de um dia. No passado, o valor de n era obtido com heliógrafos, e atualmente a disponibilidade de sensores eletrônicos permite sua determinação de modo relativamente simples (Matuszko, 2015). É possível obter valores de *n* de diversos municípios brasileiros em publicações dos serviços de informações meteorológicas estaduais ou nacionais, seja na internet ou em publicações impressas.

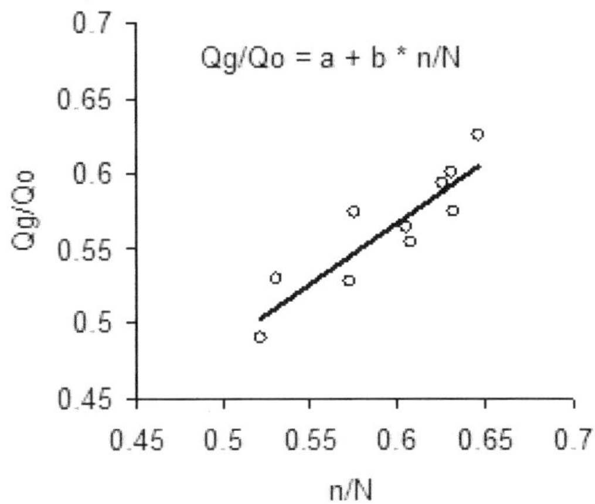

Figura 2.7. Relação entre a razão de insolação (n/N) e a razão entre radiação solar global (Qg) e extraterrestre (Qo), ilustrando didaticamente a proposição de Angström.

A Equação 2.24. mostra a relação proposta por Angstrom:

$$Q_g = Q_o \cdot \left[a + b \cdot \left(\frac{n}{N} \right) \right] \quad (2.24.)$$

em que *a* é o coeficiente angular da equação de regressão e dá ideia do poder de atenuação da radiação em dias de céu totalmente nublado; *b* é o coeficiente linear da equação de regressão e informa sobre o poder atenuante da atmosfera em dias de céu limpo, como discutido mais adiante. Angstrom sugeriu valores fixos para a e b, sendo a=0,25 e b=0,55, mas uma aproximação possível é admitir a=0,29·cos (latitude local) e b=0,52 para os locais onde não há observações que permitam estimar *a* e *b*. Trabalhos posteriores mostraram que a e b podem variar grandemente em função do local e da época do ano. Neste sentido, a Tabela 2.4. foi compilada por Pereira et al. (2002) com base em diversas publicações, buscando reunir um conjunto de valores de *a* e *b* calculados com base em medidas radiométricas para diferentes localidades do Brasil.

Tabela 2.4. Coeficientes médios a e b da Equação de Angström, para algumas localidades brasileiras.

Localidade/Período Analisado	a	b
Botucatu - SP/Anual	0,24	0,45
Campinas - SP/Anual	0,23	0,56
Mococa - SP/Anual	0,40	0,41
Monte Alegre do Sul - SP/Anual	0,19	0,61
Piracicaba – SP/Outono-Inverno	0,28	0,51
Piracicaba – SP/Primavera-Verão	0,25	0,50
Pindamonhangaba - SP/Anual	0,28	0,51
Presidente Prudente - SP/Anual	0,19	0,39
Ribeirão Preto - SP/Anual	0,13	0,73
São Luiz - MA/Anual	0,26	0,33
Fortaleza - CE/Anual	0,27	0,36
Teresina - PI/Anual	0,31	0,37
João Pessoa - PB/Anual	0,28	0,36
Recife – PE/Anual	0,30	0,38
Petrolina - PE/Anual	0,32	0,37
Própria - SE/Anual	0,33	0,41
Paulo Afonso - BA/Anual	0,31	0,33

Irecê – BA/Anual	0,33	0,33
Salvador - BA/Anual	0,29	0,39
Manaus - AM/Anual	0,26	0,49
Viçosa - MG/Anual	0,23	0,38
Alegrete – RS/Anual	0,19	0,49
Cachoeirinha – RS/Anual	0,20	0,56
Cruz Alta – RS/Anual	0,20	0,53
Encruzilhada do Sul – RS/Anual	0,15	0,47
Erechim – RS/Anual	0,19	0,47
Farroupilha – RS/Anual	0,17	0,60
Eldorado do Sul – RS/Anual	0,15	0,47
Ijuí – RS/Anual	0,25	0,46
Júlio de Castilhos – RS/Anual	0,17	0,62
Osório – RS/Anual	0,17	0,50
Pelotas - RS/Anual	0,35	0,46
Quarai – RS/Anual	0,25	0,38
Rio Grande – RS/Anual	0,27	0,32
Santa Rosa – RS/Anual	0,15	0,55
Santo Augusto – RS/Anual	0,17	0,53
Soledaded – RS/Anual	0,23	0,41
São Gabriel – RS/Anual	0,23	0,45
Taquari – RS/Anual	0,24	0,41
Uruguaiana – RS/Anual	0,24	0,41
Vacaria – RS/Anual	0,25	0,46
Veranópolis - RS/Anual	0,21	0,40

Fonte: Pereira et al. (2002)

Apesar de terem sido determinados estatisticamente, *a* e *b* podem ser interpretados fisicamente e são dependentes das condições médias de nebulosidade, da presença de poluentes atmosféricos, e da época do ano.

Ao somar os dois valores, pode-se conhecer a transmissividade $t(\lambda)$ da radiação solar global no local, que normalmente varia entre 0,60 e 0,75, em situações de céu limpo. Em topo de montanhas, é possível encontrar $t(\lambda)$ igual ou superior a 0,80, enquanto os valores mínimos observados oscilam em torno de 0,40 (Gates, 1980). Tomando-se apenas o valor de a, pode-se inferir que ele representa $t(\lambda)$ em dias de nebulosidade plena, sem radiação solar direta durante todo o período.

A quantidade de energia radiante que atinge a superfície da terra depende ainda de outros fatores como a própria intensidade de radiação, da posição relativa Sol-Terra e da transparência da atmosfera. Emitida em todas as direções, parte desta energia alcança a Terra sem interferência e é chamada de radiação direta (Q_b), ao passo que outra parte é difundida em todas as direções após interagir com os constituintes atmosféricos, chegando ao solo na forma conhecida como radiação difusa (Q_d). A soma desses dois tipos de radiação denomina-se radiação solar global (Q_g). Uma maneira didática para entender a diferença entre as duas é admitir que a Q_b é aquela que produz sombra, quando um objeto opaco intercepta a radiação, como num dia de céu limpo, por exemplo. Nesse exemplo, Q_d é a fração de Q_g que não produz sombra mesmo durante o dia, ainda que haja luz e que o dia esteja claro, como se observa nos dias com forte nebulosidade.

A estimativa de Qg em função da amplitude térmica diária tem sido implementada por ser uma variável relacionada com a temperatura do ar, a qual é medida mais corriqueiramente do que o número de horas de brilho solar. Um desses métodos foi proposto por Allen et al. (1998), a partir de uma adaptação do método original de Hargreaves e Samani (1982) (Equação 2.25). Allen et al. (1998) buscavam na verdade normatizar a estimativa da evapotranspiração para facilitar a comparação ente locais distintos, e dedicaram uma pequena parte do seu trabalho à questão da radiação solar devido à limitação na disponibilidade de dados observados. O método de Hargreaves e Samani (1982), vale ressaltar, baseia-se na premissa de que a amplitude térmica diária é diretamente relacionada à nebulosidade do local e à umidade do ar. Sob céu limpo, a expectativa é que a temperatura máxima atinja altos valores em decorrência da radiação solar incidente e, durante a noite, a queda na temperatura é também acentuada por causa da emissão de ondas longas.

Para as condições brasileiras, os métodos de Bristow e Campbell (1984) (Equação 2.25.) e Hargreaves e Samani (1982), foram avaliados por Conceição e Marin (2007). O método de Bristow e Campbell (1984) (Equação 2.26.) apresentou desempenho superior ao de Hargreaves e Samani (1982), em todas as localidades estudadas, com coeficientes de determinação (R^2) variando entre 0,67 e 0,75:

$$Qg = k \cdot \sqrt{(T\max - T\min)} \cdot Qo \qquad (2.25.)$$

em que k é um coeficiente de ajuste variando entre 0,16 $^{o}C^{-0,5}$, para localidades situadas no interior, distantes do oceano; e 0,19 $^{o}C^{-0,5}$, para localidades litorâneas ou próximas a grandes corpos de água.

$$Qg = Q_o \cdot A \cdot [1 - e^{(-B \cdot (T\max - T\min)^C)}] \qquad (2.26.)$$

em que A, B e C são coeficientes empíricos. Os valores dos coeficientes "A" e "C" foram mantidos fixos, sendo iguais a 0,7 e 2,4, respectivamente, enquanto os valores de "B" variaram entre 0,004 a 0,010, com incrementos de 0,001, conforme proposto por Bristow e Campbell (1984). A Figura 2.8. ilustra a aplicação do método de Bristow e Campbell (1984) para quatro localidades de São Paulo, utilizando 2.245 pontos de dados diários e A=0,7812, B=0,00515, e C=2,2 como parâmetros do método (Marin et al., 2013).

Ramos et al. (2018) otimizaram coeficientes para as equações de Bristow e Campbell (1984) e Hargreaves e Samani (1982) para diferentes localidades brasileiras (Tabela 2.5.), melhorando a qualidade das estimativas de radiação solar global em comparação com dados observados

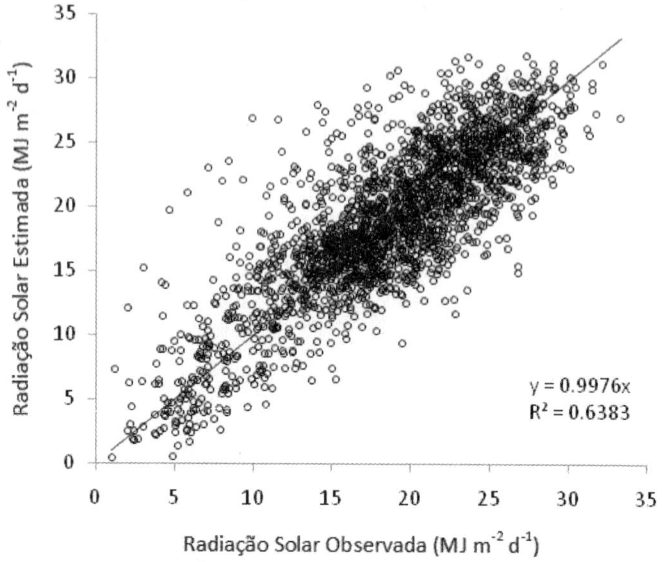

Figura 2.8. Relação entre valores observados e estimados de radiação solar global estimada para quatro localidades do Estado de São Paulo pelo método de Bristow e Campbell (1984).

Tabela 2.5. Coeficientes Bristow e Campbell (1984) (A, B e C) e Hargreaves e Samani (1982) (KT) para algumas localidades brasileiras.

Localidades	Hargreaves e Samani	Bristow e Campbell		
	KT	"A"	"B"	"C"
Araçuaí	0,157	0,703	0,016	1,847
Araxá	0,167	0,807	0,023	1,656
Belo Horizonte	0,171	0,670	0,025	1,879
Campos do Jordão	0,126	0,600	0,060	1,268
Caxias do Sul	0,164	0,675	0,062	1,401
Caxias	0,156	0,710	0,071	1,221
Corumbá	0,160	0,657	0,031	1,694
Cruzeiro do Sul	0,136	0,630	0,034	1,550
Cuiabá	0,132	0,519	0,038	1,680
Encruzilhada do Sul	0,162	0,688	0,026	1,758
Goiânia	0,137	0,596	0,012	2,003
Jaguaruana	0,157	0,634	0,117	1,129
Jataí	0,151	0,769	0,035	1,410
Lavras	0,150	0,734	0,018	1,720
Macapá	0,179	0,625	0,013	2,365
Machado	0,143	0,725	0,015	1,741
Marabá	0,155	0,652	0,024	1,773
Ouricuri	0,171	0,823	0,039	1,428
Paracatu	0,161	0,727	0,008	2,141
Petrolina	0,196	0,763	0,025	1.853
Piracicaba	0,155	0,698	0,014	1,914
Pirapora	0,158	0,652	0,012	2,106
Quixeramobim	0,163	0,759	0,142	0,911
Recife	0,199	0,589	0,031	2,284
Rio Branco	0,138	0,570	0,032	1,691
Salvador	0,220	0,610	0,032	2,417
São Carlos	0,159	0,722	0,031	1,587
Serrinha	0,161	0,736	0,102	1,072
Sobral	0,138	0,620	0,104	1,083
Taubaté	0,139	0,675	0,013	1,830
Teresópolis	0,136	0,768	0,071	1,043
Votuporanga	0,156	0,644	0,016	1,975

Fonte: Ramos et al., (2018)

2.2.5. DENSIDADE DE FLUXO DE FÓTONS FOTOSSINTÉTICOS

Quando se consideram apenas os comprimentos de onda capazes de promover a fotossíntese em vegetais, costuma-se utilizar a unidade μmols [quanta]$\cdot m^{-2}\cdot s^{-1}$, empregando a abordagem quântica, daí o termo densidade de fluxo de fótons fotossintéticos (DFFF). Usualmente, ainda que tecnicamente inadequado, é comum encontrar o termo radiação fotossinteticamente ativa (do inglês *Photosynthethic Active Radiation, PAR*) para descrevê-la.

Quando se pretende expressar a DFFF (ou *PAR*) em unidades de irradiância, é necessário estabelecer um comprimento de onda de referência e conhecer a energia associada a cada quantum nesse comprimento de onda. A energia de um fóton está relacionada ao seu comprimento de onda ou à sua frequência, conforme a Equação 2.1. Uma alternativa é admitir que a radiação solar é constituída por fótons com 482 nm (frequência mais emitida pelo Sol, segundo a lei de Wien, como mostra a Figura 2.4., e equivalente à cor azul). Aplicando-se este comprimento de onda à Equação 2.27., obtém-se a energia contida num fóton. Multiplicando-se, ainda, este valor pelo número de Avogadro, tem-se a quantidade de energia contida num mol de fótons. Assim, pode-se converter a irradiância ($W\cdot m^{-2}$) em DFFF ($\mu mol.m^{-2}\cdot d^{-1}$), e vice-versa.

$$DFFF_{(W\cdot m^{-2})} = \frac{h\cdot c\cdot \eta}{\lambda}\cdot 10^{-6}\cdot DFFF_{(\mu mol\cdot m^{-2}\cdot s^{-1})} \qquad (2.27.)$$

em que h é a constante de Planck ($6{,}62606957\cdot 10^{-34}$ J·s); c é a velocidade da luz no vácuo ($3\cdot 10^{8}$ $m\cdot s^{-1}$); e η é o número de Avogadro ($6{,}023\cdot 10^{23}$).

Exemplo 2.3. Calcular a irradiância correspondente a um DFFF=1034 $\mu mols.m^{-2}.d^{-1}$.

Assumindo que a radiação é composta principalmente por fótons azuis (comprimento de onda de 482 nm), tem-se que:

Resposta:

$$DFFF_{(W\cdot m^2)} = \frac{6{,}62606957 \cdot 10^{-34} \cdot 3 \cdot 10^{8} \cdot 6{,}023 \cdot 10^{23}}{4{,}82 \cdot 10^{-7}} \cdot 10^{-6} \cdot 1034 = 256{,}9\, W \cdot m^2$$

REFERÊNCIAS

An, N., Hemmati, S., Cui, Y.J., 2017. Assessment of the methods for determining net radiation at different time-scales of meteorological variables. Journal of . Rock Mechanics. and Geotechnical. Engineering. 9, 239–246.

Beer, A. 1852. Bestimmung der Absorption des rothen Lichts in farbigen Flüssigkeiten. Ann. Phys. Chem 86 (2): 78–90.

Boltzmann, L. 1884. Ableitung des Stefan'schen Gesetzes, betreffend die Abhängigkeit der Wärmestrahlung von der Temperatur aus der electromagnetischen Lichttheorie. Annalen der Physik und Chemie 22: 291–294.

Bouguer, P., 1729. Essai d'optique sur la gradation de la lumière. Claude Jombert, Paris. 171 p.

Bristow, K. L, e G. S Campbell. 1984. On the relationship between incoming solar radiation and daily maximum and minimum temperature. Agricultural and Forest Meteorology 31 (2): 159–166.

Conceição, MAF, Marin, FR. 2007. Avaliação de modelos para estimativa de valores diários da radiação solar global com base na temperatura do ar. Revista Brasileira de Agrometeorologia 15: 103–108.

Gates, D.M., 1980. Biophysical ecology. Springer, New York. 611p.

Grant, Richard H. 1997. Partitioning of biologically active radiation in plant canopies. International Journal of Biometeorology 40(1): 26-40.

Hargreaves, G. H., Samani, Z. A. Estimating potential evapotranspiration. Journal of the Irrigation and Drainage Division of the ASCE, New York, v. 108, n. IR3, p. 223-230, 1982.

Lambert, J. 1760. Photometria Sive de Mensura et Gradibus Luminus. Colorum et Umbrae", Eberhard Klett.

Marin, F.R., J.W. Jones, A. Singels, F. Royce, E.D. Assad, G.Q. Pellegrino, and F. Justino. 2013. Climate Change Impacts on Sugarcane Attainable Yield in Southern Brazil. Climatic Change 117 (1–2): 227–239.

Matuszko, D. 2015. A Comparison of Sunshine Duration Records from the Campbell-Stokes Sunshine Recorder and CSD3 Sunshine Duration Sensor. Theoretical and Applied Climatology 119 (3–4): 401–6. https://doi.org/10.1007/s00704-014-1125-z.

Mie, G., 1908. Beiträge zur Optik trüber Medien, speziell kolloidaler Metallösungen. Annalen . der Physic. 330, 377–445. doi:10.1002/andp.19083300302

Monsi, M., e T. Saeki. 1953. Über den Lichtfaktor in den Pflanzengesellschaften und seine Bedeutung für die Stoffproduktion. Japanese Journal of Botany 14: 22–52.

Monteith, J. L., e M. H. Unsworth. 2008. Principles of environmental physics. 3rd ed. London: Edward Arnold.

Pereira, A. R., L. R. Angelocci, e P. C. Sentelhas. 2002. Agrometeorologia: fundamentos e aplicações práticas. Guaíba: Agropecuária.

Planck, M. 1901. On the law of distribution of energy in the normal spectrum. Annalen der Physik 4 (553): 1.

Ramos, J.P.A.; Vianna, M.S.; Marin, F.R. Estimativa da radiação solar global baseada na amplitude térmica para o Brasil. Agrometeoros, 26(1): 37-51, 2018.

Rayleigh, L. 1887. On waves propagated along the plane surface of an elastic solid. Proceedings of the London Mathematical Society 1, 4–11.

Stefan, J. 1879. Über die Beziehung zwischen der Wärmestrahlung und der Temperatur. Sitzungsberichte der mathematisch-naturwissenschaftlichen Classe der kaiserlichen Akademie der Wissenschaften, Bd 79: 391–428.

Wien, W. 1898. Ueber die Fragen, welche die translatorische Bewegung des Lichtäthers betreffen. 101-115.

3. FLUXOS DE MASSA E ENERGIA NA ATMOSFERA

3.1. QUANTIFICANDO A CONCENTRAÇÃO DE UM GÁS

O transporte de massa e energia em ambientes naturais é a base para a manutenção da vida e do equilíbrio nos ecossistemas. Ele regula, por exemplo, o consumo de oxigênio por parte dos animais, a absorção de CO_2 e a transpiração pelas plantas. Nesta seção, nós discutiremos sucintamente as leis básicas de transporte de massa e energia nos agroecossistemas, introduzindo o conceito de condutâncias e resistências para sua aplicação prática em com base na biofísica.

Uma das principais aplicações desses conceitos é o entendimento do processo de fluxo de vapor d´água entre as folhas e o ar turbulento, que se inicia nos sítios de evaporação situados nas paredes celulares em contato com os espaços intercelulares de ar. A seguir, ao passar pelos estômatos, esse fluxo sofre uma constrição pois a área para difusão é reduzida; após a passagem pelo poro, o fluxo continua pela camada limite foliar, para só então ser difundido para o ar turbulento. Esse caminho é também percorrido pelo CO_2, mas em sentido inverso, e prolonga-se até o interior das células do mesofilo (Angelocci, 2002).

Contudo, antes de nos aprofundarmos nos detalhes sobre os diferentes mecanismos de transporte na natureza, é necessário definir o termo concentração. Isso porque, em geral. o transporte espontâneo de massa e outras propriedades tais como energia térmica e momento, ocorre de uma região de alta "concentração" para outra de baixa "concentração".

Um termo largamente utilizado para medir a composição de uma propriedade "*i*" é a concentração (C_i) ou densidade (ρ_i) de modo que $C_i = \rho_i$ = massa de *i* por unidade de volume (Equação 3.1.). Ainda, pode-se usar a concentração molar, como mostra a Equação 3.2.:

$$C_i = \rho_i = \frac{m_i}{V} = \frac{e_i}{P} \qquad (3.1.)$$

$$C_i^m = \frac{C_i}{M_i} \qquad (3.2.)$$

em que M_i é a massa molecular de *i*; e_i é a pressão parcial do gás (Pa) e P é a pressão do sistema (Pa) e V é o volume do sistema.

A fração molar (X_i) é outra medida da composição de um gás expressa pela razão entre o número de moles de *i* (n_i) dentro do total de moles presentes na mistura (Σn), como mostra a Equação 3.3. Esta é uma medida útil pois a temperatura, pressão ou do volume não alteram a fração molar, pois todos os componentes são afetados igualmente.

$$X_i = \frac{n_i}{\sum n} \qquad (3.3.)$$

Uma terceira forma de expressar a concentração para gases em um sistema é a pressão parcial. Ela baseia-se na combinação da lei dos gases ideais (Equação 3.4.) com a lei das pressões parciais de Dalton, que estabelece que numa mistura de vários componentes, a pressão total de um gás é igual a soma das pressões parciais de cada um deles, trazendo equivalência com o conceito de fração molar, como mostra a Equação 3.5.:

$$P \cdot V = n \cdot R \cdot T \qquad (3.4.)$$

em que R é a constante universal dos gases e igual a 8,31 $J \cdot mol^{-1} \cdot K^{-1}$; T é a temperatura (K); P é a pressão do sistema (Pa); V é o volume do sistema (m^3); e n é o número de moles presentes no sistema.

$$X_i = \frac{e_i}{P} \qquad (3.5.)$$

em que e_i é a pressão parcial do componente i

Usando a Equação 3.5., pode-se então expressar a concentração de um gás (Eq 3.1.) a partir da pressão parcial de um gás, como segue:

$$C_i = \rho_i = \frac{m_i}{V} = \frac{n_i \cdot M_i}{V} = \frac{e_i \cdot M_i}{R \cdot T} \qquad (3.6.)$$

Concentrações gasosas são também dadas em porcentagem, partes por milhão (ppm) ou partes por bilhão (ppb) numa base de volume (volume do gás em questão dividido pelo volume total de ar). Assim, tem-se aí uma razão entre frações molares.

Exemplo 3.1. Em 1980, a concentração de CO_2 na atmosfera era de 335ppm. Qual a fração molar, a pressão parcial e a concentração de CO_2 no ar a 25°C?

Resposta: Sabe-se que partes por milhão (ppm) representam um volume de CO_2 presente em 10^6 volumes de ar, o que equivale à fração molar de CO_2 de $X_i = 3{,}35 \cdot 10^{-4}$ moles·mol^{-1} ou, ainda, X_i=335 µmol·mol^{-1}. Usando a Equação 3.5. ($p_{CO_2} = X_{CO_2} \cdot P_{atm}$) e assumindo P_{atm}=101 kPa, tem-se que ($p_{CO_2} = 3{,}35 \cdot 10^{-4} \cdot 101 \cdot 10^5 = 33{,}84 Pa$. Para calcular a densidade, pode-se rearranjar a Equação 3.4 na forma da Equação 3.6 e substituindo-se os valores reportados no Exemplo 3.1, temos que ρ_{CO2} = 33,84 [Pa] · 44 [g mol^{-1}] / (8,31 [J mol^{-1} K^{-1}] · 298 [K]) = 0,60117 g·m^{-3}.

3.2. EQUAÇÕES GERAIS DE TRANSPORTE DE PROPRIEDADES FÍSICAS

Os processos de transporte na natureza são regidos por gradiente de alguma propriedade (temperatura, concentração, umidade etc.) entre dois pontos no espaço. Este princípio é conhecido como teoria do fluxo-gradiente (ou seja, um fluxo que se origina a partir de um gradiente da propriedade estudada) e que pode ser matematicamente representada por uma equação geral de transporte, no qual o fluxo (ou a densidade de fluxo) é igual a uma constante de proporcionalidade multiplicada por uma força motriz.

A difusão, por exemplo, representa o processo de movimentação de uma substância de uma região de maior concentração para outra com menor concentração. É um processo espontâneo que, portanto, não requer energia para ele ocorra. A difusão ocorre em fluidos (fase líquida e gasosa) e é um processo envolvido em vários processos vegetais com a fotossíntese e a transpiração, bem como na absorção de nutrientes pelas raízes ou mesmo na ascensão de água pelo xilema vegetal, respondendo a uma diferença de potencial da água.

No caso dos gases, a Lei de Fick estabelece que um gás dentro de uma mistura de gases irá se deslocar de uma região de maior concentração para outra com menor, numa taxa dada por:

$$J_i = -D_i \cdot \frac{\Delta C_i}{l} \quad (3.7.)$$

em que J_i é a taxa de fluxo do gás i ($mol \cdot m^{-2} \cdot s^{-1}$); D_i é o coeficiente de difusividade do gás i no meio ($m^2 \cdot s^{-1}$); C_i é a concentração do gás i ($mol\ m^{-3}$); e l é a distância (m) entre os dois pontos nos quais C_i foi medida.

Na verdade, a forma da equação de Fick se aplica também a outros processos de transporte na natureza, como o movimento da água no solo (Lei de Darcy, Equação 3.8.), o transporte condutivo de calor (Lei de Fourier, Equação 3.9.), o transporte de momento (Lei de Newton da viscosidade, Equação 3.10), ou mesmo para o transporte de elétrons em um condutor (Lei de Ohm, Equação 3.11.):

$$J_w = -L(\theta) \cdot \frac{\Delta P}{l} \quad (3.8.)$$

em que J_w é a densidade de fluxo de água ($m^3 \cdot m^{-2} \cdot s^{-1}$); $L(\theta)$ é o coeficiente de condutividade hidráulica do solo ($m^2 \cdot s^{-1} \cdot Pa^{-1}$), que varia em função da umidade (θ) do solo; e ΔP é a diferença de pressão hidrostática (Pa) na distância l (m);

$$C = -k \cdot \frac{\Delta T}{l} \quad (3.9.)$$

em que C é a taxa de fluxo de energia térmica ($W \cdot m^{-2}$); ΔT é diferença de temperatura entre dois pontos (K); l é a distância (m) entre os dois pontos; k é o coeficiente de condutividade térmica ($W \cdot m^{-2} \cdot K^{-1}$);

$$\tau = -K_m \cdot \frac{\Delta u}{\Delta z} \qquad (3.10.)$$

em que τ é a taxa de transferência de momento ($kg \cdot m^{-1} \cdot s^{-2}$) entre duas alturas distantes entre si por Δz (m); e Δu é a diferença de velocidade do vento ($m \cdot s^{-1}$) entre essas duas alturas, e K_m é a difusividade turbulenta ($m^2\ s^{-1}$);

$$I = -k_e \cdot \frac{\Delta P_e}{l} = g_e \cdot \Delta P_e = \frac{\Delta P_e}{R_e} \qquad (3.11.)$$

em que I é o fluxo de elétrons (Ampere, A) ocorrendo em um meio condutor com condutividade elétrica k_e ($A \cdot m \cdot V^{-1}$) submetido a uma diferença de potencial elétrico (ΔP_e, Volts) medido a uma distância l (m). Note que a forma mais conhecida da Lei de Ohm está também apresentada na Eq 3.12., na qual a condutância e a resistência elétricas foram incluídas, em substituição a $-k_e/l$, de modo que:

$$\frac{-k_e}{l} = g_e = \frac{1}{R_e} \qquad (3.12.)$$

Ou de modo mais genérico:

$$\frac{-k}{l} = g = \frac{1}{R} \qquad (3.13.)$$

3.3. CONDUTÂNCIAS E RESISTÊNCIAS AO FLUXO DE VAPOR D'ÁGUA

A lei de Ohm, em sua forma baseada na resistência do condutor (Eq. 3.12.) é mais adequada para aplicações no mundo macroscópico por permitir a medida das grandezas envolvidas na equação de modo mais fácil e direta. Em diversas aplicações biofísicas, nossos problemas são similares a àqueles envolvidos em circuitos elétricos, pois as grandezas podem ser medidas em escala macroscópicas (Jones, 1992). Por exemplo, a concentração de um gás qualquer pode ser medida na imediação de um corpo ou uma folha e então comparada com a concentração na atmosfera livre. Neste caso, o uso de condutâncias e resistências, na forma apresentada na Equação 3.14., notadamente quando analisamos fluxos que ocorrem nas plantas, é bastante adequada e seu valor pode ser estimado pela inversão da Equação 3.12., ou seja, pela razão entre a diferença de concentração e a densidade fluxo.

Por exemplo, considerando o fluxo de vapor que ocorre entre a cavidade estomática e a camada limite foliar, pode-se aplicar a lei de Fick (Equação 3.7.), para se obter a Equação 3.14.:

$$J_{va} = -D_{va} \cdot \frac{\Delta C_{va}}{l} \qquad (3.14.)$$

em que J_{va} é a taxa de fluxo do gás i (mol [vapor d'água]$\cdot m^{-2} \cdot s^{-1}$); D_i é o coeficiente de difusividade do vapor d'água no ar ($m^2 \cdot s^{-1}$); ΔC_{va} é a diferença de concentração de vapor ($mol \cdot m^{-3}$); e l é a distância (m) entre os dois pontos de medida.

A Equação 3.14. pode ser modificada e expressa em função da condutância (g_{va}) ou da resistência (r_{va}) do meio a difusão de vapor d'água, como segue:

$$J_{va} = g_{va} \cdot \Delta C_{va} = \frac{\Delta C_{va}}{r_{va}} \qquad (3.15.)$$

em que $g_{va} = \frac{D_{va}}{l}$ (m s^{-1}) e r_{va} é o inverso de g_{va}: $r_{va} = \frac{1}{g_{va}}$, (s m^{-1}).

Para estimarmos, por exemplo, o fluxo de calor sensível entre a superfície do solo, submetido à temperatura (Ts), e um ponto numa altura qualquer acima da superfície do solo, submetida à temperatura do ar (Ta), pode-se escrever:

$$H = g_H \cdot c_p \cdot (Ts - Ta) = \frac{c_p \cdot (Ts - Ta)}{r_H} \qquad (3.16.)$$

em que: g_H é a condutância ao fluxo de calor sensível (m s^{-1}) entre os dois pontos considerados nessa análise, r_H é a resistência ao fluxo de calor sensível (s m^{-1}), e c_p é o calor específico do ar ($J \cdot kg^{-1} \cdot {}^oC^{-1}$).

Condutâncias e resistências podem ser expressas, respectivamente, pelas unidades $mol \cdot m^{-2} \cdot s^{-1}$ ou $m^2 \cdot s\ mol^{-1}$. Alguns autores, contudo, preferem expressar as condutâncias e resistências em $m \cdot s^{-1}$ e $s \cdot m^{-1}$, respectivamente, e a forma de converter condutâncias expressas em $m \cdot s^{-1}$ para $mol \cdot m^{-2} \cdot s^{-1}$ é multiplicando as condutâncias em $m \cdot s^{-1}$ pelo volume molar do ar (44,1 $mol \cdot m^{-3}$, ao nível do mar a 20°C). Para resistências, basta dividir a resistência expressa em $s \cdot m^{-1}$ por 44,1 $mol \cdot m^{-3}$ para se obter o valor da resistência expresso em $m^2 \cdot s \cdot mol^{-1}$ (Campbell & Norman, 1998). Há diferença de aplicação nas unidades de condutância (ou resistência) com base em $mol \cdot m^{-2} \cdot s^{-1}$ ou $m \cdot s^{-1}$: a unidade baseada em mol, por ser menos dependente da temperatura do sistema é preferida em aplicações científicas no campo da microclimatologia ou da fisiologia vegetal.

Em aplicações que envolvem a vegetação, tem-se percursos de fluxos que as vezes envolvem resistências ao fluxo posicionadas em série, como ocorre no transporte de vapor d'água através dos estômatos de uma folha. Normalmente, como exemplo, pelo menos duas resistências estão posicionadas em série: a resistência estomática (r_e) e a resistência da camada limite foliar (r_l). Neste caso, a resistência (r_t) total no percurso do vapor d'água será dado pela Equação 3.17.

$$r_t = r_e + r_l \tag{3.17.}$$

A condutância total do sistema é a recíproca da resistência total e, portanto, a soma do inverso das resistências, com mostra a Equação 3.18.:

$$g_t = \frac{1}{\frac{1}{g_e} + \frac{1}{g_l}} \tag{3.18.}$$

Quando temos resistências em paralelo, como pode ocorrer em folhas que também perdem água pela superfície cuticular, além das perdas pelos estômatos, precisamos computar os fluxos considerando este percurso em paralelo do vapor ao sair da folha para a atmosfera. Neste caso, a condutância total da folha (g_f) é dada pela soma das duas condutâncias: estomática (g_e) e cuticular (g_c), como mostra a Equação 3.19. A resistência foliar à difusão de vapor, contudo, será dada pela soma do inverso das resistências, como mostra a Equação 3.20.

$$g_f = g_e + g_c \quad (3.19.)$$

$$r_f = \frac{1}{\frac{1}{r_e}+\frac{1}{r_c}} \quad (3.20.)$$

Para usar tais equações de resistências ou condutância de modo aplicado, é necessário juntar tais conceitos com aqueles associados às medidas de concentração do gás. Para superfícies evaporantes, como os estômatos, pode-se admitir que a umidade relativa é muito próxima da unidade, de modo que se conhecendo apenas a umidade da atmosfera livre já podemos estimar o fluxo de vapor se conhecermos a resistências ao fluxo difusivo de vapor.

Exemplo 3.2. Calcule a taxa de perda de vapor d'água por uma folha, assumindo a temperatura da folha de 28°C, pressão parcial de vapor d'água na atmosfera igual a 1,7 kPa, e condutividade do dossel de 0,75 $mol \cdot m^{-2} \cdot s^{-1}$, e condutância da camada limite de 0,25 $mol \cdot m^{-2} \cdot s^{-1}$.

Em primeiro, vamos calcular a condutância total do sistema (folha + camada limite):

$$g_{va} = \frac{1}{\frac{1}{0,25}+\frac{1}{0,75}} = 0,1875\, mol \cdot m^{-2} \cdot s^{-1} \quad (3.21.)$$

Assumindo que a cavidade estomática tenha ambiente saturado em vapor d'água e a pressão atmosférica igual a 101 kPa, a concentração de vapor na cavidade estomática seria dada por:

$$C_{vf} = \frac{1 \cdot 0,6108 \cdot 10^{\frac{(7,5 \cdot 28)}{(237,3+28)}}}{101} = 0,03742\, mol[vapor] \cdot mol^{-1}[ar] \quad (3.22.)$$

No ar, a concentração de vapor será dada por:

$$C_{va} = \frac{1{,}7}{101} = 0{,}01683\, mol[vapor] \cdot mol^{-1}[ar] \quad (3.23.)$$

Assim, o fluxo de vapor, por unidade de área foliar, será dado por:

$$E = 0{,}1875 \cdot (0{,}03742 - 0{,}01683\,) = 0{,}003861\, mol \cdot m^{-2} \cdot s^{-1}\; ou\; 3{,}861\, mmol \cdot m^{-2} \cdot s^{-1} \quad (3.24.)$$

Em termos de fluxo de massa, tem-se:

$$E = 0{,}003861[mol \cdot m^{-2} \cdot s^{-1}] \cdot 0{,}018[kg \cdot mol] = 6{,}949 \cdot 10^{-5}\, kg \cdot m^{-2} \cdot s^{-1} \quad (3.25.)$$

3.3.1. RESISTÊNCIA FOLIAR À DIFUSÃO DE VAPOR

A resistência foliar à difusão de vapor é uma grandeza utilizada na quantificação do efeito biológico da folha sobre a transpiração. Por definição ela corresponde à resistência à difusão molecular de uma folha ao fluxo de vapor d'água a partir da cavidade subestomática foliar até a camada limite foliar adjacente à epiderme. O aparato estomático é constituído pelas células-guarda, pela cavidade subestomática, pelas células subsidiárias e pelo poro estomático, sendo uma das principais estruturas vegetais responsáveis pela colonização do ambiente terrestre pelos vegetais (Jones, 1992). O poro estomático, cuja área é definida pelo grau de abertura das células-guarda, é responsável pela saída de vapor d'água e a entrada de CO_2. Dessa forma, mesmo com as células epidérmicas ocupando uma fração muito maior da área da folha que os poros estomáticos (entre 95% a 99,5% da área da folha), a cutícula cerosa que as recobre reduz grandemente a perda de água de suas paredes celulares para o ar turbulento. Assim, a transpiração pela via cuticular tem importância secundária, assumindo papel relevante apenas quando os poros estomáticos estão completamente fechados, normalmente durante a noite. A Figura 3.1. ilustra a estrutura de um estômato típico e as resistências envolvidas no percurso da água desde a cavidade subestomática até a atmosfera turbulenta.

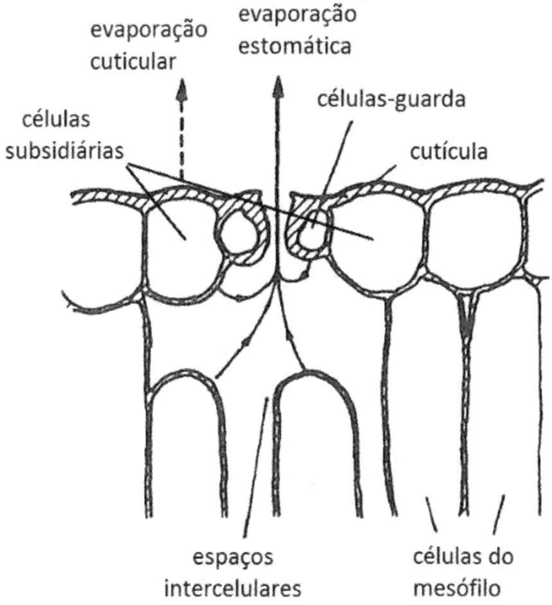

Figura 3.1. Representação esquemática da estrutura do estômato e dos caminhos da água no processo de transpiração foliar. Adaptado de Jones (1992).

Com base nas vias ocupadas pela água no processo de transpiração apresentados na Figura 3.1., a resistência foliar é, na verdade, composta por três resistências (ou condutâncias), a saber: 1) a dos espaços intercelulares de ar, 2) da cutícula e 3) dos estômatos. A condutância dos espaços intercelulares de ar pode ser determinada pelo comprimento efetivo percorrido pelo ar no meio intercelular. Embora tais espaços sejam irregulares, com diferentes dimensões para diferentes espécies, observa-se que o comprimento dos espaços intercelulares de ar varia entre 100 μm e 1 mm para a maioria das espécies, o que resulta em valores estimados de condutância dos espaços intercelulares entre 0,24 e 0,024 $m \cdot s^{-1}$, a 20°C; medidas de condutância da cutícula em plantas cultivadas resultaram em valores entre $4 \cdot 10^{-4}$ $m \cdot s^{-1}$ e $1 \cdot 10^{-4}$ $m \cdot s^{-1}$ (Nobel, 2009), valores consideravelmente menores que as resistências normalmente observadas na via estomática. Os valores da condutância estomática variam grandemente com as condições ambientais e fatores da planta (mencionados na primeira seção deste capítulo).

Com base na representação da Figura 3.1., pode-se também simplificar o conjunto de resistências à difusão de vapor e, utilizando a primeira Lei de Fick, descrever a difusão de gases em uma folha, como já mostrado nas equações 3.14 e 3.15. Na literatura específica, como já mencionado, é também comum utilizar a unidade $mol \cdot m^{-2} \cdot s^{-1}$ para expressar a condutância. Nela, trabalha-se com a diferença de fração molar de vapor entre a folha e o ar, tornando assim os valores de condutância menos dependentes da temperatura e independentes da pressão atmosférica e permitindo melhor comparação de dados obtidos em diferentes condições ambientais. Vale também destacar que o fluxo de CO_2 é regulado pela abertura estomática e, com isso, o conceito de resistência da cobertura é útil no estudo dos fluxos de CO_2 entre a vegetação e a atmosfera.

No aparato estomático, é fundamental o controle exercido pelas células-guarda, que atuam mecanicamente na regulação da abertura estomática. Essa regulação se dá através do grau de turgidez das células-guarda, de modo que a radiação solar e a boa disponibilidade hídrica promovem a abertura do poro estomático. Por outro lado, caso a disponibilidade hídrica às células-guarda seja limitado, essas passam a um estado progressivo de flacidez que resulta em redução da área do poro estomático, até seu fechamento completo. Essa descrição, é evidente, é uma grande simplificação de um processo fisiologicamente complexo, uma vez que a abertura estomática é também regulada pela temperatura do ar, o déficit de pressão de vapor e a intensidade da radiação.

Além dos aspectos ambientais, a abertura estomática também é afetada por hormônios vegetais, pela condição nutricional da planta e fase fenológica da espécie. O processo de abertura estomática pode ser resumido partindo do fato de que as células-guarda, quando iluminadas, absorvem íons de potássio (K^+) em taxa elevada para aumentar a concentração osmótica no interior do citoplasma de 0,3 para 0,6 M. Este processo, por sua vez, eleva a pressão osmótica interna, reduzindo o potencial de água interior na célula e um fluxo espontâneo de água das células epidérmicas para dentro das células-guarda. Essa entrada de água, por fim, aumenta a pressão hidrostática interna do par de células-guarda, expansão e oposição das paredes celulares (em ambos os lados do poro), tornando-o côncavo. Como as células têm forma de arco quando túrgidas e curvam-se para fora, um poro elíptico (também conhecido como poro estomático) desenvolve-se então entre as duas células. Este é o mecanismo biofísico mais aceito para regulação da abertura do poro estomático na maioria das espécies.

Além das células-guarda propriamente ditas, as relações hídricas das células epidermais adjacentes às células-guarda, conhecidas como células subsidiárias (Figura 3.1.), são também cruciais nesse processo de regulação da abertura do poro estomático (Cowan, 1972), porque elas são a principal fonte de potássio (K^+) para a elevação repentina da concentração osmótica no interior das células-guarda. Vale destacar que além do K^+, o cálcio também desempenha papel controlador da abertura dos poros estomáticos (Fischer, 1972; Thomas, 1970).

Uma vez aberto o poro estomático, a água evapora a partir da cavidade estomática e então se difunde para fora da folha (Figura 3.1.). Quando submetido a condições de elevada radiação solar, vento e baixa umidade do ar, pode haver um desequilíbrio entre a taxa de perda por transpiração e o suprimento hídrico às folhas por parte das raízes. Com isso, pode haver queda momentânea no nível de hidratação das células-guarda, com consequente redução do poro estomático e da taxa de transpiração. Caso haja disponibilidade de água no solo, o resultado deste fechamento parcial seria a reentrada de água nas células-guarda e células subsidiárias, com a retomada do estado de turgidez.

Como mencionado, radiação solar, vento, temperatura e umidade do ar podem afetar a abertura dos estômatos e o entendimento desse relacionamento tem sido questão de difícil resposta, principalmente pelo número de fatores envolvidos, pela interação entre esses fatores, e pela grande variabilidade espacial da condutância estomática à difusão de vapor. Possivelmente, a resposta mais consistente e melhor documentada é a resposta estomática observada na maioria das espécies com a variação na radiação solar incidente (Jones, 1992). A máxima abertura é, usualmente, atingida com radiações maiores que ¼ da radiação máxima solar, ou seja, por volta de 200 $W \cdot m^{-2}$ (ou cerca de 400 $\mu mol \cdot m^{-2} \cdot s^{-1}$).

Um caso particular de regulação estomática relacionada à incidência da radiação solar são as espécies que contam com um processo metabólico específico conhecido como metabolismo ácido das crassuláceas (CAM), mais adaptadas aos ambientes áridos. Nelas, diferente da maioria das plantas que têm os estômatos abertos sob iluminação e fechados no escuro, o comportamento é inverso, com máxima abertura estomatal nas primeiras horas do período noturno. Essa estratégia ecológica visa a obtenção de CO_2 em condições de menor demanda hídrica atmosférica, reduzindo a perda por transpiração. No entanto, como não há luz para que o processo fotossintético se realize simultaneamente ao período de abertura estomática, o CO_2 absorvido à noite é armazenado na forma de ácido málico, para ser usado na fotossíntese do dia seguinte, quando houver radiação solar.

Nas últimas duas décadas, ganhou força a discussão científica sobre o efeito da elevação na concentração de CO_2 na atmosfera (em decorrência da queima de combustíveis fósseis e do desmatamento) sobre as plantas. E um dos efeitos esperados é sobre a resposta estomática e, por conseguinte, na produtividade de água das plantas. Isso porque o estômato também responde à variação na fração molar de CO_2 nos espaços intercelulares, de modo que quando esta concentração decresce nos espaços intercelulares, o estômato tende a abrir-se, facilitando a entrada de CO_2 na cavidade subestomática. A sensibilidade ao nível interno de CO_2 é dependente do ambiente e da espécie (Meidner, 1968), mas pode-se adotar como valores de referência concentrações internas de CO_2 na faixa de 130 ppm em espécies C_3 e 230 ppm em espécies C_4, sob uma ampla faixa de condições e taxas fotossintéticas (Wong et al., 1979).

Quanto à umidade do ar, pode-se admitir que a sua redução tende a fechar o poro estomático. Na verdade, o estômato responde ao déficit de pressão de vapor entre a camada limite foliar e a atmosfera turbulenta e não à variação na umidade relativa do ar (Aphalo & Jarvis, 1991), como abordado no início deste capítulo. Vale lembrar, contudo, que decréscimos na condutância das folhas devido ao incremento no déficit de saturação de vapor do ar nem sempre são suficientes para reduzir a taxa de transpiração, sob condições não limitantes de água no solo (Meyer e Green, 1981; Hall et al., 1975; Lloyd, 1991), isso porque mesmo reduzindo a abertura estomática, o fluxo continua ocorrendo sob taxas elevadas por causa do elevado déficit de pressão de vapor entre a folha e o ar, mantendo-se assim elevadas taxas de transpiração.

O efeito da temperatura na regulação estomática é mais complexo pois, sob condições naturais, a variação na temperatura está normalmente associada ao aumento da radiação solar e eleva o déficit de pressão de vapor da atmosfera. Por isso, muitas vezes, as relações entre temperatura do ar e condutância estomática obtidas são contraditórias, dificultando o estabelecimento de uma relação direta entre elas.

Um aspecto interessante relacionado à medida da condutância foliar é que durante a transpiração, o vapor de água que se difunde pelos estômatos e se move para o ar no entorno das folhas não tem um padrão de deslocamento médio, mas que a difusão dentro dos estômatos é na verdade controlada por um fluxo de massa externo, bastante variável. Com isso, os coeficientes de difusão variam continuamente, diferentemente da condição imposta pelos porômetros, que são os principais equipamentos de medida da condutância foliar. Parkinson & Penman (1970), por exemplo, realizaram um experimento com beterraba açucareira e observaram um erro de estimativa de até 2% em medidas realizadas com porômetros, mas destacaram que este valor pode ser maior a depender da cultura e das condições atmosféricas nas quais a medida é realizada.

3.3.2. MODELAGEM DA RESISTÊNCIA FOLIAR À DIFUSÃO DE VAPOR

Apesar da dificuldade em compreender as relações do estômato com o ambiente, a ampliação do entendimento desse mecanismo conduziu à tentativa de se modelar a condutância estomática por meio de algoritmos matemáticos integrando os fatores ambientais. Uma abordagem foi proposta por Jarvis (1976), utilizando modelos não lineares testado para várias espécies como é o caso de citros (Sylversten e Lloyd, 1994), macadâmia (Lloyd, 1991) e lichia (Batten et al. 1992). Numa outra linha,

Thorpe et al. (1980) desenvolveram um modelo relativamente mais simples para macieiras.

Para Jones (1992), uma parte das dificuldades para modelagem da resistência foliar à difusão de vapor deve-se a aplicação em condições de campo de informações obtidas em ambientes controlados, uma vez que esse tipo de extrapolação pode trazer os seguintes complicadores: i) interações entre as respostas (ou seja, qualquer resposta depende do nível dos outros fatores); ii) variabilidade do ambiente natural; iii) o tempo de resposta do estômato é da mesma ordem de grandeza ou mais longo que aquele de mudanças no ambiente; iv) em espécies com folhas anfiestomáticas, os estômatos na superfície adaxial tendem a ter respostas mais eficientes que os da superfície abaxial; e v) o ritmo endógeno tende a afetar a abertura estomática independentemente das condições ambientais.

As primeiras constatações científicas de que a resistência foliar à difusão de vapor deveria ser considerada para a adequada modelagem do processo de evapotranspiração foram feitas na década de 1960. Uma frase interessante extraída de Thornthwaite & Hare (1965) é a seguinte: "a tendência de tratar a vegetação como um bombeador de umidade inerte é insatisfatória". Vale lembrar que Thornthwaite (1948), cerca de 20 anos antes dessa declaração, havia proposto seu famoso método sem considerar o papel da vegetação no processo de evapotranspiração. Por ocasião dessa publicação, contudo, Thornthwaite & Hare (1965) não ofereceram opções para inclusão da resistência da cobertura na estimativa da evapotranspiração. Felizmente, no mesmo ano, Monteith (1965) oferece uma adaptação do método de Penman (1948) incluindo a resistência da cobertura como variável de entrada e, assim, modificando o paradigma sobre a modelagem do processo de evapotranspiração. O trabalho de Monteith (1965), contudo, não aborda profundamente o assunto sobre como se quantificar a resistência da cobertura. Com isso, diversos estudos passaram a ser realizados no intuito de compreender o processo biofísico para sua quantificação. O trabalho de Szeicz e Long (1969) é um bom exemplo pioneiro.

Com o objetivo de oferecer uma alternativa para as situações em que se pretendia estimar a resistência à difusão representativa de uma comunidade vegetal (r_f), Marin et al. (2001) propuseram um modelo para sua estimativa em função do déficit de pressão de vapor do ar, saldo de radiação e velocidade do vento, além de um fator de ponderação obtido a partir da razão entre o fluxo de calor latente e o saldo de radiação, com valor entre 0,7 e 0,8 para culturas irrigadas.

Esse modelo foi derivado do enfoque de Monteith (1965) para o modelo da grande folha e mostrou-se relativamente eficiente em comparação com dados médios de rf medidos em árvores adultas de lima ácida 'Tahiti'. Sua aplicação em lima ácida 'Tahiti' (Marin et al., 2003a), gramado (Marin et al., 2003b) e café (Marin, 2003), como submodelo do método de Penman-Monteith, forneceu resultados coerentes de transpiração diária comparada com dados de fluxo de seiva ou de lisímetros.

O método parte da premissa de que a cobertura vegetal atua como se fosse uma única grande folha, sob disponibilidade de um determinado valor de saldo de radiação e resistência à difusão de vapor, de modo que a equação do balanço de energia pode ser aplicada a essa vegetação como mostra a Equação 3.26.:

$$SR_{ef} = H + LE \tag{3.26.}$$

em que SR_{ef} é o saldo de radiação efetivo da cobertura vegetal. ($W \cdot m^{-2}$ [de folha]), H é a densidade de fluxo de calor sensível entre a vegetação e a atmosfera ($W \cdot m^{-2}$ [de folha]), dado pela Equação 3.27.; LE é a densidade de fluxo de calor latente proveniente da copa ($W \cdot m^{-2}$ [de folha]), dado pela Equação 3.28.:

$$H = \frac{\rho_{ar} \cdot c_p \cdot (T_f - T_{ar})}{r_a} \tag{3.27.}$$

$$LE = \frac{\rho_{ar} \cdot c_p \cdot (e_f - e_{ar})}{\gamma \cdot (r_f + 2 \cdot r_a)} \tag{3.28.}$$

em que T_f é a temperatura da "grande folha" (°C); Tar a temperatura do ar (°C); e_f a pressão atual de vapor da cavidade estomática (kPa), considerada igual à pressão de saturação de vapor à temperatura da folha; e_{ar} é a pressão atual de vapor do ar turbulento (kPa); ρ_{ar} é a densidade do ar ($kg \cdot m^{-3}$); γ é a constante psicrométrica ($kPa \cdot °C^{-1}$); r_f é a resistência à difusão de vapor da "grande folha" ($s \cdot m^{-1}$); c_p é o calor específico do ar ($J \cdot kg^{-1} \cdot °C^{-1}$).

Substituindo-se as Equações 3.27. e 3.28. na Equação 3.29., tem-se:

$$SR_{ef} = \frac{\rho_{ar} \cdot c_p \cdot (T_f - T_{ar})}{r_a} + \frac{\rho_{ar} \cdot c_p \cdot (e_f - e_{ar})}{\gamma \cdot (r_f + 2 \cdot r_a)} \quad (3.29.)$$

Num dado dossel vegetativo, sabe-se que as folhas estão submetidas a diferenciadas condições radiativas e aerodinâmicas. Essa variabilidade, portanto, afeta diferenciadamente cada extrato do dossel, e até mesmo cada uma das folhas, daí os frequentes relatos de alta variabilidade espacial em medidas de resistência foliar com porômetros. No entanto, numa condição em que não haja restrição hídrica, existem evidências de que a temperatura média das folhas do dossel seja próxima da temperatura do ar devido ao processo transpiratório, no qual há perda de energia na forma de calor latente.

Admitindo-se essa premissa, a Equação 3.29. resume-se à Equação (3.30.), de modo que, evidenciando-se *rf*, obtém-se a Equação (3.31.):

$$SR_{ef} = \frac{\rho_{ar} \cdot c_p \cdot \Delta e}{\gamma \cdot (r_f + 2 \cdot r_a)} \quad (3.30.)$$

$$r_f = \frac{\rho_{ar} \cdot c_p \cdot \Delta e}{\lambda \cdot SR_{ef}} - 2 \cdot r_a \quad (3.31.)$$

A partir da Equação 3.31. deduz-se que a desconsideração do fluxo de calor sensível (H) é uma limitação do modelo. Uma forma para minimização desse erro é subtrair do valor de SR_{ef} a fração convertida em calor sensível e, assim, tornar as estimativas mais realistas. Admitindo-se que a fração H represente em média 30% do saldo de radiação de uma cultura sem restrição hídrica, a equação de estimativa de r_f pode ser expressa como:

$$r_f = \frac{\rho_{ar} \cdot c_p \cdot \Delta e}{\gamma \cdot 0{,}7 \cdot SR_{ef}} - 2 \cdot r_a \qquad (3.32.)$$

A Equação 3.32. fornece, portanto, uma estimativa de r_f, para culturas sem restrição hídrica, a partir de variáveis meteorológicas e da resistência aerodinâmica. A Figura 3.2. ilustra a aplicação da Equação 3.32. para um cafeeiro adulto em Piracicaba e o desempenho do método especialmente para condições mais quentes e secas do dia.

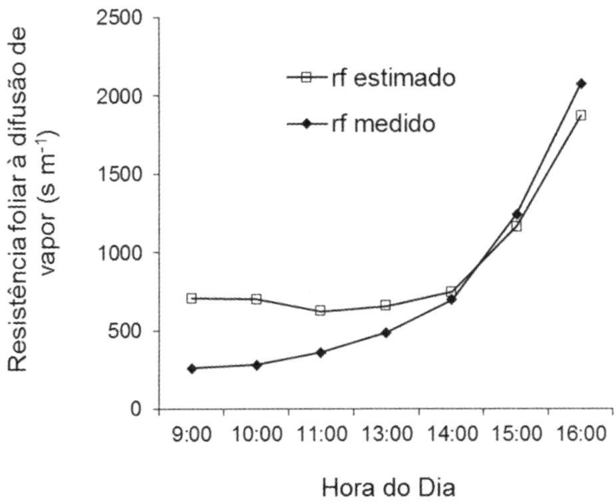

Figura 3.2. Variação horária dos valores médios de 5 dias da resistência foliar a difusão de vapor medida com porômetro e estimada com a Equação 3.32 em cafezal adulto. Adaptado de Marin (2003).

REFERÊNCIAS

Angelocci, L.R. 2002. Água na planta e trocas gasosas/energéticas com a atmosfera: Introdução ao tratamento biofísico. Piracicaba, SP: Edição do autor. 268p.

Aphalo, P J, and P G Jarvis. 1991. Do Stomata Respond to Relative Humidity? Plant, Cell & Environment 14 (1): 127–32.

Batten, D.; Lloyd, J.J.; Mcconchie, C. Seasonal variation in stomatal responses of two cultivars of lychee (Litchi chinensis Sonn.). Australian Journal of Plant Physiology. v.19, p.317-329, 1992.

Campbell, G. S., Norman. J. M. 1998. An introduction to Environmental Biophysics, 286 pp. Springer, New York.

Cowan, I. R. Oscilations in stomatal condutance and plant functioning associated with stomatal condutance: observations and a model. Planta, v.106, p.185-219, 1972.

Fick, A. Uber difusion. Ann. Phys. U. Chemie, 94:170, p.59-86.

Fischer, R.A. Aspects of potassium acumulation by stomata in vicia faba. Australian Journal Biological Sciences, v.25, p.1107-1123, 1972.

Hall, A.E.; Camacho-B, S. E.; Kaufmann, M. R. Regulation of water loss by citrus leaves. Physiologia Plantarum, v.33, p.62-65, 1975.

Jones, H.G. Plants and microclimate: a quantitative approach to environmental plant physiology. New York: Cambridge University Press, 1992. 428p.

Lloyd, J. J. Modelling stomatal responses to envoronment in Macadamia integrifolia. Australian Journal of Plant Physiology. v.18, p.649-60, 1991.

Marin, F R. 2003 "Evapotranspiração e Transpiração Máxima Em Cafezal Adensado. Piracicaba, 2003. 118p." Tese (Doutorado)–Escola Superior de Agricultura "Luiz de Queiroz", Universidade de São Paulo.

Marin, F. R., L. R. Angelocci, N A Villa Nova. 2003a. "Estimativa Da Transpiração Máxima de Lima Ácida, Cv. Tahiti, Pelo Modelo de Penman-Monteith." Revista Brasileira de Agrometeorologia, Santa Maria 11 (2): 237–43.

Marin, F. R., L. R. Angelocci,; E. Z. Righi. 2001. "Modelo Simplificado Para Estimativa Da Resistência à Difusão de Vapor de Árvores de Lima Ácida 'Tahiti.'" Revista Brasileira de Agrometeorologia 9 (2): 227–33.

Meidner, H.; Mansfield, T.A. Physiology of stomata. New York: MacGraw-Hill, 1968. 178 p.

Meyer, W.S.; Green, G.C. Comparison of stomatal action of orange, soybean and wheat under field conditions. Australian Journal of Plant Physiology, v.8, p.65-76, 1981.

Monteith, J.L. Evaporation and environment. Symposium of Society of Experimental Biology, v.19, p.205-234. 1965.

Nobel, P.S., 2009. Physicochemical and Environmental Plant Physiology, Physicochemical and Environmental Plant Physiology. Elsevier Inc.

Parkinson, K. J., H. L. Penman. 1970. "Possible Source of Error in the Estimation of Stomatal Resistance | Journal of Experimental Botany | Oxford Academic." Journal of Experimental Botany 21 (2): 405–9.

Penman, M.L. Natural evaporation from open water, bare soil and grass. Proccedings Royal Society Series A, 193: 120-145, 1948.

Sylversten, J.P.; Lloyd, J. J. Citrus. In: Schaffer, B.; Andersen, P.C. Handbook of environmental physiology of fruit crops: sub-tropical and tropical crops. Boca Ranton: CRC Press, 1994. p.65-101.2v.

Szeicz, G., Long, I.F. 1969. Surface resistance of crop canopies. Water Resources Research 5, 622–633.

Thomas, D. A. The regulation of stomatal aerture in tobacco leaf epidermal strips. Australian Journal Biological Sciences, v.23, p.961-979, 1970.

Thornthwaite, C.W. An approach toward a rational classification of climate. Geographical Review, v. 38, p. 55-94, 1948.

Thornthwaite, C.W., Hare, F.K. 1965. The loss of water to the air, in: Agricultural Meteorology, Meteorol. Monographs Amer. Meteorol. Soc. Monogr. pp. 163–180.

Thorpe, M.R.; Warrit, B.; Landsberg, J.J. Responses of apple leaf stomata: a model for single leaves and a whole tree. Plant, Cell and Environment, v.3, p. 23-27, 1980.

Wong, S. C., I. R. Cowan, And G. D. Farquhar. 1979. “Stomatal Conductance Correlates with Photosynthetic Capacity.” Nature 282 (5737): 424–26.

4. A ÁGUA E O VAPOR D'ÁGUA

O vapor d'água provém da superfície terrestre e dos oceanos através dos processos de transpiração e evaporação, explicando assim, porque a maior parte do vapor d'água na atmosfera situa-se na camada de até 2000m. Nos sítios de evaporação das plantas, como ocorre nos espaços intercelulares das folhas, a pressão de vapor d'água é praticamente saturante ou muito próximo da saturação, enquanto o ambiente que as envolve é muito mais seco. Por isso, na copa, o fluxo de vapor d'água vai das plantas para o ar – transpiração –, e daí a necessidade de ter acesso frequente a uma fonte de água na fase líquida, uma vez que as plantas precisam manter-se hidratadas. O mesmo pode ser dito quando se considera uma superfície com água livre, onde ocorre o processo de mudança da fase líquida para a fase gasosa, processo este conhecido como evaporação.

Os processos de transpiração e evaporação da água também desempenham importante papel na natureza porque o calor latente de vaporização da água é elevado, consumindo grande quantidade de energia no processo de mudança de fase. Por outro lado, quando o vapor d'água é condensado, há liberação da mesma quantidade de energia, o que faz do vapor d'água uma espécie de condutor de energia entre diferentes partes do globo terrestre e fonte de energia para uma diversidade de processos na atmosfera. Por isso, o vapor d'água tem papel fundamental na distribuição de energia pelo globo terrestre, uma vez que a maior parte da água é evaporada a partir dos oceanos na zona equatorial e boa parte dele é distribuída nas zonas subtropicais e temperadas pelos ventos na alta atmosfera.

Interessante também destacar que, embora a concentração de vapor d'água na atmosfera varie apenas entre 0 e 4% em base de volume, ela explica em grande parte a variedade de ecossistemas e de condições climáticas observadas no globo terrestre (Ayoade, 1996). Nas zonas semiáridas e áridas, o conteúdo de vapor d'água da atmosfera é muito próximo de zero, enquanto nas áreas tropicais e quentes ele está próximo do valor máximo. Assim como nos desertos, o vapor d'água suspenso na atmosfera nas regiões polares da Terra também é muito próximo de zero, mas ao contrário do que ocorre nas regiões semiáridas ou áridas, o ambiente seco dos polos se forma pela baixíssima capacidade de retenção de vapor d'água no ar em função da baixa temperatura (Figura 4.2.) – responsável por manter toda a umidade presente no ambiente no estado sólido (gelo) ou líquido.

A quantidade de vapor da atmosfera também interfere fortemente na transpiração das plantas e evaporação da água de lagos, rios e da superfície do solo. Essa interferência ocorre de forma que, nos ambientes mais secos, a demanda hídrica da atmosfera é maior e as taxas de evapotranspiração (termo que descreve os processos de evaporação e transpiração de maneira conjunta e é visto no capítulo 9) são, por consequência, também elevadas.

4.1. PROPRIEDADES FÍSICO-QUÍMICAS DA ÁGUA

A molécula de água é composta de um átomo de oxigênio e dois átomos de hidrogênio, tendo 10 prótons e 10 elétrons. O ângulo entre os dois átomos de hidrogênio da molécula de água é de 105° (Figura 4.1.) porque a carga negativa do átomo de oxigênio não é integralmente compensada pelas cargas positivas dos átomos de hidrogênio. Isso implica em átomos de oxigênio tendo uma carga parcial negativa, enquanto os hidrogênios tenham cargas parcialmente positivas em decorrência de uma distribuição desigual da densidade de elétrons. Isso, em outras palavras, significa que a água é uma molécula polar, de modo que o hidrogênio de uma molécula pode ser eletrostaticamente atraído pelo oxigênio da molécula vizinha, resultando na formação de uma ligação denominada "ponte" de hidrogênio.

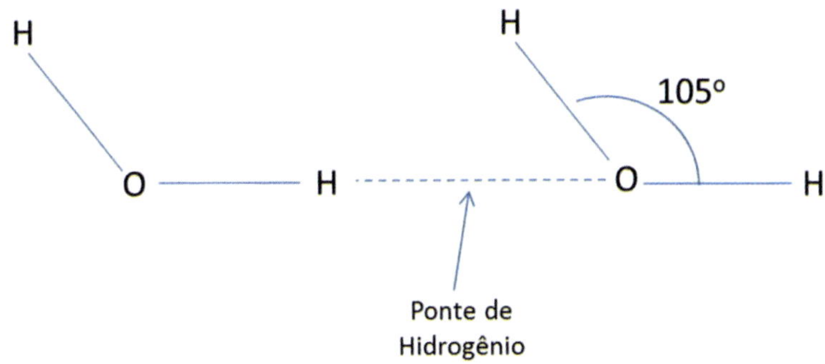

Figura 4.1. Representação esquemática da estrutura molecular da água, indicando a ponte de hidrogênio ligando duas moléculas de água. Modificado de Nobel (2009).

As pontes de hidrogênio da água têm energia equivalente a 40 $kJ \cdot mol^{-1}$ de água, o que implica em aumento na organização das moléculas de água no estado líquido e aumento na quantidade de energia necessária para que ocorra a mudança para a fase vapor (o que implica na quebra das ligações e separação das moléculas). Alternativamente, quando no estado sólido, a água assume estrutura cristalina em que praticamente todas as moléculas estão ligadas por pontes de hidrogênio. Mas quando uma quantidade suficiente de energia é fornecida para derreter o gelo, por exemplo, parte dessas pontes de hidrogênio é quebrada e essa organização cristalina não pode mais ser sustentada. O mesmo ocorre no processo de mudança da fase líquida para a fase de vapor, com a diferença de que nessa transição uma quantidade de energia ainda maior é necessária. Sem as pontes de hidrogênio, estima-se que a temperatura de ebulição da água seria de -80°C, de modo que ela inexistiria na superfície terrestre na forma líquida. Nobel (2009) estima que durante a passagem da fase sólida para a líquida, menos de 15% das pontes de hidrogênio são quebradas, uma vez que essa mudança requer 6 $kJ \cdot mol^{-1}$ (equivalente ao calor de fusão da água) e isso representa 15% da energia associada à formação de pontes de hidrogênio (40 $kJ \cdot mol^{-1}$). Nobel (2009) continua este raciocínio relacionando o calor específico da água (75,4 $J \cdot {}^oC^{-1} \cdot mol^{-1}$) com a energia das pontes de hidrogênio, concluindo que a água a 25ºC teria cerca de 80% das suas pontes de hidrogênio ainda intactas. As propriedades físico-químicas da água, além de ajudar na compreensão do processo de mudança de fase da água, também explicam o porquê da ascensão capilar da água nos solos e nas plantas e do processo de retenção de água nos poros do solo.

4.2. MUDANÇA DE FASE DA ÁGUA

A transição entre as fases sólida, líquida e gasosa, como mencionado, envolve grande quantidade de energia, de modo que se energia térmica for adicionada em taxa constante a uma massa de gelo até levá-lo a fase vapor, passando pelo estado líquido, a energia necessária para realizar tais mudanças de fase seria descrita pelo processo esquematizado na Figura 4.2. Nela, pode-se observar que para a mudança de fase do estado sólido para o líquido, por exemplo, são necessários 334 $kJ \cdot kg^{-1}$ (Figura 4.2), enquanto na mudança do estado líquido para o gasoso a quantidade de energia necessária chegaria a 2450 $kJ \cdot kg^{-1}$. Isso ocorre, principalmente, pela estrutura físico-química descrita na seção anterior. Lembrando que as pontes de hidrogênio da água representam uma energia de ligação de 40 $kJ \cdot mol^{-1}$ (ou 2220 $kJ \cdot kg^{-1}$)· tem-se que o calor latente de vaporização representa a quebra de todas as pontes de hidrogênio quando a água está a 100ºC.

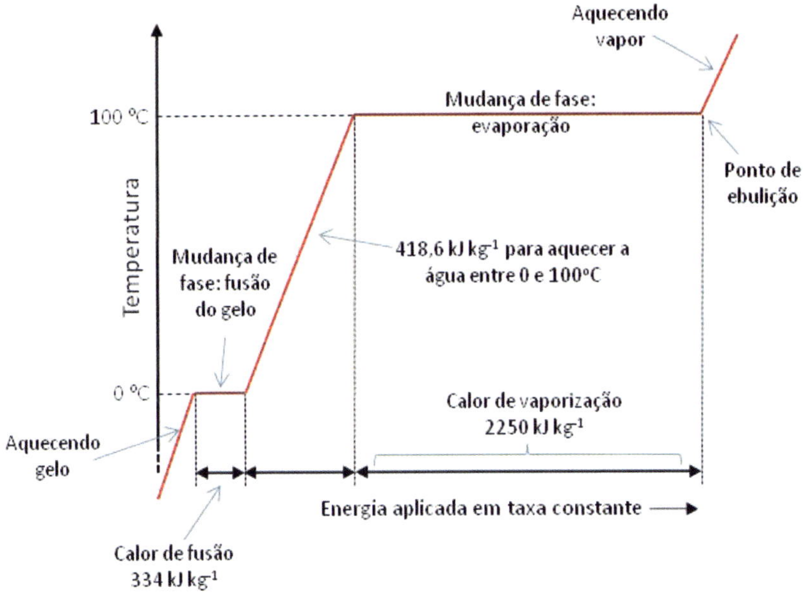

Figura 4.2. Representação esquemática das relações termodinâmicas envolvidas nos processos de mudança de fase da água.

Um processo de especial interesse é a passagem do estado líquido para o gasoso (ver Figura 4.2.) e a quantidade de energia necessária para que ele ocorra. A esta quantidade (simbolizada por λE) denomina-se calor latente de vaporização que, a 20°C, equivale a $\lambda E = 2453\ kJ \cdot kg^{-1}$ [H_2O]. A Figura 4.3 ilustra a variação de λE em função da temperatura, demonstrando que o valor de $2453\ kJ \cdot kg^{-1}$ é de fato representativo das condições ambientais comumente observadas na natureza. Contudo, para estimativas mais corretas na faixa de temperatura entre -40°C e 40°C, uma função cúbica (Equação 4.1.) pode ser empregada.

$$\lambda E = 2500.8 - 2.36 \cdot T + 0.0016 \cdot T^2 - 0.00006 \cdot T^3 \qquad (4.1)$$

em que λE é o calor latente de vaporização da água ($kJ \cdot kg^{-1}$) e T é a temperatura da água (ºC).

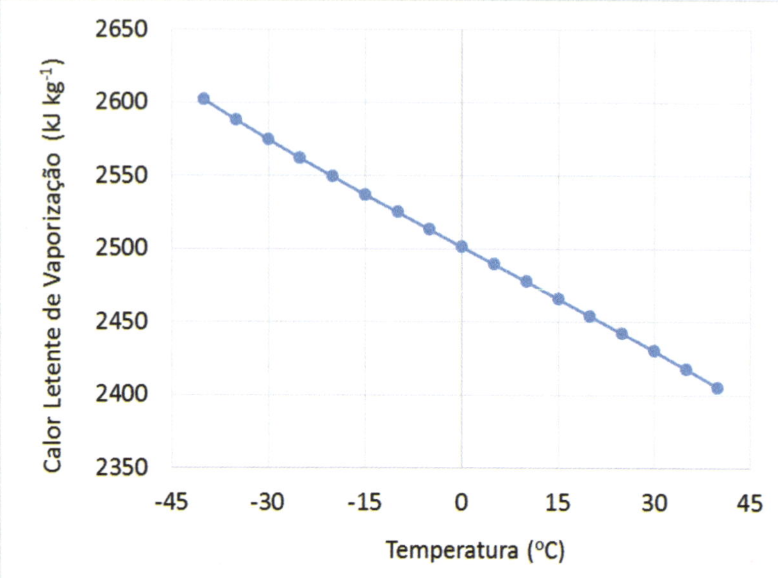

Figura 4.3. Variação do calor latente de vaporização da água (λE) com a temperatura na faixa entre -40ºC e 40ºC com base na Equação 4.1.

Assim, fica claro que as transformações energéticas desempenham papel chave no processo de evaporação e transpiração, bem como de seu inverso, a condensação. Uma forma didática de compreender tais processos é considerar que, na evaporação, apenas as moléculas mais energéticas conseguem deixar o estado líquido para a atmosfera, o que em última instância representa a perda de energia interna no líquido e, consequentemente, queda na temperatura. Esta é a razão pela qual o suor esfria o corpo quando evaporado ou a evaporação é capaz de baixar a temperatura de um lago. Por outro lado, no processo de condensação, as moléculas mais energizadas que entram no líquido têm energia cinética acima da média e, portanto, elevam a temperatura, ilustrando o que se convencionou chamar de liberação de calor latente durante a formação de orvalho por exemplo.

4.3. QUANTIFICAÇÃO DA UMIDADE DO AR

Por se tratar de um gás que compõe a atmosfera e que apresenta variação espaço-temporal na sua concentração, uma boa forma de estudar a umidade do ar é utilizar o conceito proposto em 1801 por John Dalton e conhecido como Lei das Pressões Parciais de Dalton (Roscoe & Harden, 1896). Segundo ela, a pressão atmosférica pode ser decomposta nas pressões parciais exercidas por cada gás componente da atmosfera (Equação 4.2.), permitindo estudar o vapor d'água independentemente dos demais gases.

$$P_{atm} = P_{N_2} + P_{O_2} + P_{Ar} + P_{CO_2} + ... + e_a \quad (4.2)$$

sendo que P_{atm} é a pressão atmosférica (kPa); P_{N2} é a pressão parcial do nitrogênio (kPa); P_{O2} é a pressão parcial do oxigênio (kPa); P_{Ar} é a pressão parcial do argônio (kPa); P_{CO2} é a pressão parcial do dióxido de carbono e e_a é a pressão parcial de vapor d'água (kPa).

Para compreender melhor este conceito, pode-se imaginar que dentro de um recipiente onde foi feito vácuo, coloca-se outro recipiente menor cheio de água e, de início, tapado. Imagine também que um barômetro fosse posicionado dentro do recipiente maior; neste momento, o barômetro indicaria pressão interna nula. Após a retirada da tampa do frasco menor, observar-se-ia que a pressão interna aumentaria progressivamente até estabilizar em um nível $\mathbf{e_s}$, que é variável com a temperatura do ambiente e denominada de pressão da saturação de vapor d'água no ar. Este aumento na pressão interna do frasco maior decorre da evaporação da água do frasco menor até atingir a saturação do ambiente interno, com estabilização mesmo havendo água restante dentro do recipiente (Figura 4.4.).

Ao atingir o nível $\mathbf{e_s}$ de pressão, ocorre a saturação de vapor dentro do recipiente e, com isso, o mesmo número de moléculas que passa do estado líquido para o estado gasoso faz o caminho inverso, voltando à fase líquida. Assim, para que haja mais uma molécula na forma de vapor d'água dispersa no interior da caixa, outra precisa retornar à sua fase líquida dentro do frasco com água. Esta condição representa o estado da atmosfera no interior do recipiente, saturada com vapor d'água. É importante lembrar que para cada valor de temperatura do ar no interior do recipiente haveria um valor diferente de $\mathbf{e_s}$, que pode ser identificada no gráfico psicrométrico (Figura 4.5.).

Figura 4.4. Representação do conceito de pressão de saturação de vapor.

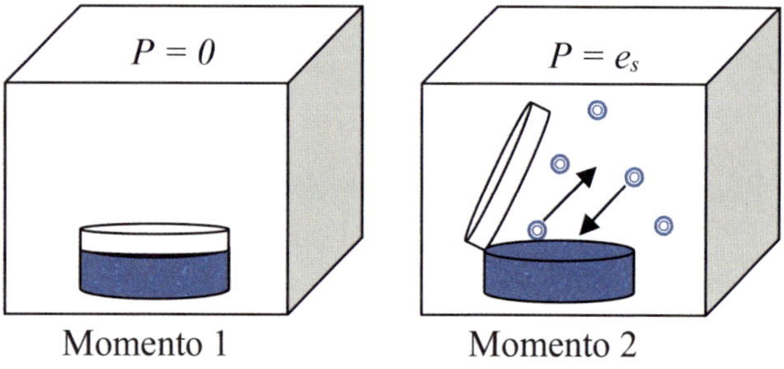

O valor de e_s pode ser obtido derivando-se a segunda lei da termodinâmica de modo a obter-se a taxa de variação de e_s em função de T, sobre uma superfície líquida, como mostra a equação de Clausius-Clapeyron:

$$\frac{de_s}{dT} = \frac{\lambda E}{T \cdot (\alpha_2 - \alpha_1)} \qquad (4.3.)$$

em que α_1 e α_2 são os volumes específicos de líquido e vapor, respectivamente, na temperatura T, e λ é o calor latente de vaporização da água ($J \cdot kg^{-1}$).

Integrando-se a Equação 4.3., é possível obter uma relação entre e_s e T, admitindo-se o vapor d'água como um gás ideal e que a evaporação pode ser descrita pela expansão isotérmica do vapor d'água, partindo de uma pressão inicial e_o até atingir uma pressão e_s. Neste caso, o trabalho realizado durante a expansão é o calor latente de vaporização da água (λE) e dV é a variação do volume de gás decorrente da expansão:

$$\lambda E = \int_{e_0}^{e_s} e \cdot dV \qquad (4.4.)$$

Diferenciando a equação dos gases ideais para um sistema isotérmico e admitindo-se $P=e$, tem-se que:

$$e \cdot V = \frac{R \cdot T}{M} \qquad (4.5.)$$

$$e \cdot dV + V \cdot de = 0 \qquad (4.6.)$$

em que R é a constante universal dos gases ideais (8,31447 J mol^{-1} K^{-1}); T é a temperatura do sistema (K) e M é a massa molar do gás contido no sistema (assumindo-se que no sistema havia uma unidade de massa do gás).

Substituindo $e \cdot dV$ na Equação 4.4 tem-se:

$$\lambda E = \int_{e_0}^{e_s} V \cdot de \qquad (4.7.)$$

Isolando V na Equação 4.5., assumindo que a massa molar M trata do vapor d'água, substituindo-o na Equação 4.7. e integrando entre e_o e e_s, tem-se:

$$\lambda E = \frac{R \cdot T}{M_{ag}} \cdot \ln\left(\frac{e_o}{e_{s(T)}}\right) \qquad (4.8.)$$

Isolando-se $e_{s(T)}$ da Equação 4.8, tem-se:

$$e_{s(T)} = e_o \cdot e^{\frac{-\lambda \cdot M_{ag}}{R \cdot T}} \quad (4.9.)$$

em que e_o é uma pressão mínima hipotética, cujo valor varia com a temperatura; M_{ag} é a massa molar do vapor d'água. Para eliminar e_o da equação, é necessário reescrever a Equação 4.9. como uma razão entre a pressão saturante de vapor e um valor de referência na temperatura $e_s(T^*)$:

$$e_{s(T*)} = e_o \cdot e^{\frac{-\lambda E \cdot M_a}{R \cdot T*}} \quad (4.10.)$$

Dividindo-se a Equação 4.9 pela Equação 4.10:

$$e_{s(T)} = e_{s(T*)} \cdot e^{\frac{-\lambda E \cdot M_a}{R \cdot (T - T*)}} \quad (4.11.)$$

Fixando T^*=273 K, λE=2,47 MJ kg^{-1} K^{-1}, e admitindo $A = \frac{-\lambda E \cdot M_a}{R \cdot T*}$, a Equação 4.11. passa então a ser:

$$e_{s(T)} = 0{,}6108 \cdot e^{19{,}65 \cdot \frac{(T-273)}{T}} \quad (4.12.)$$

sendo T a temperatura do ar (K).

Buscando entender a mesma relação, Tetens (1930) descreveu empiricamente a variação da pressão parcial máxima de vapor d'água em função da temperatura de uma parcela de ar (Equação 4.13.). A equação de Tetens (1930), apesar de empírica, tem bom desempenho para uma ampla faixa de temperatura e tem seu uso mais consagrado que a Equação 4.12.

$$e_s = 0{,}6108 \cdot 10^{\frac{(7{,}5 \cdot T)}{(237{,}3+T)}} \quad (4.13.)$$

sendo que e_s é a pressão de saturação do ar (kPa) e T é a temperatura do sistema (°C).

A Figura 4.5. mostra a variação de $\boldsymbol{e_s}$ estimado com as equações 4.12. e 4.13., com desempenho praticamente idêntico na faixa de temperatura entre zero e 40°C (faixa normalmente observada para aplicações em ambientes naturais), e diferenças mais expressivas para temperatura acima de 80°C. Isso mostra que, para as aplicações discutidas neste livro, ambas podem ser utilizadas sem distinção.

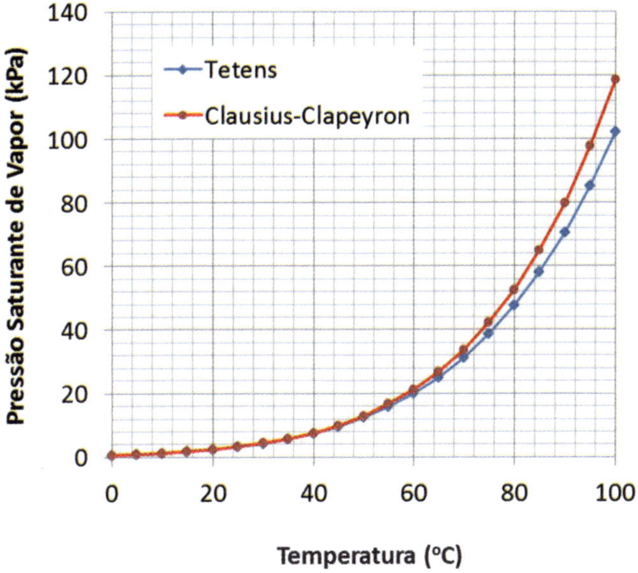

Figura 4.5. Variação da pressão saturante de vapor (e_s, kPa) e a temperatura (°C) estimada com a equação de Tetens e com a dedução a partir da equação de Clausius-Clapeyron.

Outra variável igualmente importante no estudo das propriedades atmosféricas é a pressão atual de vapor d´água (e_a) do ar do ambiente num determinado instante. Ao contrário da pressão de saturação do vapor d'água, que tem dedução teórica e pode ser determinada com as equações 4.12. ou 4.13., e_a precisa ser obtida experimentalmente.

Um dos equipamentos que permitem conhecer a pressão atual de vapor é o psicrômetro, que consiste em dois termômetros, sendo um mantido com o bulbo úmido (Tu) e outro mantido com o bulbo sem qualquer modificação (chamado neste caso de bulbo seco, Ts). Esta técnica foi relatada pela primeira vez em meados do século 18 (Bindon, 1965), fazendo do psicrômetro o instrumento mais antigo, mais utilizado e talvez o mais acurado para determinação do conteúdo do vapor d'água da atmosfera (Fritschen e Gay, 1979).

Uma das opções aos psicrômetros são os higrômetros, que utilizam a variação de uma propriedade física de um material higroscópico (como o cabelo humano, por exemplo), ou a variação da capacitância de um polímero higroscópico, para estabelecer a relação com a mudança da umidade do ar. Os higrógrafos são, na verdade, higrômetros com um sistema mecânico para o registro da umidade do ar ao longo do tempo. Outros equipamentos podem ser também utilizados para a medida da umidade e mais detalhes sobre as opções instrumentais podem ser encontradas em Fritschen e Gay (1979), Baker (2005) e Ghosh (2009).

O princípio de funcionamento do psicrômetro baseia-se no fato de que quando o bulbo úmido é exposto ao ar não saturado, ele trocará massa (na forma de vapor d'água) e energia com seu entorno, de modo que sua temperatura de equilíbrio possa ser utilizada para determinar a umidade do ambiente com a Equação 4.14.. Assim, quanto mais seco estiver o ar, maior será a diferença entre as temperaturas registradas pelos termômetros. Portanto, em condições não saturadas, Tu < Ts.

$$e_a = e_{s(Tu)} - A \cdot P \cdot (T_s - T_u) \tag{4.14.}$$

em que $\boldsymbol{e_a}$ é a pressão parcial atual de vapor (kPa), *A* é o coeficiente psicrométrico (discutido a seguir, $^oC^{-1}$), P é a pressão do sistema, normalmente dada pela pressão atmosférica (kPa); T_s é a temperatura do bulbo seco (ºC); e T_u é a temperatura do bulbo úmido (ºC), $\boldsymbol{e_{s(Tu)}}$ é a pressão de saturação de vapor d'água (kPa) calculada para a temperatura do bulbo úmido (T_u) utilizando a Equação 4.13. *A* é denominado coeficiente psicrométrico, obtido pela Equação 4.15.. A determinação exata de *A* não é simples, pois ele depende da temperatura, da umidade do ar circundante, da pressão atmosférica, da velocidade do vento no entorno do bulbo e das dimensões do bulbo úmido. Por isso, A é normalmente adotado empiricamente para um determinado psicrômetro numa determinada condição. Valores normalmente utilizados são $A = 6{,}7 \cdot 10^{-4}$ °C^{-1} para psicrômetros ventilados ou $A = 8{,}0 \cdot 10^{-4}$ °C^{-1} para psicrômetros sem ventilação (Harrison, 1965).

$$A = \frac{k_h}{k_v} \cdot f_v \cdot f_e \qquad (4.15.)$$

em que k_h é o coeficiente de transporte para calor sensível, k_v é o coeficiente de transporte para vapor, $f_v f_e$ são fatores de correção associados ao transporte de vapor e calor sensível, respectivamente, como descrito em detalhe em Baker (2005).

Uma aplicação interessante do gráfico psicrométrico (Figura 4.6.) é considerar que as medições num determinado ambiente indicaram os seguintes valores de temperatura do ar e pressão de vapor: 38 °C e 1,92 kPa (Ponto **A**). Plotando-se o ponto formado por estes valores no gráfico observa-se algo semelhante ao que mostra o ponto **A** na Figura 4.6. As duas rotas apresentadas na figura referem-se a duas formas possíveis de se atingir o ponto de saturação de vapor d'água nesse ambiente, supondo que este seja o propósito. Na rota 1, a saturação seria atingida pelo resfriamento do ambiente e mantendo a umidade constante. Na rota 2, alternativamente, a saturação seria obtida pela injeção de vapor d'água no ambiente, mantendo-se a temperatura constante. No ambiente, ambas as variáveis podem oscilar conjuntamente e é difícil encontrar situações em que apenas uma rota é percorrida. No entanto, sem dúvida, a variação da temperatura (rota 1) é a causa mais frequente de variação da umidade relativa do ar na escala diária.

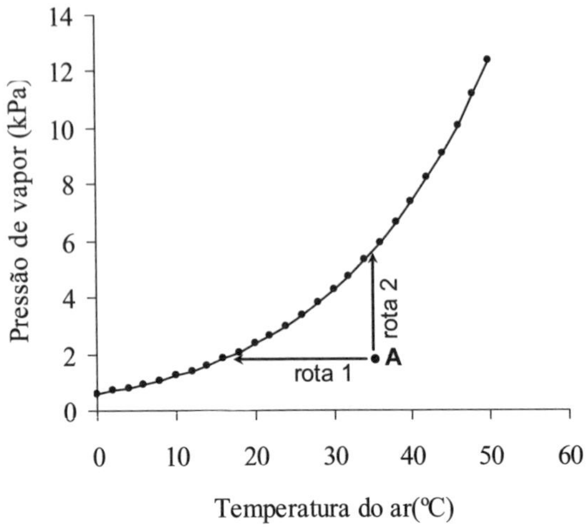

Figura 4.6. Variação da pressão de saturação de vapor d'água na atmosfera em função da temperatura, com indicação de duas vias para saturação do ar.

Umidade é o termo utilizado para descrever a quantidade de vapor d'água contido no ar, sem fazer referência a outros estados da água, seja nas formas líquida (gotículas) ou sólida (gelo). Relacionando-se a pressão atual e_a com a pressão da saturação e_s, obtém-se uma medida do conteúdo de vapor na atmosfera: a umidade relativa. A umidade relativa, muito utilizada pelos leigos, é dada pela razão entre e_a e e_s (Equação 4.16.) e tem variação diária inversa à curva de temperatura do ar.

$$UR = \frac{e_a}{e_s} \text{ ou } UR\% = \frac{e_a}{e_s} \cdot 100 \quad (4.16.)$$

Este padrão de variação é devido ao fato de e_s ser muito dependente da temperatura e, também, porque e_a normalmente apresenta uma variação pequena ao longo de um dia típico. Assim, como o denominador da equação cresce nos horários mais quentes do dia e o numerador praticamente não varia ou varia muito pouco, a umidade relativa tem valor muito alto no início da manhã, baixando ao mínimo no meio da tarde, quando ocorre a temperatura máxima diária (Figura 4.7.). Assim, a umidade relativa, portanto, é uma variável que deve ser sempre apresentada em conjunto com a temperatura do ar. Por exemplo, admita que um local A tem umidade relativa média de 70% enquanto no local B a umidade relativa é de 55%. A partir desses valores ainda não seria possível concluir que a concentração de vapor d'água é maior no local A do que no local B, a menos que a temperatura média dos dois locais estivesse disponível.

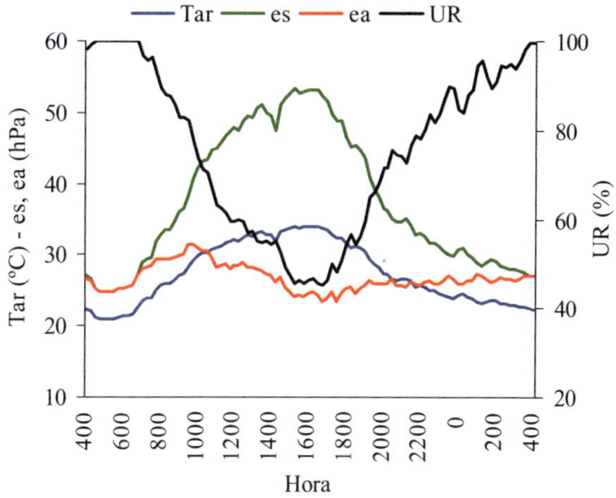

Figura 4.7. Exemplo de variação diária da temperatura do ar (Tar, °C), pressão de saturação de vapor (e_s, hPa), pressão atual de vapor (e_a, hPa) e umidade relativa (UR, %).

Tendo em vista a variabilidade temporal da umidade relativa na quantificação do vapor da atmosfera (especialmente para análises climatológicas), outras variáveis menos dependentes da temperatura do ar podem ser utilizadas com esta finalidade. Uma delas é a umidade absoluta (*UA*), que pode ser deduzida a partir da lei dos gases ideais (Equação 4.17.), que trata das relações entre volume (*V*), massa (*m*), pressão (*P*) e a temperatura de um gás ideal:

$$P \cdot V = n \cdot R \cdot T \quad (4.17.)$$

em que P é a pressão do gás (kPa), V é o volume (m^3), n é o número de moles do gás no sistema estudado (mol), R é a constante universal dos gases ideais (8,31447 $J \cdot mol^{-1} \cdot K^{-1}$), e T é a temperatura do sistema (K).

A umidade absoluta é conhecida também como concentração de vapor d'água da atmosfera, dada pela massa de vapor d'água por unidade de volume de ar úmido ($g[H_2O] \cdot m^{-3}[ar]$). Sendo o número de moles dado pela razão entre a massa do gás (m) e a massa molar do gás (M) (Equação 4.18.) pode-se substituir n na Equação 4.17.:

$$n = \frac{m}{M} \quad (4.18.)$$

Reorganizando a Equação 4.17. e aplicando-a para o estudo do vapor d'água, tem-se a Equação 4.19.:

$$\frac{m_{ag}}{V} = \frac{M_{ag} \cdot e_a}{R \cdot T} \quad (4.19.)$$

Sendo a massa molecular da água M_{ag}=18,015 $g \cdot mol^{-1}$ e a constante universal dos gases ideais (8,31447 $m^3 \cdot Pa\ mol^{-1} \cdot K^{-1}$) tem-se que:

$$UA = \frac{18{,}015 \cdot e_a}{8{,}31447 \cdot 10^{-3} \cdot T} = \frac{2165 \cdot e_a}{T} \quad (4.20.)$$

em que UA é dado em $g \cdot m^{-3}$.

A umidade de saturação pode ser obtida da mesma forma, trocando-se e_a por e_S:

$$US = \frac{18{,}015 \cdot e_S}{8{,}31447 \cdot 10^{-3} \cdot T} = \frac{2165 \cdot e_S}{T} \quad (4.21.)$$

O déficit de pressão de vapor (*DPV*) é uma grandeza muito comum em estudos envolvendo a relação planta-atmosfera e é dado pela diferença entre a pressão saturante (e_s) e a pressão parcial de vapor do ar (e_a):

$$DPV = e_s - e_a \quad (4.22.)$$

Outra variável de interesse é a umidade específica (q), dada pela relação entre a massa de vapor d'água e a massa de ar de uma parcela na qual o vapor está contido. De modo similar ao desenvolvido para a umidade absoluta é possível demonstrar que a razão de mistura pode ser determinada pela equação 4.23., como segue:

$$q = \frac{M_{ag}}{M_{ar}} \cdot \frac{e_a}{P_{atm}} = 0,622 \cdot \frac{e_a}{P_{atm}} \quad (4.23.)$$

em que q é dado por kg [vapor H_2O] kg^{-1} [ar].

A razão de mistura (*r*) é similar à umidade específica em sua dedução, mas é destinada ao cômputo da massa de vapor em uma unidade de massa de uma parcela de ar seco e sua determinação pode ser feita com a Equação 4.24. É fácil notar que *q* e *r* assumem valores próximos para condições normalmente encontradas na natureza e essa é a razão para que apenas uma dessas variáveis seja suficiente para quantificação da concentração de vapor em estudos meteorológicos. Em geral, é mais comum o uso de *q* para a caracterização do estado da atmosfera em estudos micrometeorológicos aplicados à agricultura.

$$r = 0,622 \cdot \frac{e_a}{P_{atm} - e_a} \quad (4.24.)$$

em que r (kg [vapor H_2O]$\cdot kg^{-1}$ [ar seco]) é a massa de vapor d'água por unidade de massa de ar seco.

A taxa de variação de e_s com a variação da temperatura, simbolizada por s, é outra grandeza de interesse. Didaticamente, pode-se entender essa grandeza como uma reta tangenciando a curva de saturação apresentada na Figura 4.5., que assumiria diferentes inclinações dependendo do ponto da curva tocada pela reta imaginária. Assim, é fácil concluir que s assume diferentes valores em função da temperatura, e uma equação para sua determinação pode ser obtida diferenciando-se a Equação 4.12 em função de T, tem-se:

$$s = \frac{\lambda E \cdot M_{ag} \cdot e_s}{R \cdot T^2} \qquad (4.25.)$$

Substituindo-se os valores correspondentes de λE (para temperatura de 30°C), M_{ag} e R na Equação 4.25., ela assume a seguinte forma:

$$s = \frac{5264{,}7 \cdot e_s}{T^2} \qquad (4.26.)$$

em que s é dado em $kPa \cdot K^{-1}$. Portanto, é evidente, e_s é dada em kPa e T é dada em K.

Uma opção a essa equação é apresentada por Pereira et al. (1997) (Equação 4.27.) com resultados praticamente idênticos para a faixa de temperatura entre zero e 40°C, e obtida pela diferenciação da equação 4.13. em relação a temperatura:

$$s = \frac{4098 \cdot e_s}{(T + 237{,}3)^2} \qquad (4.27.)$$

em que s é dado em kPa $°C^{-1}$. Sendo, portanto, e_s dada em kPa e T é dada em °C.

O orvalho representa a água condensada sobre a vegetação (ou qualquer outro objeto) decorrente da queda de temperatura ambiente até o ponto em que e_a iguala-se a e_s. Nesta condição, a temperatura do ar é denominada temperatura do ponto de orvalho (T_o) e representa a temperatura na qual há condensação de água decorrente do resfriamento do ambiente e, portanto, da redução da pressão saturante de vapor. No momento em que a condensação ocorre, a pressão parcial de vapor iguala-se a pressão saturante e, para determiná-la, basta manipular a Equação 4.13. para ter a temperatura como variável dependente, obtendo-se:

$$T_o = \frac{237{,}3 \cdot log\left(\frac{e_a}{0{,}6108}\right)}{7{,}5 - log\left(\frac{e_a}{0{,}6108}\right)} \qquad (4.28.)$$

em que e_a é a pressão atual de vapor do ar (kPa) e T_o é a temperatura do ponto de orvalho (°C).

Exemplo 4.1. Calcule a pressão saturante de vapor (es), a umidade relativa (UR), a umidade específica (q), a temperatura do ponto de orvalho (To), num ambiente com temperatura do ar de 30°C e pressão parcial de vapor (e_a) de 1,2 kPa.

Resposta: es=4,24kPa; UR=0,28 ou 28%; q=0,00786kg kg^{-1}; e To=9,66°C.

REFERÊNCIAS

Ayoade, J. O. Introdução a climatologia para os trópicos. 4ª ed. Rio de Janeiro, 1996. 332p.

Baker, J. M. 2005. Humidity. Em Micrometeorology in Agricultural Systems, 31-57. 1st ed. Madison.

Bindon, H.H. A critical review of tables and charts use in psychrometry. In: Humidity and moisture, v.1, p.3-15, New York: Reinhold, 1965. 562p.

Fritschen, L.J.; Gay, L.W. Environmental instrumentation. New York: Springer-Verlag, 1979. 212p.

Ghosh, A.K.C.N. 2009. Introduction to measurements and instrumentation, 3a. ed. PHI Learning Pvt. Ltd.

Harrison, L.P. Some fundamental considerations regarding psychrometry. In: Wexler, A. Humidity and moisture, New York: Reinhold, 1965. v.3, p.71-104,

Nobel, P.S., 2009. Physicochemical and Environmental Plant Physiology. Elsevier Inc. 582p.

Pereira, A. R., L. R. Angelocci, e P. C. Sentelhas. 2002. Agrometeorologia: fundamentos e aplicaçoes práticas. Guaíba: Agropecuária.

Roscoe, H.E., Harden, A., 1896. A new view of the origin of Dalton's atomic theory: a contribution to chemical history, 1st ed. Macmillan and Co., Londres.

Tetens, O. 1930. Über einige meteorologische Begriffe. Z. Geophys 6: 207-309.

5. ARQUITETURA DE COPA E A INTERCEPTAÇÃO DA RADIAÇÃO SOLAR

A quantidade de radiação eletromagnética incidente sobre um ecossistema vegetal tem relação com a sua produtividade primária e interfere em seus principais processos fisiológicos, uma vez que a energia solar é a única fonte de energia para a fotossíntese e demais processos (Balema et al., 1989). Em ambiente tropical, durante os dias com céu claro, alta temperatura e suprimento adequado de água no solo, a utilização da energia solar para a atividade fotossintética pode ser limitada pelo teor de dióxido de carbono na atmosfera, pela estrutura não eficiente do dossel (com sombreamento mútuo das folhas, por exemplo) e pela deficiência nutricional às plantas. Quando estes fatores são favoráveis, contudo, a taxa de produção de matéria seca é denominada de potencial (Yp), por atingir um nível teórico máximo. Outros dois termos relacionados a interação da vegetação com o ambiente são produtividade atingível e produtividade real (Figura 5.1.). De modo geral, a produtividade real é o termo mais familiar àqueles que estão envolvidos com o setor produtivo, uma vez que os dados comerciais ou mesmo as estatísticas oficiais de produtividade agrícola são valores que informam sobre a produtividade real (ou atual) de um talhão ou de uma região produtora. Por definição, produtividade real (Yr) é a produtividade alcançada de fato em condições operacionais de uma área agrícola. Para representar a variabilidade espaço-temporal observada em uma dada região, utiliza-se um valor médio (no tempo e no espaço), que representaria o padrão tecnológico adotado. A Yp é definida como aquela obtida por um genótipo adaptado sob condições ótimas de cultivo, sem qualquer fator limitante (água e nutrientes) ou redutores (pragas, daninhas, e doenças) ao seu crescimento. Por fim, tem-se que a produtividade atingível (Yw) é aquela obtida por um genótipo adaptado sob condições reais de cultivo, sob influência desfavorável de um ou mais fatores limitantes (água e nutrientes) ou redutores (pragas, daninhas e doenças) ao seu crescimento.

Segundo van Ittersun et al. (2013), o termo "produtividade potencial" (Yp) refere-se à produtividade de uma cultivar crescendo sem limitação quanto ao suprimento hídrico ou nutricional e sem qualquer limitação quanto ao estresse biótico causado por pragas e doenças (Evans, 1993; van Ittersum & Rabbinge, 1997). Quando este mesmo cultivo cresce sob condições em que pode atingir Yp, a taxa de crescimento da cultura é determinada apenas pela radiação solar, a temperatura, a concentração de CO_2 na atmosfera ($[CO_2]$) e as características genéticas que controlam a duração do ciclo do cultivo e a interceptação de radiação pela copa da planta (i.e. arquitetura da copa). Portanto, Yp é específico de cada local por causa do clima, mas não do solo, porque em teoria o solo pode ter suas propriedades corrigidas por técnicas adequadas de manejo. Assim, em áreas com boas condições de solo, Yp é mais relevante como referência para sistemas irrigados ou sob condições climáticas de adequado suprimento hídrico durante a estação de cultivo. Para cultivos de sequeiro, contudo, a produtividade limitada por água (Yw), equivalente à produtividade potencial decrescida apenas pelo estresse hídrico, parece mais adequada como indicador de referência de produtividade. Nos cultivos parcialmente irrigados, tanto Yp como Yw podem servir como úteis valores de referência. Portanto, a definição de Yw é similar à de Yp, porém em Yw a cultura sofre algum estresse por falta d'água ou nutrientes e, portanto, é dependente do tipo de solo que afeta a sua capacidade de retenção de água, a profundidade do sistema radicular e da topografia do terreno, que influencia o escoamento superficial (*runoff*). Tanto Yp como Yw são calculados para as melhores datas de plantio/semeadura, densidade populacional e variedades.

Como mencionado, a produtividade média comercial (Ya) é definida como aquela de fato obtida pelos produtores, representando a variabilidade no espaço e no tempo numa dada região geográfica. Ela é definida pela média das produtividades obtidas pelos produtores da região envolvendo as mais variadas práticas de manejo (datas de plantio/semeadura e colheita, variedades, densidade populacionais, manejo nutricional e proteção da cultura contra pragas e doenças). O número de anos utilizado para estimar Ya precisa levar em conta um período suficientemente longo para considerar a variabilidade climática sem, contudo, confundir efeitos temporais associados às tendências de produtividade decorrentes da melhoria tecnológica ou mudança no clima (van Ittersun et al., 2013).

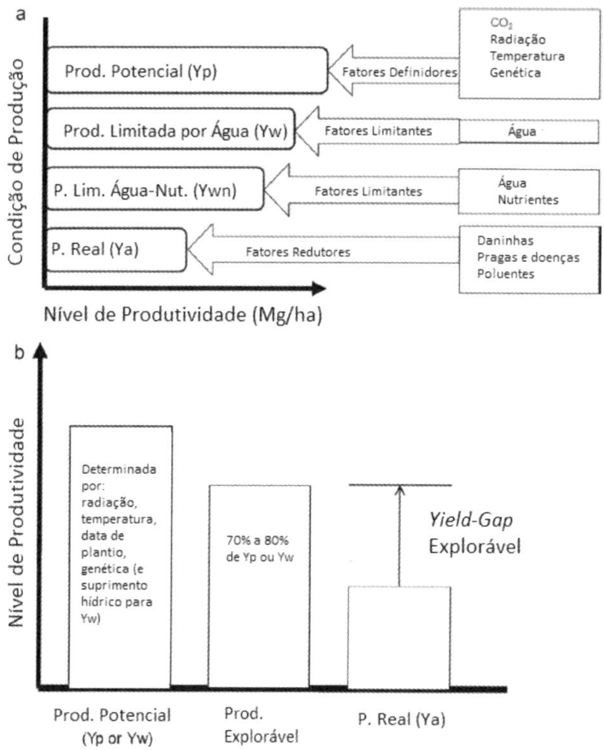

Adaptado de van Ittersun et al. (2013)

Figura 5.1. Diferentes níveis de produção e seus respectivos fatores determinantes/limitantes (a). Produtividade potencial (Yp) de culturas sem limitação hídrica (Yw para culturas de sequeiro) e seus respectivos fatores determinantes é determinada pela radiação solar, regime térmico e duração do ciclo de cultivo. O déficit de produtividade (*yield-gap*) representa a diferença entre a produtividade explorável (70% a 80% de Yp ou Yw) e a produtividade real (Ya).

Além da influência decisiva sobre a produção de biomassa, a interação entre a vegetação e a radiação solar tem também um aspecto qualitativo de grande interesse, uma vez que as plantas têm habilidades diferenciadas para absorver, transmitir e refletir em função do comprimento de onda da radiação incidente. Na faixa do visível (VIS), por exemplo, cerca de 90% da energia radiante incidente é absorvida pelo dossel, cerca de 5% é refletida e 5% transmitida. Em contrapartida, a maior parte da radiação na faixa do infravermelho (RIV) é transmitida pelas plantas (Figura 5.2.).

Por isso, quando se analisa a qualidade da radiação abaixo de um dossel vegetativo denso, vê-se a predominância de RIV e isso explica porque as plantas daninhas têm dificuldade em se desenvolver após certos estágios vegetativos da cultura principal, uma vez que há queda quali-quantitativa da radiação que atinge a superfície do solo quando a cultura cobre totalmente o terreno.

Vale destacar, contudo, que a RIV tem grande importância ecológica, mesmo incidindo em pequenas quantidades. Desde a década de 50, sabe-se que a RIV estimula a germinação de culturas agrícolas (Borthwick et al., 1954) e que a razão VIS/RIV também regula a germinação de espécies florestais em sub-bosque (Grant, 1997). Sob o ponto de vista da fisiologia vegetal, Jones (2015) destaca a importância da radiação solar considerando quatro efeitos principais: 1) Efeitos termais, provendo energia para a fotossíntese, transpiração, e regulação da temperatura dos tecidos, com consequências sobre as taxas metabólicas; 2) Fotossíntese, processo pelo qual a planta sintetiza compostos carbônicos ricos em energia; 3) Fotomorfogênese, referindo-se ao efeito fundamental que a quantidade e a qualidade da radiação desempenham papel na regulação do crescimento e desenvolvimento e; 4) Mutagênese, descrevendo o efeito da radiação de ondas curtas na faixa do ultravioleta, raios X e raios gama (contendo grande quantidade de energia) sobre a estrutura genética das plantas, causando mutações.

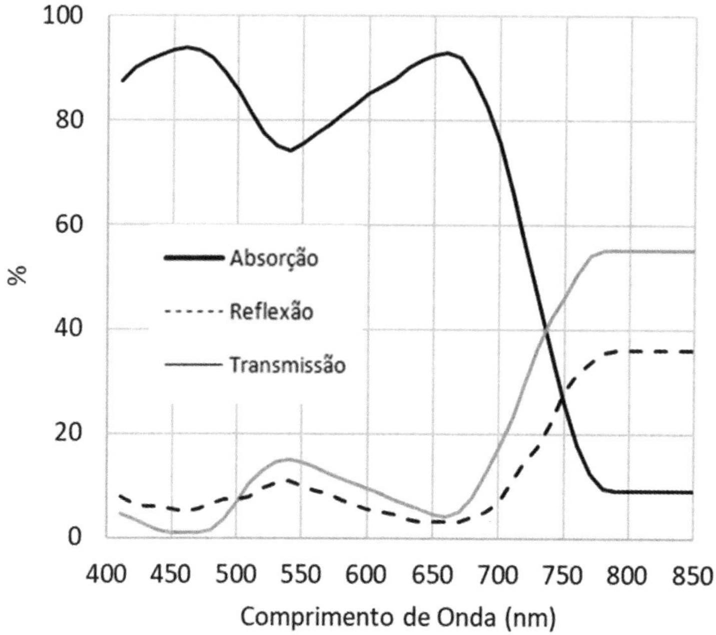

Adaptado de Gates et al. (1965).

Figura 5.2. Variação espectral da refletância, transmitância e absorbância para uma vegetação hipotética.

5.1. INTERAÇÃO RADIAÇÃO-VEGETAÇÃO

No tratamento físico-matemático da interação radiação-vegetação, pode-se admitir que o dossel vegetativo seja representado por uma grande folha, seguindo a premissa utilizada por Monteith (1965) na dedução do seu famoso modelo para estimativa da evapotranspiração. No entanto, para compreender de modo mais profundo como a radiação interage com a folhagem, é necessário considerar como as folhas se orientam e se distribuem dentro do dossel vegetativo, e quais as implicações desta configuração na absorção e transmissão da radiação na copa. O conhecimento da estrutura do dossel serve de base para modelos de estimativa da fotossíntese e transpiração.

A organização das folhas na forma de uma copa vegetal confere às plantas maior capacidade de absorção da radiação em comparação com a de folhas isoladas. Em média, observa-se que folhas isoladas das espécies de interesse econômico absorvem 50% da energia incidente, enquanto a mesma folha, quando inserida na copa da planta, passa a absorver cerca de 80% da energia radiante incidente. Esta diferença vem do favorecimento mútuo decorrente da arquitetura das plantas, aumentando a absorção radiativa e minimizando a transmissão e a reflexão de energia radiante.

5.2. RADIAÇÃO E A ESTRUTURA DO DOSSEL VEGETATIVO

A descrição quantitativa das características geométricas da estrutura do dossel vegetativo é essencial para a compreensão dos processos vegetais, uma vez que essas características explicam em grande medida como ocorrem as trocas de massa e energia entre as plantas e a atmosfera. A estrutura do dossel também revela a estratégia utilizada pelas espécies ao longo do seu processo evolutivo para adaptação aos fatores bióticos e abióticos observados em seus respectivos centros de origem.

Um dos principais interesses no estudo da estrutura do dossel vegetativo é o conhecimento da área foliar. Estudos dessa natureza, contudo, são normalmente trabalhosos e destrutivos. A determinação direta da área foliar torna-se impeditiva em alguns casos, como nas florestas nativas e exóticas e nos seringais, por exemplo. Nestes casos, apenas métodos indiretos são passíveis de aplicação e, para utilizá-los, é necessário estabelecer uma base teórica mínima sobre a estrutura dos dosséis vegetativos.

Campbell e Norman (1998) sugerem uma abordagem interessante: imagine-se uma copa idealizada construída sobre uma superfície com área hipotética A, sobre a qual foi colocada de forma aleatória uma folha com comportamento semelhante a um corpo negro (não reflete e nem transmite radiação), com área a. A fração da área A que seria sombreada por um feixe de radiação direta incidente sobre ela pode ser dado por a/A. Ao contrário, a fração de área que não sombreada pelo feixe de radiação seria $1\text{-}a/A$. Se uma segunda folha fosse colocada de modo aleatório sobre a superfície A, a probabilidade de que o feixe de radiação não fosse interceptado seria de[1] $(1\text{-}a/A)^2$.

Seguindo este raciocínio e supondo que fossem adicionadas N folhas, a probabilidade de que o feixe de radiação não fosse interceptado seria de $(1\text{-}a/A)^N$, a quantidade $(1\text{-}a/A)^N$, por sua vez, pode ser entendida como a transmitância da radiação a partir do zênite admitindo uma copa formada por folhas negras, horizontais e distribuídas aleatoriamente sobre a superfície A. De modo alternativo, $(1\text{-}a/A)^N$ pode ser entendida também como a fração da superfície A iluminada por radiação direta.

Com vistas a simplificar o tratamento matemático a partir deste ponto, pode-se admitir que a área a da folha hipotética fosse muito menor que área A da superfície, de modo que:

$$\lim_{\frac{a}{A}\to 0}\left(1-\frac{a}{A}\right)\cong e^{\left(-\frac{N\cdot a}{A}\right)} \tag{5.1.}$$

em que $\frac{Na}{A}$ é o índice de área foliar, uma vez que N é o número de folhas, a é a área de cada folha e A é a área da superfície do solo.

Outro aspecto de importância neste contexto é o ângulo das folhas em relação ao zênite, regulando a quantidade de energia interceptada pela folhagem. Uma descrição precisa do padrão de distribuição da radiação na copa é difícil porque o aspecto randômico da distribuição das folhas, seu ângulo de inserção, sua relação com o ângulo zenital do Sol e as propriedades espectrais das folhas são fatores complexos para serem modelados. Há, contudo, algumas simplificações que não acarretam perda da qualidade dos modelos e viabilizam a compreensão e estimativa das relações radiativas na vegetação.

---

[1]Intuitivamente, seria normal supor que esta probabilidade deveria ser de $2\cdot(1\text{-}a/A)$, já que se tratam de duas folhas. Isso, contudo, não ocorre, pois a disposição das folhas ocorre de modo aleatório, de modo que é possível supor que as folhas se sobreponham, ao menos em parte. Daí a necessidade de utilizar o conceito de distribuição binomial para chegar a $(1\text{-}a/A)^2$.

Nesse sentido, como já feito anteriormente neste capítulo, pode-se admitir como premissa que as folhas estivessem dispostas horizontalmente, de modo que a radiação seja constante em cada camada de folhas. Neste caso, observa-se que a fração da radiação que atinge a superfície do solo é muito pequena, uma vez que essa disposição horizontal é a que mais favorece a interceptação em relação às demais orientações. A Figura 5.3. ilustra duas situações extremas e raramente observadas na natureza. Na Figura 5.3.a, observa-se que a disposição horizontal das folhas favorece a interceptação, enquanto a disposição vertical da folhagem, em teoria, minimiza essa interceptação. Note que, se no exemplo apresentado na Figura 5.3.b, o Sol estivesse a pino (ângulo zenital de 0º), não haveria interceptação na folhagem vertical (Figura 5.3.b) e absorção seria plena na folhagem orientada horizontalmente (Figura 5.3.a).

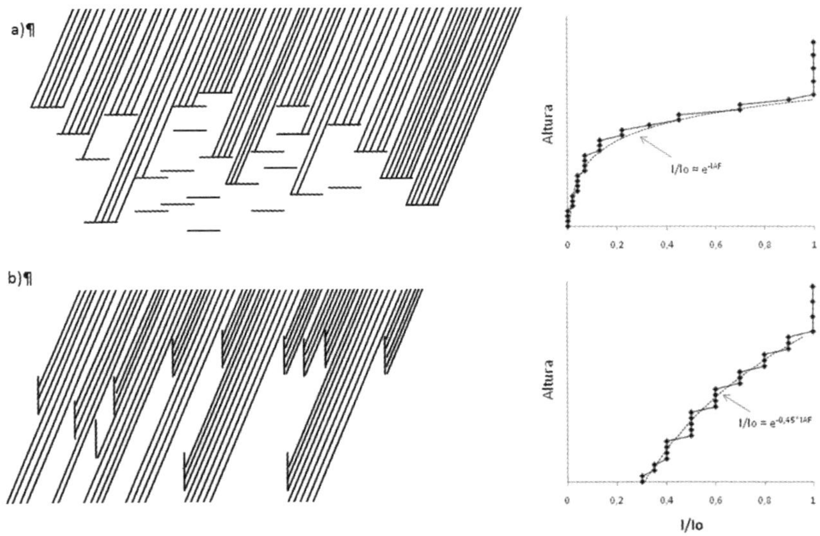

Adaptado de Jones (1992).

Figura 5.3. Penetração da radiação para uma elevação solar de 66º admitindo disposição horizontal das folhas (a) e vertical (b), ilustrando a fração de radiação que atinge a superfície do solo.

Uma distribuição foliar particularmente interessante é a esférica, descrevendo uma condição que se aproxima muito das distribuições mais comumente observadas na natureza. Vale ressaltar que o conceito de copa com arquitetura de folhas esférica não tem, necessariamente, a forma de uma esfera. Na verdade, nesta disposição, admite-se que as folhas possam ter qualquer ângulo de inserção, podendo ser rearranjado sobre a superfície de uma esfera. Embora, nesta premissa, as folhas possam assumir com igual probabilidade qualquer ângulo azimutal (Norte, Sul, Leste, Oeste e seus colaterais), folhas eretas (posicionadas no equador da esfera hipotética) são mais comuns que folhas horizontais (posicionadas na parte de cima ou de baixo da esfera).

5.3. COEFICIENTE DE EXTINÇÃO

Neste ponto, pode-se introduzir o conceito de coeficiente de extinção aplicado a superfícies vegetais. Da química, coeficiente de extinção relaciona a concentração de uma substância (em moles) à absorbância da substância na solução. De modo mais simples, é um indicador de quão bem a solução absorve a luz na medida em que ela atravessa o meio. Em analogia, para superfícies vegetadas, coeficiente de extinção pode ser entendido como a habilidade do dossel em barrar a radiação que o atravessa. Assim, quanto maior o valor do coeficiente de extinção, maior a absorção da radiação incidente.

O coeficiente de extinção (k) pode ser estimado teoricamente levando-se em conta a orientação dos elementos da folhagem e sua determinação por medida direta pode ser feita através de medições do ângulo de inserção das folhas dentro do dossel. É fácil deduzir que este tipo de medida é trabalhoso e demorado.

O valor de k pode ser obtido admitindo-se que a folhagem tenha distribuição esférica, cilíndrica ou em cones (Monteith e Unsworth, 2008), e admitindo que o valor teórico de k seja dado pela razão entre a área projetada pela esfera em uma superfície horizontal e a área total da esfera (Equação 5.2). Para dosséis com arquitetura foliar diferente da esférica, utiliza-se o mesmo raciocínio para a determinação teórica de k, como mostra a Tabela 5.1. De modo mais simples, alguns autores conceituam k

como sendo a razão entre a área projetada da folha e sua área real, representando fisicamente a fração de fótons efetivamente absorvida pela vegetação em comparação àquela que seria absorvida por uma copa de arquitetura plenamente horizontal.

$$k_e(z) = \frac{\frac{\pi \cdot r^2}{\cos(z)}}{2 \cdot \pi \cdot r^2} = \frac{1}{2 \cdot \cos(z)} \tag{5.2.}$$

em que z é ângulo zenital do Sol e r é o raio da esfera.

Note-se que para a medida do AMI (Equação 5.3.), observa-se o ângulo formado entre o plano horizontal e o limbo foliar, de modo que as distribuições de frequências normalmente observadas para diferentes tipos de copas aproximam-se daquelas apresentadas na Figura 5.4.

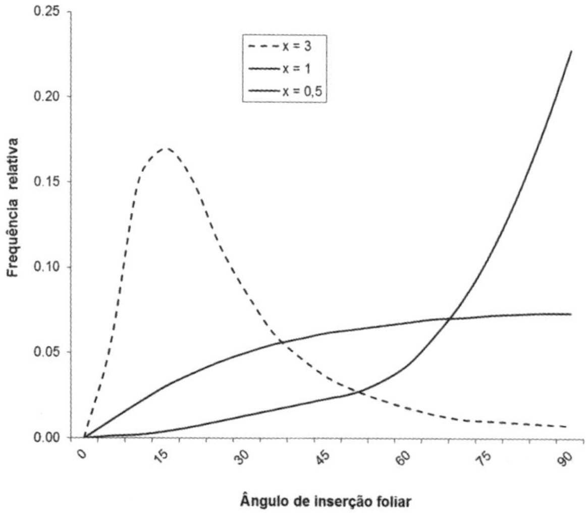

Adaptado de Campbell & Norman, 1998.

Figura 5.4. Frequência relativa do ângulo de inserção foliar para três tipos de copas. Quanto maior o valor de x, mais horizontais são as folhas.

A Figura 5.5. ilustra a variação de k em função do ângulo zenital do Sol e o valor de x (equação elipsoidal na Tabela 5.1.). Note que, conforme o valor de x aumenta, o coeficiente de extinção também cresce, indicando que, conforme a distribuição se aproxima da horizontal, maior é a extinção de radiação na copa. Note também que quando o ângulo zenital é menor que 60º o valor de k é menor que a unidade, indicando redução na habilidade de atenuação conforme o Sol eleva-se ao longo do dia.

Tabela 5.1. Funções para a determinação do coeficiente de extinção (k) em função do ângulo zenital (z) e da distribuição do ângulo de inserção das folhas.

Distribuição do Ângulo Foliar	Coeficiente de Extinção (k)
Horizontal	$k = 1$
Vertical	$k = \left(2 \cdot \cot z\right) / \pi$
Esférico	$k = 1 / \left(2 \cdot \sin z\right)$
Elipsoidal[2]	$k = \dfrac{\sqrt{x^2 + (\tan z)^2}}{x + 1{,}774 \cdot (x + 1{,}182)^{-0{,}733}}$
Heliotrópica	$k = 1 / \sin z$

O conceito de x não é intuitivo por não ter relação direta com a orientação das folhas dentro da copa. Para facilitar a compreensão do significado de x, sugere-se substitui-lo pelo ângulo modal de inclinação das folhas (AMI), dado pela Equação 5.3., com o qual é possível estimar que AMI assume valores de 73º, 60º e 34º, quando x tem os valores de 0,5, 1 e

[2]Em que x é a razão entre o eixo horizontal e vertical do elipsoide. De modo geral, pode-se admitir que para dosséis com distribuição do ângulo de inserção esférico, $x = 1$; para distribuição vertical, x=0. Para distribuição horizontal $x = \infty$, o que resulta em k=1.

3, respectivamente. Com base na equação de AMI proposta por Campbell (1990), pode-se derivar numericamente uma equação para x (Equação 5.3.).

$$AMI = \arccos\left(\frac{x}{x + 1{,}774 \cdot (x + 1{,}182)^{-0{,}733}}\right) \rightarrow x = -1{,}7433025 + \frac{162{,}22048}{AMI} \qquad (5.3.)$$

em que *AMI* é o ângulo médio de inclinação das folhas.

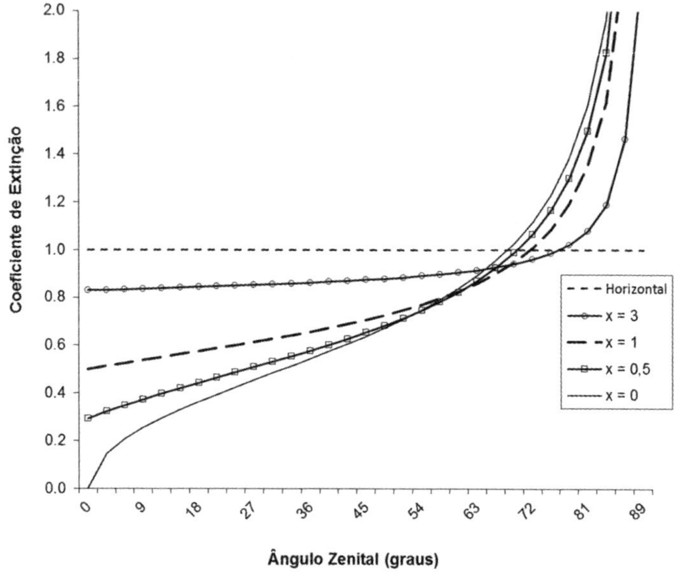

Figura 5.5. Coeficiente de extinção em função do ângulo zenital do Sol e distribuições distintas do ângulo de inserção foliar.

Utilizando esses valores de *k* na Equação 5.4. (apresentada no capítulo 2 e aqui adaptada a um dossel vegetativo), pode-se demonstrar como a arquitetura da copa, em termos de distribuição do ângulo de inserção foliar, influencia a transmissão e a interceptação da radiação solar.

$$I = I_o \cdot e^{-k \cdot IAF} \qquad (5.4.)$$

A Figura 5.6. ilustra essa relação para uma copa hipotética com IAF=1, onde é possível constatar que as copas transmitem mais e interceptam menos radiação conforme o ângulo zenital se aproxima de zero. Campbell e Norman (1998) destacam que para copas horizontais (x→∞, k→1), a Equação 5.3 resulta em um valor constante $e^{-1} = 0{,}37$, independente do ângulo zenital e que todas as outras arquiteturas foliares transmitem mais radiação que a disposição horizontal quando o ângulo zenital é menor que 60°. Para um ângulo zenital do sol elevado, copas com folhas inclinadas interceptam mais radiação que copas com folhas mais horizontais e isso explica em grande parte o porquê do melhoramento genético do milho, por exemplo, ter sido feito com objetivo de aumentar a inclinação das folhas. Hipoteticamente, ao contrário, pode-se supor que uma copa com folhas completamente verticais não interceptaria radiação com Sol a pino (z=0), indicando que a estratégia de elevar a inclinação das folhas no caso do milho deve ter um limite para evitar perdas na capacidade de interceptação da cultura.

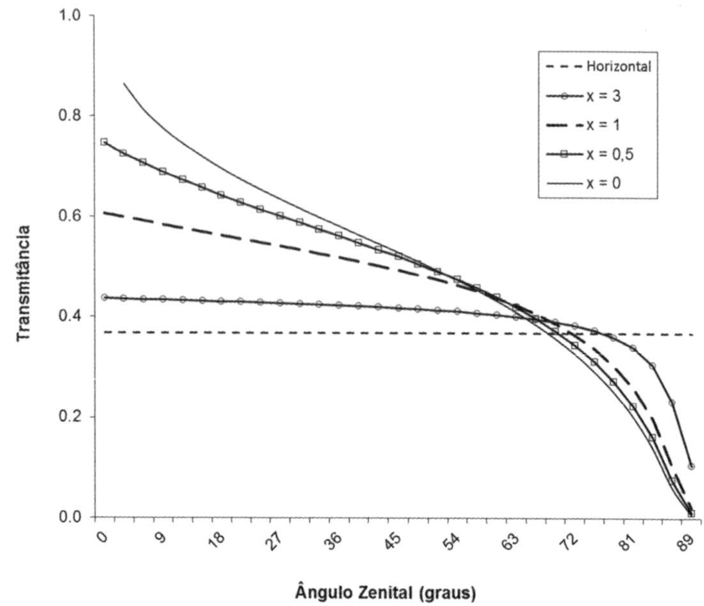

Figura 5.6. Fração da radiação solar incidente que atinge a superfície do solo abaixo de um dossel com índice de área foliar igual à unidade (IAF=1) para diferentes distribuições de ângulo de inserção da folha.

Valores de x medidos para diferentes espécies são apresentados na Tabela 5.2., onde é possível notar que copas de espécies melhoradas tendem a ter distribuições mais próximas da vertical do que horizontal e que a distribuição esférica (x=1) se aplica a muitas espécies. A este respeito, Campbell e Norman (1998) sugerem que se não houver dados de distribuição do ângulo de inserção foliar sobre uma dada espécie, deve-se assumir a distribuição esférica. Para aqueles que pretendem aprofundar-se no estudo nessa linha, sugere-se os textos de Norman e Campbell (1989) e Welles (1990).

Tabela 5.2. Valores do parâmetro de distribuição do ângulo de inserção foliar *x* para diferentes culturas.

Cultura	*x*
Azevém	0,67-2,47
Milho	0,76-2,52
Centeio	0,8-1,27
Trigo	0,96
Cevada	1,20
Sorgo	1,43
Colza	1,92-2,13
Pepino	2,17
Tabaco	1,29-2,22
Batata	1,70-2,47
Girassol	1,81-4,1
Morango	3,03
Soja	0,81

Adaptado de Campbell e Norman (1998)

5.4. ESTIMATIVA DO ÍNDICE DE AREA FOLIAR

Dentre os métodos diretos utilizados para medida da área foliar, Mielke et al. (1995) citam os seguintes: 1) Método gravimétrico, no qual se realizam fotocópias das folhas sobre papel sulfite, desenhando-se os perímetros das mesmas sobre papel filtro com superfície específica (massa por unidade de área) conhecida, pesando-se em uma balança analítica. Conhecendo-se a massa das figuras, pode-se estimar a área foliar equivalente; 2) Método de pesagem dos discos foliares, no qual se utiliza um vazador de área conhecida, destacando-se discos foliares das porções basal, mediana e apical do limbo foliar. O intuito aqui é conhecer a área foliar específica (área de folha por unidade de massa) e com isso estabelecer a relação entre a massa dos discos foliares destacados (dos quais se conhece a área de antemão) e a massa da folha, estimando-se então a área foliar; 3) Medidor automático de área foliar, que consiste num equipamento no qual cada folha (ou um amostra de folha) é medida individualmente ao atravessar um feixe de luz, cuja projeção é captada por uma câmera, que, ao final, determina a área foliar do objeto que atravessa o equipamento; 4) Método do planímetro, determinando-se a área de fotocópias das folhas impressas sobre sulfite; 5) Método das figuras geométricas circunscritas, medindo-se o comprimento e a maior largura das folhas, estimando-se a área das figuras geométricas circunscritas aos limbos foliares. Normalmente assume-se que as folhas tenham formas geométricas elipsoides. Uma opção é estimar a área de um retângulo, corrigindo-se para a forma elíptica através de um fator de forma. A Figura 5.7. exemplifica o valor desse fator de forma para cafeeiros, indicando que, em média, a área de cada folha do cafeeiro estudado correspondia a 70,3% da área de um retângulo equivalente a C·L (produto do maior comprimento e da maior largura de uma folha) (Marin et al., 2005). Esse valor é similar ao obtido para outras variedades de cafeeiro (Antunes et al., 2008) e representativo para várias espécies de plantas (Sinclair et al., 2004), mas há aquelas que têm fator de forma diferente desta faixa (Peiter et al., 2006).

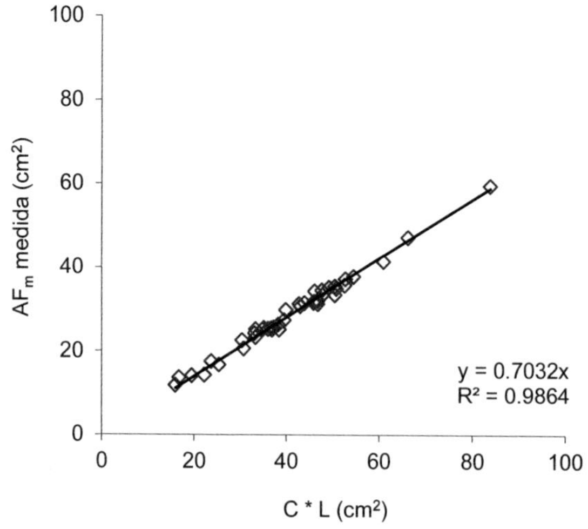

Figura 5.7. Relação entre a área de 50 folhas de um cafeeiro e o produto entre o comprimento (C) e a maior largura (L) de cada uma delas.

As equações apresentadas na seção anterior são a base teórica para o desenvolvimento dos instrumentos destinados à estimativa indireta do índice de área foliar, que deu origem a um pequeno conjunto de equipamentos comercialmente disponíveis. É fácil imaginar que o principal apelo comercial para esse tipo de equipamento e tornar o processo de determinação da área foliar mais rápido e menos trabalhoso, utilizando um método não destrutivo. Como já comentado, em florestas, os métodos indiretos são a única opção para a determinação do índice de área foliar.

Um dos métodos mais utilizados é o método *gap-fraction analysis*. Este método baseia-se na tomada de uma sequência de medidas abaixo do dossel vegetativo, com diferentes ângulos de visada, quantificando-se a extinção da radiação incidente em diferentes orientações. O termo *gap-fraction* refere-se à porcentagem de aberturas na copa num dado ângulo zenital ou a fração da visada num determinado ângulo que é bloqueado pela folhagem (Strachan et al., 2005).

A teoria do método parte da premissa de que, ao atravessar o dossel vegetativo, a radiação é influenciada pela estrutura da copa. Outras premissas do método são: 1) a folhagem atua como um corpo negro, o que permite aceitar que as medidas abaixo do dossel não incluem a radiação refletida pela folhagem, mas apenas a radiação solar transmitida. Para minimizar os erros associados a essa premissa, os equipamentos normalmente contam com um filtro ótico limitando as medidas na banda em torno de 490nm (azul), faixa em que a vegetação apresenta baixa refletividade; 2) o ângulo de inserção foliar é randomicamente distribuído, o que implica em aceitar que a copa não tem um ângulo de inserção predominante. Nos casos em que essa premissa não se aplica, pode-se minimizar os erros repetindo-se as medidas em diferentes direções dentro da vegetação.

Aceitando tais premissas, pode-se admitir que a fração de radiação não interceptada (I) ($W{\cdot}m^{-2}$) em relação à radiação incidente no topo do dossel (I_o) ($W{\cdot}m^{-2}$), atravessando certa distância dentro da copa $S(\theta)$ (m) na direção θ, está relacionada com a densidade média da folhagem μ ($m^2{\cdot}m^{-3}$) da forma descrita pela Equação 5.5.:

$$I = I_o \cdot e^{-\mu \cdot S(\theta) \cdot G(\theta)} \qquad (5.5.)$$

Ou então,

$$\mu = \frac{-\ln[T(\theta)]}{S(\theta) \cdot G(\theta)} \qquad (5.6.)$$

Ou ainda,

$$\mu \cdot G(\theta) = \frac{-\ln[T(\theta)]}{S(\theta)} = V(\theta) \qquad (5.7.)$$

em que $G(\theta)$ é a fração da área da folhagem projetada na direção θ, $T(\theta)$ é a fração da radiação não interceptada na direção θ atravessando a distância $S(\theta)$ ao longo da copa; $V(\theta)$ é denominada frequência de contato, representando o número hipotético de contatos que uma haste de metal teria com a folhagem ao atravessar o dossel vegetativo na direção θ (Warren Wilson & Reeve, 1959).

Para um dossel uniforme cobrindo completamente o terreno, com altura z, pode-se demonstrar que:

$$S(\theta) = \frac{z}{\cos\,\theta} \qquad (5.8.)$$

e que,

$$IAF = z \cdot \mu \qquad (5.9.)$$

Para copas com cobertura descontínua do terreno, como os pomares, o valor de $S(\theta)$ precisa ser obtido diretamente em cada ângulo de medida θ usando medidas diretas ou um modelo adequado para a geometria da copa, como feito por Charles-Edwards e Thornley (1973) e CoelhoFilho et al. (2012).

Em teoria, admite-se que medindo os termos $T(\theta)$ e $S(\theta)$ para diferentes ângulos θ, μ e $G(\theta)$ poderiam ser determinados utilizando-se as equações (5.5) a (5.7). Os trabalhos de Warren Wilson e Reeve (1960) e de Phillip (1965) foram feitos com esta proposta, encontrando soluções para a Equação 5.7 ao mesmo tempo em que buscavam minimizar o número de medidas de campo. A solução analítica apresentada nesses trabalhos, contudo, apresenta dificuldades relacionadas a uma derivada terceira sem solução analítica (Miller, 1964).

Diante disso, Miller (1967) propôs uma solução alternativa à Equação 5.7. para o cálculo do IAF de culturas com cobertura contínua do terreno, obtendo as equações 5.10. e 5.11., as quais têm todos os seus termos passíveis de medida, bastando apenas formular um método para fazer a integração numérica para a obtenção de μ ou IAF. O trabalho de Miller (1967) suscitou diversos outros que propuseram soluções alternativas para 5.10. (Andersen et al., 1984; Gates e Westcott, 1984, Miller, 1986), mas a Equação 5.12. tem sido utilizada na maior parte dos estudos envolvendo a estimativa do IAF com base em leituras da radiação interceptada em diferentes ângulos.

$$\mu = 2\int_0^{\pi/2} \frac{-\ln[T(\theta)]}{S(\theta)} \cdot sen\theta \cdot d\theta \qquad (5.10.)$$

$$IAF = 2\int_0^{\pi/2} -\ln[T(\theta)] \cdot \cos\theta \cdot sen\theta \cdot d\theta \qquad (5.11.)$$

Admitindo que $W(\theta)=sen(\theta)\cdot d\theta$, o IAF pode ser integrado numericamente usando a Equação 5.11 conforme descrito na Equação 5.12.

$$IAF = \sum_{i=1}^{i=n} -\ln[T_i] \cdot \cos_i \cdot W_i \qquad (5.12.)$$

em que $-\ln[T_i]$, $\cos_i$ e W_i são referentes ao *i-ésimo* ângulo de visada θ. Caso as medidas restrinjam-se ao arco entre 0 e 90°, o somatório deve ser multiplicado por 2.

Outros métodos disponíveis foram propostos por Lang et al. (1985), que utilizou uma regressão entre $V(\theta)$ e θ para determinar IAF, e por Norman e Campbell (1989), utilizando um sistema de equações lineares, numa técnica conhecida como procedimento de inversão. Estes autores propuseram ainda outro método para o cálculo do IAF admitindo um ângulo de inserção das folhas com distribuição elipsoidal (Tabela 5.2.) para a estimativa de k. Assim, é necessário saber previamente o valor de x para a espécie ou variedade, o que pode ser feito pela aproximação com base em determinações anteriores (e.g. Tabela 5.2.). A segunda opção, ainda, é encontrar seu valor minimizando a Equação 5.14., pelo método dos quadrados mínimos. Obviamente, para solucionar o problema, será necessário determinar também o valor de IAF. O mínimo da Equação 5.14 pode ser encontrado fazendo $\partial F/\partial IAF=0$ e $\partial F/\partial x=0$ simultaneamente, resultando nas equações (5.15.) e (5.16.). Para resolver o problema, igualam-se as equações (5.15.) e (5.16.), eliminando IAF e obtendo x por algum método de iteração (e.g. Newton-Raphson, Bissecção ou Gauss-Markov). Conhecendo-se x, IAF pode ser determinado a partir da Equação 5.13.

$$F=\sum\left[\left(\ln(T_i)+k(\theta_i,x)\cdot IAF\right)\right] \quad \text{p/ x>0} \tag{5.13.}$$

$$IAF=\frac{-\sum\left[\ln(T_i)\cdot k(\theta_i,x)\right]}{\sum k(\theta_i,x)^2} \tag{5.14.}$$

$$IAF = \frac{-\sum\left[\ln(T_i)\cdot k(\theta_i,x) \Big/ \partial x\right]}{\sum\left[k(\theta_i,x)\cdot \partial k(\theta_i,x) \Big/ \partial x\right]} \tag{5.15.}$$

Exemplo 5.1. A transmissão $T(\theta_i)$ foi medida em dois ângulos θ_1=22,5° e θ_2=67,5°, obtendo-se $T(\theta_1)$=0,0891 e $T(\theta_2)$=0,012. A Tabela 5.3. sumariza os resultados utilizando o método de Miller (1967). O valor final de IAF foi obtido pela soma dos valores parciais em cada ângulo de medida, resultado em IAF=3,137.

Tabela 5.3. Sumário dos resultados da aplicação do método de Miller (1967) para estimativa do IAF.

θ	T	-ln(T)	W	$\cos_i$	IAF
22,5	0,0891	2,417	0,150	0,924	0,336
67,5	0,0012	6,725	1,088	0,383	2,801
Total					3,137

5.5. FOTOSSÍNTESE

Nos capítulos 2 e 3, estudamos a natureza da radiação proveniente do Sol e como as plantas interagem com ela de modo a maximizar sua absorção. No início deste capítulo, comentamos sobre a formação e os níveis da produtividade de uma cultura. Assim, temos aqui a relação entre formação da produção e a absorção da radiação por parte da folhagem, tendo como resultado a produção de biomassa, que ocorre através da fotossíntese. A característica mais importante que envolve o reino vegetal é a sua habilidade de absorver a energia radiante proveniente do Sol para fixar o CO_2 atmosférico numa molécula orgânica. A fotossíntese é, em última instância, a fonte de energia química primária para todos os demais processos da biosfera e é o processo de síntese mais abundante na Terra (Nobel, 2009).

A equação geral da reação fotossintética pode ser representada pela seguinte equação:

$$6CO_2 + 12H_2O + luz \rightarrow 6CO_2 + 24H + 6O_2 \rightarrow C_6H_{12}O_6 + 6H_2O + 6O_2 \quad (5.16.)$$

em que $C_6H_{12}O_6$ representa uma molécula de glicose gerada a partir de uma sequência de reações bioquímicas, que ocorrem dentro do cloroplasto no mesofilo foliar, e catalisado por diversas enzimas, notadamente a Ribulose Bifosfato Carboxilase-Oxigenase (Rubisco).

Analisando a Equação 5.16. sob o ponto de vista estequiométrico, pode-se facilmente concluir que para cada seis moles de CO_2 assimilado (o que é equivalente a 6·44g/mol = 264g), serão produzidos um mol de glicose (180g/mol). Ainda, como mostra a equação, o substrato para a produção de glicose é o CO_2 atmosférico que entra por difusão no tecido foliar, a água e a radiação solar. A água é normalmente abundante no tecido foliar e a PAR (veja o capítulo 2 para recordar) é capaz de provocar a reação fotossintética pois os pigmentos presentes no interior dos cloroplastos são eletronicamente excitados quando expostos a tais comprimentos de onda, dando início a sequência de reações que, em conjunto, são denominadas de processo fotossintético.

Outro aspecto importante para a ocorrência da fotossíntese é a temperatura do tecido foliar, que é controlado pela temperatura ambiente, pela radiação incidente e pela disponibilidade de água para transpiração. A temperatura é fundamental pois as enzimas que catalisam as reações que envolvem a Equação 5.16. são altamente dependentes da temperatura do ar e, por isso, as espécies têm ambientes e épocas de cultivo mais adequadas do que outros.

As plantas podem ser classificadas em 3 grandes grupos (C3, C4 e CAM) quanto a estratégia bioquímica pela qual o CO_2 é fixado. As espécies C3 usam a Rubisco para a fixação do CO_2 no cloroplasto, formando inicialmente uma molécula com três carbonos, denominada 3-acido-fosfo-glicérico, que é convertido em triose-fosfato a partir da energia de moléculas de ATP e NADPH. Tais moléculas de triose-fosfato participam então de uma sequência de reações que demandam outra molécula de ATP para regenerar a Rubisco, que ficará disponível para um novo ciclo de fixação de CO_2, que é parte do ciclo de Calvin. Uma parte das trioses-fosfatos é também direcionada para a produção de açúcares. As espécies de ciclo C3 são predominantemente oriundas de ambientes frios e zonas temperadas e úmidas, presentes na imensa maioria das árvores, cerais temperados (trigo, cevada etc.), espécies tuberosas (batata, beterraba etc.) e espécies leguminosas (soja, feijão etc.).

As espécies C4 se diferenciam daquelas de ciclo C3 pois a reação inicial de fixação do CO_2 ocorre nas células do mesofilo, a partir da enzima fosfoenolpiruvato (PEP carboxilase), produzindo, inicialmente, uma molécula de quatro carbonos – o ácido oxalacético (AOA). Esta molécula de AOA é então convertida em malato (ou aspartato, dependendo da espécie) e, na sequência, transportado para células especializadas da bainha vascular onde ocorre a liberação de CO_2. Esta molécula de CO_2 recém liberada é então fixada novamente em um composto orgânico de acordo com o ciclo de Calvin, idêntico ao que ocorre nas espécies C3.

Por fim, como mencionado no capítulo 3, as espécies de ciclo CAM têm um mecanismo fotossintético similar àquele presente nas plantas C4, com a diferença de que a fixação do CO_2 pela ação da PEP carboxilase ocorre durante a noite, quando o déficit de pressão do ar é baixo. Com isso, essas espécies tornam-se capazes de fotossintetizar mesmo em ambiente muito secos, como os desertos, pois reduzem ao máximo a perda de água por transpiração sem, contudo, deixar de produzir açúcares.

O tema da fotossíntese se relaciona com a interceptação da PAR pela folhagem pois, ao se quantificar o total de radiação interceptado e se conhecendo a taxa de assimilação pela cultura, pode-se estimar qual a produção de biomassa para uma dada temperatura e nível de PAR, como mostra o exemplo a seguir.

Exemplo 5.1. A Figura 5.8. mostra a assimilação de CO_2 para diferentes níveis de PAR interceptada por unidade de área foliar de soja, em uma temperatura de 25°C para quatro diferentes tratamentos. Se considerarmos uma PAR incidente de 800 μmol m^{-2} s^{-1}, a assimilação medida pelos autores foi próxima de 8 µmol [CO_2] m^{-2} s^{-1} para a curva referente ao tratamento N+Fr. Considerando a relação estequiométrica proposta na Eq. 5.16., podemos estimar que, a cada segundo, seriam fixados 0,000352g de CO_2 e, portanto, 0,00024g de glicose. Isso, por sua vez, representaria uma produção de biomassa, a cada hora, de 0,864g de glicose por unidade de área foliar. Se assumirmos que essas condições, (temperatura e radiação) permanecem estáveis por (N) 8 horas a cada dia, numa cultura de soja com índice de área foliar médio (IAF) de 4 e ciclo de 120 dias, pode-se estimar que a produtividade potencial final da soja (PP) seria de 7,5 t ha^{-1}. Essa estimativa está demonstrada na Equação 5.17., que inclui também parâmetros ainda não discutidos neste livro, como é o caso do índice de colheita (IC), que representa a fração da biomassa total da planta convertida em grãos, assumido como 0,33; b) umidade do produto comercial (U), representando a quantidade de água contido no grãos e assumido como 0,13; eficiência estrutural (EF) da soja, representando a conversão de glicose em gordura, proteínas e outros componentes da planta da soja e assumida neste exemplo como 0,6:

$$PP = A \cdot EF \cdot IC \cdot \frac{1}{(1-U)} \cdot 3600 \cdot 10 \cdot IAF \cdot ciclo \cdot N \qquad (5.17.)$$

em que PP é a produtividade potencial da cultura de soja considerada neste exemplo ($ton \cdot ha^{-1}$) e A é a taxa de produção de glicose, em $g \cdot m^{-2}$[folha]$\cdot s^{-1}$.

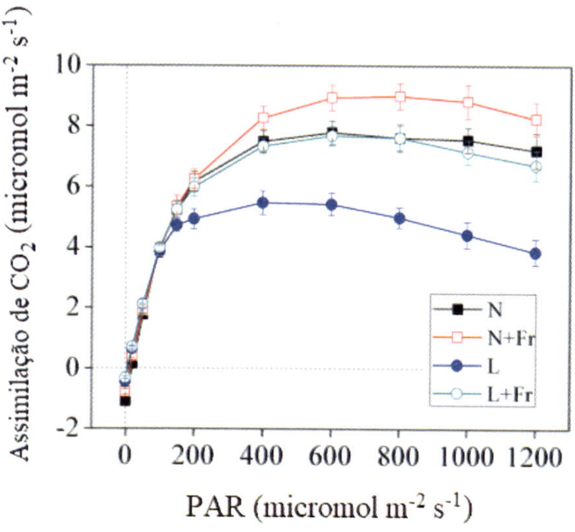

Adaptado de Yang et al., 2018.

Figura 5.8. Assimilação de CO2 da cultura da soja submetida a quatro tratamentos, para diferentes níveis de densidade de fluxo de fótons fotossinteticamente ativos (PAR) e temperatura foliar de 25°C.

REFERÊNCIAS

Antunes, W.C., M.F. Pompelli, D.M. Carretero, e F.M. DaMatta. 2008. Allometric models for non-destructive leaf area estimation in coffee (Coffea arabica and Coffea canephora). Annals of Applied Biology.

Balema, A., DM Jansen, F.W.T.P. De Vries, e HFM Ten Berge. 1989. Simulation of ecophysiological processes of growth in several annual crops. International Rice Research Institute.

Borthwick, H. A., S. B. Hendricks, E. H. Toole, e V. K. Toole. 1954. Action of Light on Lettuce-Seed Germination. Botanical Gazette 115 (3) (Março 1): 205-225.

Campbell, G.S., 1990. Derivation of an angle density function for canopies with ellipsoidal leaf angle distributions. Agricultural and Forest Meteorology. 49, 173–176.

Campbell, G.S., Norman, J.M. 1998. An introduction to Environmental Biophysics, 286 pp. Springer, New York.

Charles-Edwards, D. A., Thornley J. H. M. Light interception by an isolated plant – A simple model. Annals of Botany, London, v. 37, p. 919-928, 1973.

Coelho Filho, M.A, Villa-Nova, N.A., Angelocci, L.R., Marin, F.R., Righi, C.A. 2012. Método para estimativa do IAF de árvores isoladas ou de plantações com dossel fechado. Revista Brasileira de Engenharia Agrícola e Ambiental. 16: 529-538.

Evans, L.T. 1993. Crop Evolution Adaptation and Yield, Cambridge University Press, Cambridge.

Gates, D.M., 1980. Biophysical ecology. Springer, New York. 611p.

Gates, D.M., Keegan, H.J., Schleter, J.C., Weidner, V.R., 1965. Spectral Properties of Plants. Applied Optics. 4(1): 11-20.

Gates, DJ, Westcott, M. A direct derivation of Miller's formula for average foliage density. Australian Journal of Botany 32(2) 117 – 119. 1984.

Grant, R.H. 1997. Partitioning of biologically active radiation in plant canopies. International Journal of Biometeorology 40 (1).

Jones, H.G. Plants and microclimate: a quantitative approach to environmental plant physiology. New York: Cambridge University Press, 2015. 407p.

Lang, A.R.G., Yueqin, X., Norman, J.M., 1985. Crop structure and the penetration of direct sunlight. Agricultural and Forest Meteorology 35, 83–101.

Marin, F. R, L. R Angelocci, E. Z Righi, e P. C Sentelhas. 2005. Evapotranspiration and irrigation requirements of a coffee plantation in southern Brazil. Experimental Agriculture 41 (02): 187–197.

Mielke, M. S., Hoffmann, A., Endres, L., & Fachinello, J. C. (1995). Comparação de métodos de laboratório e de campo para a estimativa da área foliar em fruteiras silvestres. Scientia Agricola, 52, 82–88.

Miller, J.B., 1964. An Integral Equation from Phytology. Journal of Australian Mathematical Society. 4, 397–402.

Miller, J B. 1967. A Formula for Average Foliage Density. Australian Journal of Botany. 15: 141–44.

Miller, J. B. 1986. The Foliage Density Equation Revisited. The Journal of the Australian Mathematical Society. Series B. Applied Mathematics 27, no. 04: 387-401.

Monteith, J. L., e M. H. Unsworth. 2008. Principles of environmental physics. 3rd ed. London: Edward Arnold.

Monteith, J.L. Evaporation and environment. Symposium of Society of Experimental Biology, v.19, p.205-234. 1965.

Norman, JM and Campbell, GS, 1989. Canopy structure. In: RW Pearcy, J. Éleringer, HA Mooney and PW Rundel (Editors), Plant Physiological Ecology: Field Methods and Instrumentation. Chapman and Hall, New York, pp. 301-325.

Peiter, M.X., Robaina, V.Q., Parizi, A.R.C., 2006. Modelo para determinação da área foliar de Kalanchoe blossfeldiana Poelln. Ciência Rural. 36(6), pp.1730-1738.

Phillip, J.R. The distribution of foliage angle estimated from inclined point quadrat observations. Australian Journal of Botany, v.13, p.357-366. 1965.

Sinclair, T.R., Gilbert, R.A., Perdomo, R.E., Shine, J.M., Powell, G., Montes, G., 2004. Sugarcane leaf area development under field conditions in Florida, USA. Field Crops Research 88, 171–178.

Strachan, I.B.; D.W. Stewart and E. Pattey, 2005. Determination of leaf area index in agricultural systems. In: J.L. Hatfield and J.M. Baker, Editors, Micrometeorology in Agricultural Systems, Agronomy Monograph no. 47., American Society of Agronomy (ASA), pp. 179–198.

van Ittersum, M.K., Cassman, K.G., Grassini, P., Wolf, J., Tittonell, P., Hochman, Z., 2013. Yield gap analysis with local to global relevance—A review. Field Crops Research 143, 4–17.

van Ittersum, M.K., Rabbinge, R., 1997. Concepts in production ecology for analysis and quantification of agricultural input-output combinations. Field Crops Research. 52, 197–208.

Warren Wilson, J; Reeve, J.E. Inclined point quadrats. New Phytologist.59:1-8, 1959.

Welles, J. M. 1990. Some indirect methods of estimating canopy structure. Remote Sensing Reviews 5, no. 1: 31–43.

Yang, F., Fan, Y., Wu, X., Cheng, Y., Liu, Q., Feng, L., Chen, J., Wang, Z., Wang, X., Yong, T., Liu, W., Liu, J., Du, J., Shu, K., Yang, W., 2018. Auxin-to-Gibberellin Ratio as a Signal for Light Intensity and Quality in Regulating Soybean Growth and Matter Partitioning. Frontiers in Plant Science. 9, 56.

6. BALANÇO DE RADIAÇÃO E DE ENERGIA DE COMUNIDADES VEGETAIS

6.1. CONCEITOS E DEFINIÇÕES

Balanço de radiação é a contabilidade entre a energia radiante absorvida e a emitida por um determinado corpo. Quando aplicada a um ecossistema, representa a quantidade de energia efetivamente disponível para a realização dos processos biológicos e físicos no ambiente (Figura 6.1.). No processo de evapotranspiração, por exemplo, a energia efetivamente disponível para a mudança de fase da água não é a que incidiu na superfície, mas sim, o montante que efetivamente ficou no sistema descontando-se as perdas por reflexão e emissão. Daí a importância em se quantificar o balanço de radiação.

Por se tratar da contabilidade entre a entrada e a saída de energia de um sistema, o balanço de radiação é positivo durante o dia, já que a quantidade de radiação de ondas curtas recebida do Sol é muito maior que a quantidade de energia radiante de ondas longas emitidas pela Terra. À noite, ao contrário, o balanço de radiação é negativo, pois não há mais energia solar chegando à superfície do solo, mas a Terra continua emitindo radiação para o espaço sideral. Assim, o acúmulo de energia ao longo do período diurno explica a elevação da temperatura, a fotossíntese e a evapotranspiração. À noite, ao contrário, além de (praticamente) não haver fotossíntese e a evapotranspiração ser muito baixa, a temperatura cai por causa da perda de energia do ambiente para o espaço.

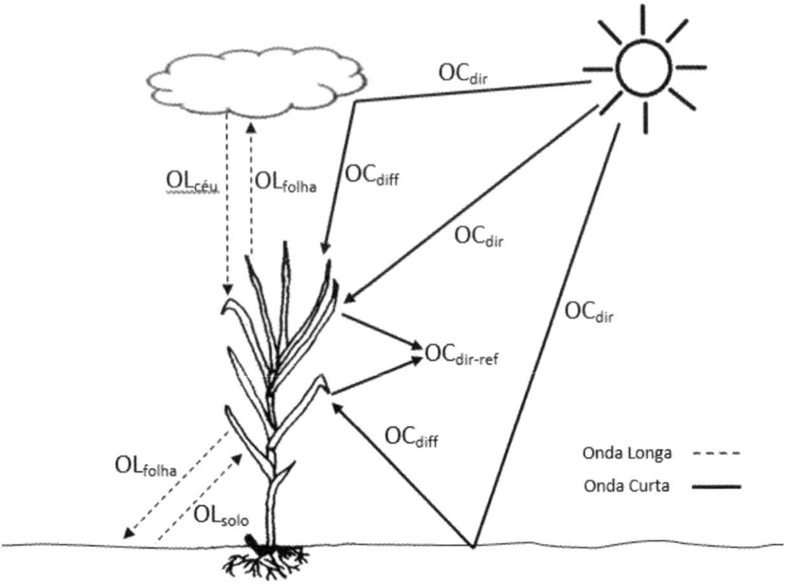

Figura 6.1. Representação esquemática das trocas de radiação de ondas curtas e ondas longas entre a vegetação e o ambiente. Nela, OC representa onda curta e OL representa onda longa; os termos *diff* e *dir* referem-se, respectivamente, a parte difusa e direta da radiação; o termo *ref* refere-se à porção refletida das ondas curtas que incidem sobre a copa.

Quando se considera uma planta, um animal ou a superfície do solo expostos à radiação solar, é importante ressaltar que apenas parte da radiação solar incidente é absorvida pelo corpo, e que há sempre uma fração refletida em função das propriedades óticas do corpo ou do meio. Normalmente, corpos ou ambientes mais claros têm maior habilidade em refletir radiação, enquanto corpos mais escuros tendem a absorver uma fração relativamente maior de energia radiante.

Essa habilidade em refletir radiação é denominada refletividade e, como discutido no capítulo 2, é um índice que expressa a fração do total de energia de ondas curtas solar que chega à Terra e retorna ao espaço devido à reflexão, após atingir uma dada superfície. É também conhecida como albedo. Essa reflexão varia com a estação do ano, com a natureza, a rugosidade e a cor da superfície. O ângulo de elevação do Sol também tem influência nesse processo, e quanto menor seu valor, maior a fração de radiação absorvida pela superfície. Por exemplo, tem-se que superfícies brancas apresentam maior reflexão que superfícies pintadas com cores escuras e isso tem relevância quando se comparam solos claros e escuros, tipos diferentes de vegetação, ou ambientes naturais e urbanos (Tabela 6.1.).

A energia que permanece no sistema também pode ser dissipada por emissão de ondas longas para o espaço. Como estratégia didática, para facilitar a determinação do balanço de radiação da superfície, faz-se o cálculo em duas partes: uma envolvendo a radiação de ondas curtas (proveniente do Sol, ou seja, um corpo mais quente) e outra envolvendo a radiação de ondas longas (originária da superfície terrestre e da atmosfera e, portanto, provenientes de uma superfície mais fria).

Pode-se determinar o balanço de ondas curtas (B_{OC}) pela diferença entre a radiação solar incidente e a refletida pela superfície, expressa pela Equação 6.1.

$$B_{OC} = Q_g - r \cdot Q_g \quad \text{ou} \quad B_{OC} = Q_g \cdot (1 - r) \qquad (6.1)$$

em que B_{OC} é o balanço de ondas curtas ($W \cdot m^{-2}$); Qg é a radiação solar global ($W \cdot m^{-2}$) e *r* é o albedo da superfície. Tomando por base a Figura 6.1, tem-se $Q_g = Q_{dir} + Q_{dif}$

Tabela 6.1. Albedo médio para diferentes tipos de superfícies.

Superfície	Albedo (%)
Asfalto	5 a 20
Concreto	10 a 35
Água	5
Solo escuro	5 a 15
Solo claro	25 a 45
Gramado	20 a 30
Canavial	15
Pastagem	18
Eucalipto	19
Floresta tropical	13

A base para a determinação do balanço de ondas longas (B_{OL}) está na Lei de Stefan-Boltzman (capítulo 2.), admitindo-se valores convenientes de temperatura e emissividade dos componentes envolvidos nesse sistema. A princípio, o balanço de ondas longas (B_{OL}) é controlado por dois componentes principais, como mostra a Equação 6.2.

$$B_{OL} = Q_a - Q_s \quad (6.2.)$$

em que Q_a é o fluxo de energia radiante emitida pela atmosfera em direção à superfície, também denominada de contra radiação atmosférica, dependente da temperatura do ar, da umidade atmosférica e da presença de nuvens; e Q_s é o fluxo de energia radiante emitida pela superfície em direção à atmosfera. Para ambos, também se utilizam normalmente as unidades de $W \cdot m^{-2}$ (valores instantâneos) ou $MJ \cdot m^{-2} \cdot d^{-1}$ (valores acumulados num período de tempo de um dia, por exemplo) dependendo da escala temporal adotada.

Na prática, a utilidade do balanço de radiação está no fato dele representar a energia disponível no ambiente a ser utilizada nas formas de calor latente e sensível, fotossíntese, fluxo de calor no solo, entre outros (Equação 6.3). Durante o período diurno, como consequência da dominância do B_{OC}, o saldo de radiação é normalmente positivo, indicando entrada líquida de energia no sistema. À noite, o B_{OC} deixa de atuar e apenas o B_{OL} mantem-se operando no sistema, explicando o SR negativo. Em resumo, vale esclarecer que o B_{OL} ocorre durante as 24 horas do dia, enquanto o B_{OC} está presente apenas durante o fotoperíodo e esse mecanismo explica o padrão de variação diuturno do SR.

$$SR = LE + H + G + F + \Delta A \tag{6.3}$$

em que SR é o saldo de radiação; LE é a energia utilizada para a mudança de fase da água do estado líquido para o gasoso, comumente denominada de fluxo de calor latente; H é a energia utilizada para o aquecimento do ambiente, denominada de fluxo de calor sensível, G é a energia conduzida para o solo, denominada fluxo de calor no solo; F é a energia utilizada no processo fotossintético (F), que normalmente representa menos de 5% do SR e é frequentemente desconsiderada e ΔA é a variação do armazenamento de energia térmica no ambiente, podendo ser positivo ou negativo de acordo com a variação da temperatura do ambiente.

Dada sua importância, convém discutir um pouco mais sobre o fluxo de calor latente. Por definição, calor latente é a quantidade de energia liberada ou absorvida por uma substância ou sistema termodinâmico durante um processo de mudança de estado sob temperatura constante. Este termo foi introduzido inicialmente por Joseph Black em 1761 e esse conceito permitiu o desenvolvimento da máquina a vapor, em parceria com James Watts, seu colega na Universidade de Glasgow. Do latim, latente significa "o que está oculto, não aparente" e este termo foi empregado por Black para enfatizar que esta fração da energia aparentemente sumia, para reaparecer como massa (vapor d'água na verdade) na fase gasosa do sistema.

De forma simplificada, pode-se estabelecer a relação entre o balanço de radiação e de energia considerando que o primeiro tem por finalidade quantificar a fração da radiação efetivamente disponível no ecossistema, enquanto o balanço de energia diz respeito ao destino dado a essa energia. Na Figura 6.2., pode-se encontrar uma representação esquemática da relação entre o balanço de radiação e energia.

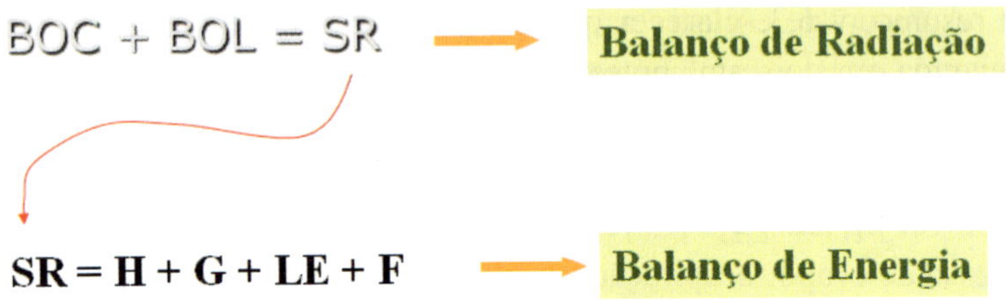

Figura 6.2. Representação esquemática da relação entre o balanço de radiação e o balanço de energia da superfície.

Como mencionado, a quantidade de energia utilizada na fotossíntese é muito pequena, assim como o termo que representa a variação do armazenamento de energia térmica no ambiente – item normalmente negligenciado no período de 24 horas, pois o calor armazenado de manhã até o início da tarde é liberado durante a noite, sendo praticamente nulo.

Os termos LE e H normalmente equivalem a mais de 90% de SR e são os principais componentes do balanço de energia nos continentes. Em áreas com presença de corpos de d'água ou vegetadas com boa disponibilidade hídrica no solo, o termo LE pode representar mais de 70% do SR. Em ambientes secos, contudo, H assume importância maior devido à deficiência de água na fase líquida. Consequentemente, neste tipo de ambiente, observa-se uma temperatura diurna relativamente maior que em ambientes úmidos. Durante a noite, contudo, ambientes úmidos tendem a permanecer mais aquecidos, por causa do elevado calor específico da água.

À diferença entre a temperatura diurna e noturna, dá-se o nome de amplitude térmica diária e o seu aumento diário é causado pela maior disponibilidade de energia para o aquecimento do ar associada ao seu baixo calor específico, favorecendo a elevação da temperatura durante o dia e rápida perda de energia durante a noite. Este padrão de variação da temperatura do ar é típico das regiões desérticas. Ao contrário, em ambientes onde a disponibilidade de água é grande, a maior parte da energia é consumida no processo de evaporação da água e da transpiração a partir das folhas das plantas.

A Figura 6.3. ilustra a variação horária dos componentes do balanço de energia em dois ambientes diferentes quanto à disponibilidade de água no solo. Pode-se observar que, no ambiente úmido (Figura 6.3.a), a curva de LE aproxima-se de SR, indicando que a maior parte da energia disponível no ambiente foi empregada para mudança de fase da água, no processo de evapotranspiração. Com isso, consequentemente, a temperatura nesses ambientes é relativamente menor. Na Figura 6.3.b, em contrapartida, o déficit de água no solo induz a elevação da temperatura do ambiente, já que fração maior de energia foi convertida na forma de calor sensível, com consequente queda na fração utilizada para evaporação e transpiração da água.

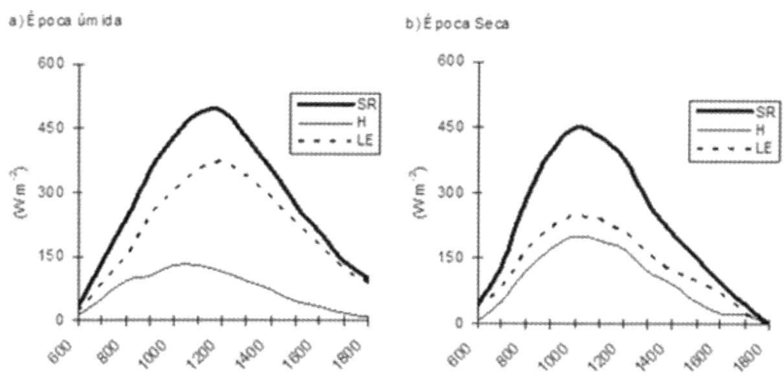

Fonte: Marin (2000).

Figura 6.3. Variação horária dos componentes do balanço de energia em um pomar de limão Tahiti instalado em Piracicaba-SP sob duas condições de umidade regional do solo.

6.2. MEDIDA E ESTIMATIVA DO SALDO DE RADIAÇÃO

Como já discutido, medindo-se o SR, tem-se a quantificação da energia disponível para evaporação, aquecimento do ar e do solo, e fotossíntese. A interceptação da radiação solar pela vegetação determina em grande parte a taxa de fotossíntese e de transpiração dos dosséis vegetais. São várias as aplicações dos dados de SR no campo da meteorologia, da agrometeorologia e da micrometeorologia. Vários instrumentos vêm sendo desenvolvidos para medir o SR desde a década de 1950. Entretanto, enquanto a radiação solar global (Q_g) ou mesmo a densidade de fluxo de fótons fotossinteticamente ativos (DFFF) vêm sendo medidas em um número cada vez maior de localidades no Brasil e no mundo, dados de SR não são normalmente coletados nas estações meteorológicas brasileiras. As medidas de SR são comuns em estudos micrometeorológicos e, por isso, estão disponíveis apenas por curtos períodos e em situações específicas. Por isso, a estimativa do SR ainda é a opção mais viável para obter esta variável. As técnicas de medida e os métodos de estimativa, contudo, diferem se aplicados para culturas com cobertura contínua ou descontínua do terreno.

6.2.1. SALDO DE RADIAÇÃO EM CULTURAS COM COBERTURA CONTÍNUA

Para culturas com cobertura contínua do terreno, a medida horizontal do saldo de radiação tem sido normalmente relacionada com a radiação global para obter uma relação empírica destinada à estimativa do saldo de radiação disponível a uma cultura agrícola ou ecossistema. Diversos estudos têm sido feitos para estabelecer essa relação, baseando-se em relações matemáticas na forma da Equação 6.4 (Selirio et al., 1971):

$$SR = -a + b \cdot Q_g \qquad (6.4)$$

em que a e b são os coeficientes linear e angular da análise de regressão envolvendo SR e Qg.

Rosenberg et al. (1983) apresentaram uma síntese de estudos feitos nessa linha, que foram compilados na Tabela 6.2 em conjunto com outros estudos brasileiros descrevendo relações simples para estimativa de SR. Esta abordagem, contudo, a despeito da simplicidade e praticidade, tem aplicação local por não levar em conta a variabilidade temporal dos fatores que interferem no B_{OL}, entre outros aspectos que interferem no SR.

Tabela 6.2. Relações empíricas para estimativa do saldo de radiação baseado na radiação solar global.

Local	Superfície	Equação	Unidade, r^2	Referência
Mead, Nebraska, EUA[1]	Alfafa (dados integrados para 24 horas do dia)	$SR = -0{,}34 + 0{,}69 \cdot Q_g$	$MJ \cdot m^{-2} \cdot d^{-1}$, 0,96	(Rosenberg, 1969)
Israel[1]	Diversos	$SR = -98 + 0{,}85 \cdot Q_g$	$W \cdot m^{-2}$, 0,92	Stanhill et al. (1966)
Ames, Iowa, EUA[1]	Gramado	$SR = -0{,}88 + 0{,}75 \cdot Q_g$ [3] $SR = -0{,}35 + 0{,}87 \cdot Q_g$ [4]	$MJ \cdot m^{-2} \cdot d^{-1}$, 0,97 $MJ \cdot m^{-2} \cdot d^{-1}$, 0,98	Shaw (1956)
Botucatu, SP	Alface em estufa[2]	$SR = 0{,}593 \cdot Q_g$	$MJ \cdot m^{-2} \cdot d^{-1}$, n.d[2].	Frisina e Escobedo (1999)
Dourados, MS	Gramado	$SR = 0{,}435 \cdot Q_g$	$MJ \cdot m^{-2} \cdot d^{-1}$, 0,93	Fietz e Fisch (2009)
Piracicaba, SP	Gramado	$SR = 0{,}48 \cdot Q_g$	$MJ \cdot m^{-2} \cdot d^{-1}$, 0,92	Sentelhas e Nascimento (2003)
Piracicaba, SP	Pomar de lima ácida 'Tahiti'[5]	$SR = 0{,}61 \cdot Q_g$	$MJ \cdot m^{-2} \cdot d^{-1}$, 0,89	Marin et al. (2001)
Piracicaba, SP	Cafezal[5]	$SR = 0{,}49 \cdot Q_g$	$MJ \cdot m^{-2} \cdot d^{-1}$, 0,88	Marin (2003)
Piracicaba, SP	Capim Tanzânia	$SR = 0{,}528 \cdot Q_g$	$MJ \cdot m^{-2} \cdot d^{-1}$, 0,93	Silva et al. (2007)
Piracicaba, SP	Gramado	$SR = 0{,}541 \cdot Q_g$	$MJ \cdot m^{-2} \cdot d^{-1}$, 0,84	Silva et al. (2010)

[1]extraído de Rosenberg et al. (1983).

[2]dados de Qg medidos fora da estufa.

[3]dados coletados sob condição de céu nublado

[4]dados coletados sob condição de céu claro

[5]culturas com cobertura descontínua do terreno

Rosenberg et al. (1983) também apresentam outras abordagens para estimativa do saldo de radiação, considerando maior número de variáveis e que, provavelmente, teriam desempenho melhor, em comparação com as relações apresentadas na Tabela 6.2. Essa abordagem baseada em relações empíricas tem sido desencorajada nos últimos anos, uma vez que a FAO (Allen et al., 1998) apresentou uma parametrização para o método originalmente proposto por Brunt (1932) para a estimativa do B_{OL}. O estudo de Allen et al. (1998) foi proposto com o objetivo de padronizar a estimativa da evapotranspiração de referência e contém um capítulo tratando das formas para contornar as situações em que há falta de dados medidos. Assim, nas ocasiões em que for necessário estimar o SR, os autores propõem que isso seja feito com a Equação 6.8, que por sua vez vale-se das equações 6.5. e 6.7. para estimativa do B_{OL} e B_{OC}, respectivamente. Apesar de representar uma simplificação, a proposta de Allen et al. (1998) tem a vantagem de levar em conta alguns aspectos que a tornam menos dependente do local que as equações apresentadas na Tabela 6.2. Assim, especialmente nas aplicações envolvendo a estimativa da evapotranspiração de referência, o uso do método de Allen et al. (1998) é recomendado para que se mantenha uma padronização na estimativa e a possibilidade de comparação entre estimativas oriundas de diferentes épocas e regiões.

$$B_{OL} = -\left[\sigma \cdot \left[\frac{T_{\max}{}^{4} + T_{\min}{}^{4}}{2}\right] \cdot \left(0{,}34 - 0{,}14 \cdot \sqrt{e_a}\right) \cdot \left(1{,}35 \cdot \frac{Q_g}{Q_{gcs}} - 0{,}35\right)\right] \quad (6.5.)$$

em que B_{OL} é o balanço de ondas longas ($MJ \cdot m^{-2} \cdot d^{-1}$); σ é a constante de Stefan-Boltzman ($4{,}903 \cdot 10^{-9}$ $MJ \cdot m^{-2} \cdot d^{-1} \cdot T^{-4}$); T_{max} é a temperatura máxima (K); T_{min} é a temperatura mínima (K); e_a é a pressão parcial de vapor d'água da atmosfera (kPa), Q_g é a radiação solar global ($MJ \cdot m^{-2} \cdot d^{-1}$) e Q_{gcs} é a radiação solar hipotética para um dia de céu claro ($MJ \cdot m^{-2} \cdot d^{-1}$), dada pela Equação 6.6. Para o cálculo do balanço de radiação em $W \cdot m^{-2}$, basta utilizar os valores de Q_g, Q_{gcs}, Q_o e σ na unidade de $W \cdot m^{-2}$, nas equações 6.5. a 6.8. Neste caso, σ assume valor de $5{,}6697 \cdot 10^{-8}$ $W \cdot m^{-2} \cdot T^{-4}$.

$$Q_{gcs} = (0{,}75 + 2 \cdot 10^{-5} \cdot z) \cdot Q_o \quad (6.6.)$$

em que z é a altitude do local (m) e Q_o é a radiação solar extraterrestre ($MJ \cdot m^{-2} \cdot d^{-1}$).

Contando-se com os valores de B_{OL} e B_{OC}, pode-se então quantificar a energia radiante efetivamente disponível à realização dos processos físicos e biológicos na natureza. Como abordado acima, esse cômputo final é denominado saldo de radiação, que pode ser calculado pela Equação 6.8, obtida pela substituição das equações 6.5. e 6.7. na equação geral do balanço de radiação.

$$B_{OC} = Q_g \cdot (1 - \alpha) \quad (6.7.)$$

$$SR = Qg \cdot (1-\alpha) - \left[4{,}903 \cdot 10^{-9} \cdot \left[\frac{T_{max}{}^4 + T_{min}{}^4}{2} \right] \cdot \left(0{,}34 - 0{,}14 \cdot \sqrt{e_a}\right) \cdot \left(1{,}35 \cdot \frac{Q_g}{Q_{cs}} - 0{,}35\right) \right] \quad (6.8.)$$

Exemplo 6.1.: Com base nos dados abaixo, estime o saldo de radiação médio sobre uma floresta tropical localizada nas proximidades de Manaus (latitude 1,129° Sul, altitude 30m).
Normais climatológicas (1961-1990) de Manaus – AM para o mês de junho.

Dia/Mês	Tmax (°C)	Tmin (°C)	n (horas)	e_a (kPa)
30/Jun	29,8	23,0	6,2	2,9

Resposta: Estimando-se a radiação solar global pelo método de Angstrom, admite-se a=0,29·cos(-1,129)=0,2899 e b=0,52. Tomando-se o albedo médio de uma floresta tropical (13%, disponível na Tabela 6.1) e utilizando-se como dados intermediários para o cálculo da radiação solar extraterrestre (Q_o) e da radiação solar global (Q_g) apresentados abaixo, tem-se que o balanço de ondas curtas (B_{OC}) é de 16,081 $MJ \cdot m^{-2} \cdot d^{-1}$ e o balanço de ondas longas (B_{OL}) é igual a -1,603 $MJ \cdot m^{-2} \cdot d^{-1}$, resultado em saldo de radiação (SR) de 14,477 $MJ \cdot m^{-2} \cdot d^{-1}$.

Ângulo horário do nascer-do-Sol:	$h_n = 89{,}519^o$
Fotoperíodo:	N=11,935 horas
Declinação Solar:	δ=23,049^o
Correção para distância Terra-Sol:	$(d/D)^2$=0,967
Radiação solar extraterrestre:	Q_o=33,003 $MJ \cdot m^{-2} \cdot d^{-1}$
Radiação solar global para um dia sem nuvens:	Q_{gcs}=24,772 $MJ \cdot m^{-2} \cdot d^{-1}$
Radiação solar global:	Q_g=18,483 MJ·m-2·d-1

6.2.2. MEDIDA DO SALDO DE RADIAÇÃO EM CULTURAS COM COBERTURA DESCONTÍNUA

Como discutido anteriormente, há bom número de estudos para a estimativa do SR em culturas que cobrem continuamente o solo, como o milho, a soja e a cana-de-açúcar. Já para as culturas que ocupam o terreno de modo descontínuo, com cobertura esparsa do solo, como pomares e cafezais, a medida horizontal do SR representa apenas uma informação parcial sobre o montante de energia utilizado pela cultura. Neste caso, outros meios precisam ser utilizados para quantificar a energia radiante efetivamente disponível pelas plantas. Nessa linha, destacam-se os trabalhos pioneiros de Greene e Gerber (1967) e Turrel e Austin (1965) para citros, e de Palmer (1977) e Charles-Edwards e Thorpe (1978) para pomares de macieira. Neles, os autores propuseram modelos para estimar a interceptação de radiação direta e difusa pelas plantas, levando em conta a densidade de área foliar, a distância percorrida pela radiação na copa, a "porosidade" da folhagem, e o albedo do solo e das folhas.

Além do desenvolvimento conceitual dos modelos, outro desafio nessa linha de pesquisa é a validação dos modelos em condições de campo, já que o instrumental necessário para se medir o SR efetivamente disponível para plantas isoladas é caro e complexo. Thorpe (1978) iniciou uma série de estudos objetivando quantificar o saldo de radiação efetivamente absorvido pelo dossel vegetativo (SR_{ef}), utilizando para tanto um conjunto de oito saldo-radiômetros lineares dispostos ao redor de um renque de macieiras. McNaughton et al. (1992), aprimorou o instrumental utilizado para tais medidas, construindo um sistema metálico giratório ("*whirligig*") que envolvia uma planta isolada, também utilizando oito saldo-radiômetros, obtendo com isso uma boa amostragem espaço-temporal. Esse mesmo sistema foi utilizado por Green (1993) e Green e McNaughton (1997) em nogueira, Angelocci et al. (2008) em cafeeiros, e por Pilau (2010) em citros.

A Figura 6.4. ilustra a vista frontal do sistema móvel de integração espaço-temporal do saldo de radiação da copa de cultivos em renque (SMI), desenvolvido por Angelocci et al. (2003) e aprimorado Marin (2003) e Pilau (2005), descrevendo o posicionamento dos oito saldo-radiômetros (SR), espaçados em 45° entre si.

Figura 6.4. Vista frontal do sistema móvel de integração espaço-temporal

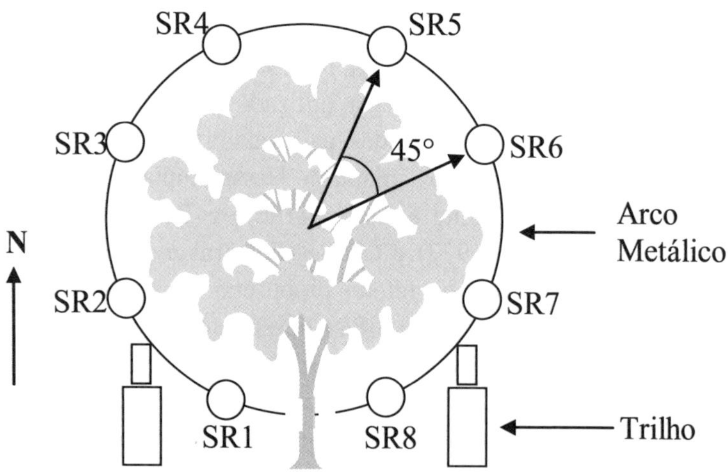

da energia radiante absorvida por cultivos em renques.

O SMI utilizado nesses estudos dispunha de um arco circular metálico fixo à sua estrutura base, com 1,15m de raio, e uma abertura em sua porção inferior que permitia a passagem dos troncos das árvores durante o deslocamento do sistema ao longo do renque. Essa configuração foi desenvolvida primeiramente para medida em cafeeiros adultos (Marin, 2003). Posteriormente, Pilau (2005) utilizou o SMI em cafeeiros jovens de menor porte, acresceu ao sistema um arco metálico menor, de 0,75m de raio, afixado ao arco metálico maior, facilmente removível, tornando-o mais versátil quanto ao porte das plantas (Figura 6.5.).

Neste equipamento, as bases laterais móveis de fixação do arco metálico eram providas de rodas metálicas em linha, apoiadas sobre dois trilhos de ferro dispostos paralelamente, um de cada lado do renque. Com essa disposição, tem-se o arco contornando a copa das plantas de um renque enquanto deslocava-se sobre os trilhos. Com o deslocamento de ida e volta do arco ao longo do comprimento dos trilhos criava-se então uma geometria nocional cilíndrica de medida nesse trecho de renque. Os saldo-radiômetros, afixados no arco metálico em intervalos de 45° entre si, circundavam a copa das plantas de modo que suas placas sensoras tangenciem o cilindro nocional criado (Figura 6.5.).

Fonte: Pilau (2005)

Figura 6.5. Medida do saldo de radiação de um trecho de renque de cafeeiros jovens utilizando o arco suplementar menor.

Para a integração do saldo de radiação do renque, considerando-se que cada saldo-radiômetro amostrava 1/8 da área lateral do cilindro nocional de medida (excetuando a área plana das duas bases) (Landsberg et al., 1975; Thorpe, 1978), conforme a Equação 6.8.:

$$SR_{ef} = \left(\frac{1}{8} \cdot \sum_{i=1}^{8} SR_i\right) \cdot d_h \cdot 2 \cdot \pi \cdot R \qquad (6.8.)$$

em que SR_{ef} é o saldo de radiação efetivamente disponível as plantas amostradas no SMI (W); SR_i é a medida do saldo de radiação de cada um dos oito saldo-radiômetros ($W{\cdot}m^{-2}$); d_h é a distância horizontal percorrida pelo SMI (m) e R é o raio da base do cilindro de medida (m).

De acordo com McNaughton et al. (1992) e Angelocci et al (2006), a falta de um método independente de avaliação do desempenho do SMI torna difícil concluir sobre a confiabilidade desse tipo de medida. Assim, uma forma de constatar as fontes de erros é executar medidas sem plantas no interior do cilindro nocional de medida. Nesta condição, são esperados valores do saldo de radiação próximos de zero, pois se cada par de saldo-radiômetros instalados em posições opostas estiverem devidamente alinhados, as medidas instantâneas e, consequentemente, os valores integrados devem ser nulos. Portanto, o desvio nulo (DSR) dos valores integrados dos oito saldo-radiômetros pode ser utilizado como uma medida do erro parcial introduzido pelo posicionamento dos sensores, ou então, pelas outras fontes de erros, como problemas de calibração dos sensores, reflexão da radiação de partes do sistema móvel sobre os sensores ou sombreamento de um dos sensores pelo seu oposto em momentos de incidência de radiação direta.

A Figura 6.6. apresenta a variação diária de DSR para intervalos de medidas de 10 minutos utilizando-se o SMI descrito na Figura 6.5. Nota-se a ocorrência de dois picos para todos os dias, sendo um negativo, alcançando –40 $W{\cdot}m^{-2}$ ao redor das 7:00 a.m. e outro positivo, ao redor dos 100 $W{\cdot}m^{-2}$ por volta das 8:00. O valor médio de DSR para três dias de medidas foi de 5,6 $W{\cdot}m^{-2}$, causados principalmente pelos dois picos diários no início da manhã. Porque os valores absolutos de SR são baixos no início e final do período diurno, erros durante tais períodos têm um efeito reduzido na formação do saldo de radiação integrado diário ou na escala de 24h, quando comparados aos que ocorrem no período de maior incidência radiante.

Figura 6.6. Variação do desvio nulo das medidas do saldo de radiação sem envolver plantas, em intervalos de 10 minutos, ao longo de três dias. (Fonte: Angelocci et al., 2008).

Uma segunda forma independente de averiguar a confiabilidade dos valores de SR_{ef} é pela comparação com o fluxo de calor latente do dossel. Simultaneamente às primeiras medidas do saldo de radiação em cafeeiros, Angelocci et al. (2008) mediu o fluxo de seiva pelo método do balanço de calor (Sakuratani, 1981; Baker e van Bavel, 1987) das quatro plantas de café abrangidas pelo SMI, assumindo o fluxo de seiva, integrado para 24 horas, como representativo da transpiração diária (Valancogne e Nasr, 1989). Assim, calculou-se o fluxo de calor latente equivalente à transpiração, comparando-o com o SR_{ef} do dossel dos cafeeiros na mesma escala de tempo. A Figura 6.7. exibe a correlação entre essas duas variáveis, permitindo concluir que o fluxo de calor latente representou aproximadamente 67% do saldo de radiação absorvida pela folhagem do cafezal estudado, para os dias amostrados. Como as plantas do café eram irrigadas, a predominância do fluxo de calor latente sobre o fluxo do calor sensível parece coerente, reforçando a conclusão sobre a boa confiabilidade das medidas do sistema.

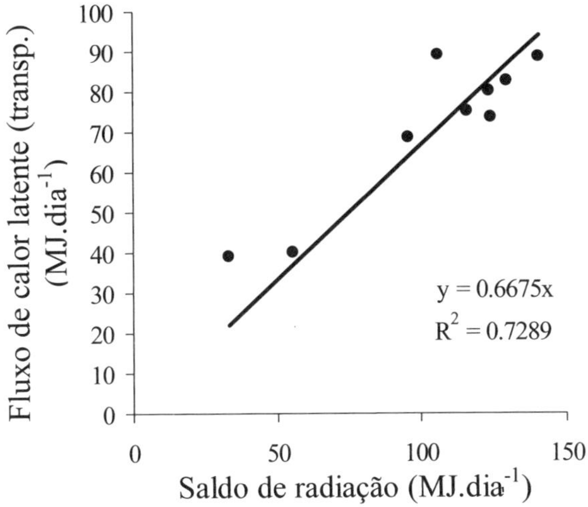

Figura 6.7. Relação entre o fluxo de calor latente equivalente a transpiração do dossel do cafezal e o saldo de radiação da copa, ambos calculados para quatro plantas (4,28m de renque).

A Figura 6.8. exemplifica o curso diário das medidas dos oito saldo-radiômetros (SR) ao longo de um dia de céu claro em um cafezal. A orientação dos sensores mostra a variação temporal do regime de radiação das duas faces do renque (expostas a nordeste e sudoeste em função dos 19°S de azimute do renque), como demonstrado pelos quatro sensores da porção superior do arco (3 e 4 para nordeste e 5 e 6 para sudoeste, Figura 6.4.). Sensores desta porção foram responsáveis por mais de 90% do saldo de radiação do renque de cafeeiros no período diurno (6:00 as 18:00h). A participação dos quatro sensores restantes, locados na porção inferior, sobre o total de energia radiante absorvida pela folhagem foi menor, oscilando entre valores positivos e outras com valores negativos, devido à interação da folhagem com radiação incidente.

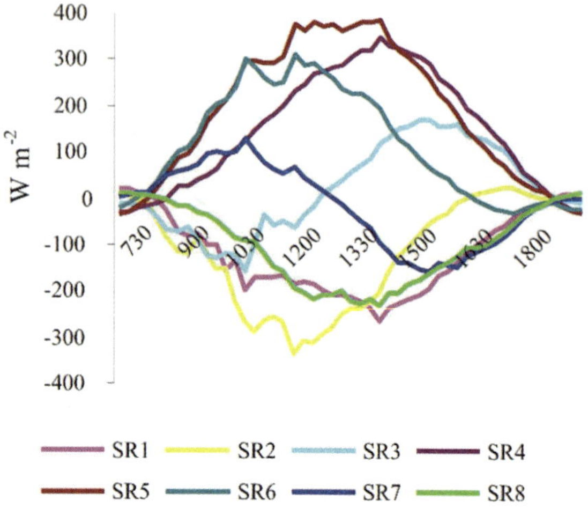

Figura 6.8. Variação ao longo de um dia medidas dos oito saldo-radiômetros em um renque de cafezal com ausência de nebulosidade. Veja Figura 6.4 para o posicionamento dos oito saldo-radiômetros (SR).

Como a determinação direta do saldo de radiação da copa de plantas arbóreas é tarefa sofisticada, almejam-se alternativas confiáveis para estimar a energia radiante absorvida. Duas abordagens são mais comuns: *i*) estimar a energia radiante absorvida por cultivos em renques a partir da radiação solar global ou do saldo de radiação de gramado; *ii*) através do uso da lei de Beer de atenuação da radiação. Uma terceira abordagem é o desenvolvimento de modelos mecanísticos que permitam a estimativa de SR_{ef} de modo mais abrangente e fisicamente bem embasado. Esta última não será tratada nesta obra, mas pode ser encontrada em Pilau (2005).

O saldo de radiação de um corpo consiste no balanço entre a radiação direta e a difusa do Sol e da atmosfera e a radiação refletida pela superfície – componentes de onda curta; e da radiação termal proveniente de fontes distintas, da atmosfera e da superfície – componentes do balanço de onda longa. De maior interesse agronômico, busca-se determinar o saldo de radiação diurno, forte determinante dos processos de transpiração e fotossíntese, momento que os componentes de onda curta são predominantes (Campbell e Norman, 1998; Monteith e Unsworth, 2008). Nesse sentido, boas correlações foram obtidas entre o saldo de radiação de uma comunidade ou indivíduo vegetal e a radiação solar global, principalmente para momentos de céu claro. É também possível obter relações consistentes entre a energia radiante absorvida por diferentes espécies vegetais, a exemplo do saldo de radiação de áreas gramadas, padrão para postos meteorológicos.

Correlacionando medidas do saldo de radiação realizadas com o SMI, em dois trechos de renque de um cafezal (*Coffea arabica*, variedade "Mundo Novo"), com dados de radiação solar global (Q_g) e saldo de radiação de gramado (SR_g), bons ajustes entre as variáveis foram obtidos por Angelocci et al. (2008). Os resultados foram separados em dois períodos: a) dez dias entre os meses de agosto a outubro de 2002, momento em que a área foliar média era de 10,7m^2[folha]$\cdot m^{-1}$renque de cafeeiro, e b) nove dias entre abril e maio de 2004, com 4,2m^2[folha]$\cdot m^{-1}$ de renque devido à desfolha causada pela colheita. Foram obtidas correlações lineares específicas do saldo de radiação integrado para toda a copa (SR_{ef}), expresso em $MJ\cdot m^{-1}\cdot 15min^{-1}$, com a radiação solar global (Q_g) e o saldo de radiação de gramado (SR_g), expressos em $MJ\cdot m^{-2}\cdot 15min^{-1}$, para o período diurno das 6:00 as 18:00h (Figura 6.9). Note que a diferença entre os coeficientes angulares das retas ajustadas pelas análises de regressão, tanto com radiação solar global quanto saldo de radiação de gramado, foi proporcional aos valores de área foliar dos dois períodos.

Ao normalizar o saldo de radiação dos renques por unidade de área foliar (SR_c/AF), foi obtido um ajuste único entre a energia radiante absorvida por unidade de área foliar dos renques e os valores de radiação solar global e saldo de radiação de gramado, na escala temporal de 15 minutos ao longo do período diurno (Figura 6.10.).

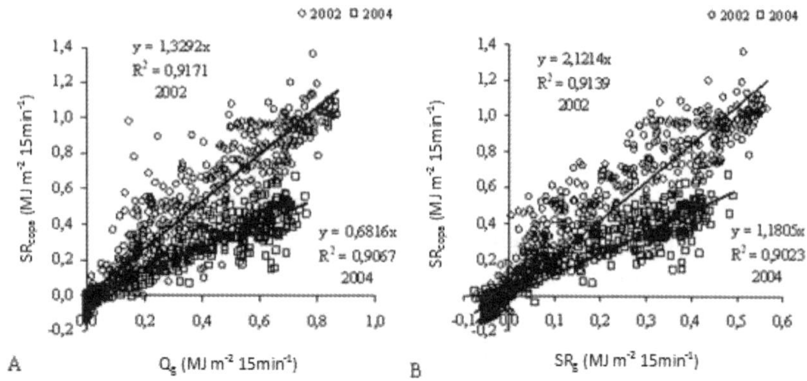

Figura 6.9. Correlação entre a energia radiante absorvida por trechos de renques de cafeeiros com diferentes áreas foliares e a radiação solar global (a) e o saldo de radiação de gramado (b).

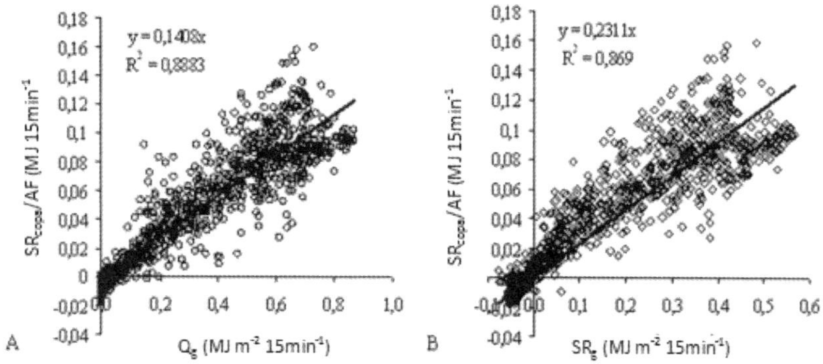

Figura 6.10. Correlação entre a energia radiante absorvida por unidade de área foliar de trechos de renque de cafeeiro e a radiação solar global (A) e o saldo de radiação de gramado (B).

Considerando que os valores integrados diários são normalmente de maior interesse para diversos fins, a exemplo da estimativa da transpiração ou evapotranspiração para determinação da lâmina de irrigação, a energia radiante absorvida por unidade de área foliar dos renques foi integrada para os períodos de 24h e períodos diurnos (das 6:00 às 18:00h) e novamente correlacionada aos valores integrados de Q_g e SR_g na mesma escala temporal (Figura 6.11.). Os ajustes lineares das análises de regressão reforçaram, mais uma vez, a possibilidade de obtenção de uma função de transferência que permita estimar o saldo de radiação de um cultivo em renque a partir de uma medida direta mais simples e rotineira, com correlações particulares quanto ao local e ao tipo de cobertura.

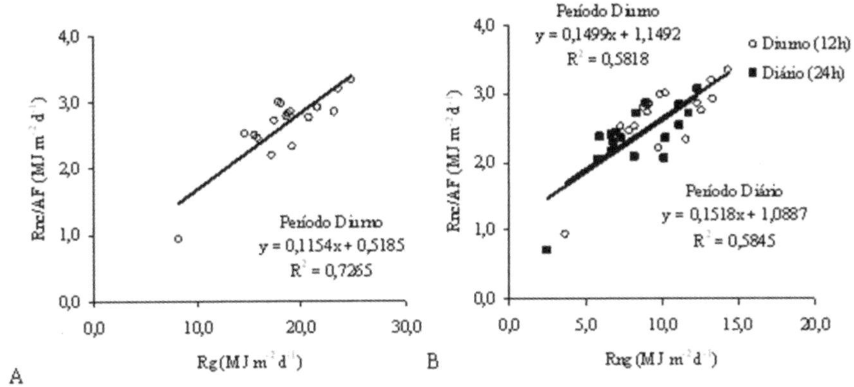

Fonte: Pilau (2005).

Figura 6.11. Relação da energia radiante absorvida por unidade de área foliar do renque de cafeeiros (Rnc/AF) e a radiação solar global (Rg) e o saldo de radiação de gramado (Rng).

6.2.3. ESTIMATIVA DO SALDO DE RADIAÇÃO PELA LEI DE BEER

Alguns modelos de estimativa do saldo de radiação para arbóreas, tanto plantadas em renques como isoladamente, utilizam a definição da Lei de Beer (Ritchie, 1972; Charles-Edwards e Thornley, 1973; Norman e Welles, 1983; Marin, 2000), assumindo que a radiação é extinta exponencialmente no interior do dossel da planta, em função da área foliar e do coeficiente de extinção, como discutido no capítulo 2.

Embora haja ressalvas quanto à aplicação dessa lei, que originalmente contempla um meio homogêneo e isotrópico atravessado por radiação monocromática, Campbell e Norman (1998) destacam que no caso em que as variações do coeficiente de extinção não sejam significativas para amplos aspectos de radiação, pode-se lançar mão dessa abordagem para estudos em vegetação.

Especificamente para a cultura do café, Marin (2003) baseou-se nessa abordagem para estimar o saldo de radiação de um trecho de renque. A energia absorvida por unidade de área foliar pelo uso da Lei de Beer (Equação 6.9.) é função do coeficiente de extinção de acordo com Ritchie (1972), referindo a uma taxa de extinção de um amplo espectro de radiação eletromagnética, obtido empiricamente a partir das medidas feitas com saldo-radiômetros instalados acima e abaixo do renque de cafeeiro:

$$\frac{SR_c}{AF} = \frac{SR_{ac} \cdot \left(1 - e^{-k \cdot IAF}\right)}{IAF} \qquad (6.9.)$$

em que SRc/AF é o saldo de radiação por unidade de área foliar (W m^{-2} [de folha]), SR_{ac} o saldo de radiação medido acima do cafezal (W m^{-2} [solo]), k o coeficiente de extinção; IAF o índice de área foliar com base na área projetada do renque sobre o terreno.

Os valores do coeficiente de extinção, determinados para intervalos de 15 minutos ao longo do período diurno oscilaram entre 0,20 a 0,95, assumindo-se um valor médio diário fixo de 0,49. Estimando o saldo de radiação a partir da Equação 6.9. e comparando aos valores medidos do saldo de radiação, a partir do uso do SMI, de um trecho de cafeeiros, o modelo superestimou em 9,6%, em média, a energia radiante absorvida medida, demonstrando o potencial de uso desse conceito simples (Figura 6.12.).

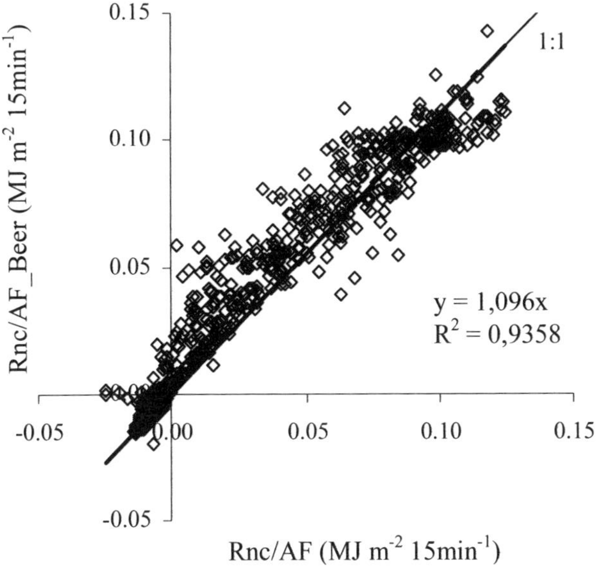

Figura 6.12. Relação entre valores medidos da energia radiante absorvida por unidade de área foliar (Rnc/Af) e estimados pelo uso da Lei de Beer (Rnc/AF_Beer), para intervalos de 15 minutos.

6.3. BALANÇO DE RADIAÇÃO E AS MUDANÇAS CLIMÁTICAS GLOBAIS

O desequilíbrio no balanço de radiação da Terra é apontado como a principal causa das mudanças climáticas globais, assunto tão discutido nos últimos anos. Nesta seção, faz-se uma descrição geral dos conceitos, causas e consequências prováveis das mudanças climáticas para os ecossistemas agrícolas e florestais do Brasil nas próximas décadas.

O clima é uma representação média das condições meteorológicas de uma região. Trata-se de uma representação do estado do tempo (definido no capítulo 1) ao longo de um período suficientemente longo, normalmente de 30 anos. Nos últimos 65 milhões de anos e por diversas vezes, o clima da

Terra sofreu grandes alterações em escalas de tempo que variaram de 10^3 a 10^7 anos, em decorrência de causas naturais independentes do ser humano.

Ao discutir este tema, convém lembrar que mudança climática diz respeito a alterações globais das condições climáticas médias, com efeito sobre outros componentes do sistema climático, como a hidrosfera, litosfera e criosfera. Mudança climática, portanto, difere de variabilidade climática. O que causa confusão na sociedade quando se discute este tema é o fato que a variabilidade climática se refere às flutuações em torno da média ao longo de um período e é uma característica normal e intrínseca do clima. Por definição, variabilidade climática refere-se às flutuações de um dado elemento climático em torno do valor médio ao longo de um período. Assim, o clima pode variar e, dependendo do período de observação, pode-se confundir mudança com variabilidade climática, pois o que pode ser caracterizado como mudança climática na escala de séculos ou décadas poderia, alternativamente, ser considerado apenas como um desvio em relação à média na escala de dezenas de milhares de anos (Pereira et al., 2002).

Ao longo de seus quase quatro bilhões de anos, a Terra já passou por períodos de glaciações e de aquecimento global. A diferença entre as mudanças registradas no passado e o evento que está sendo presenciado agora é a velocidade das alterações e as causas associadas às mudanças.

Para estimar o clima de milhares ou milhões de anos atrás, utilizam-se fontes indiretas que podem ser agrupadas em três categorias principais: biológicas, litogenéticas e morfológicas. Os principais indicadores biológicos incluem fósseis de plantas ou animais, pólen e anéis de crescimento de árvores. Os litogenéticos são as camadas de aluviões lacustres, os depósitos de sal e outros fenômenos de sedimentação, intemperismo, depósitos glaciais e solos fósseis, entre outros. Os indicadores morfológicos incluem formas residuais do relevo como antigas praias, dunas, relevos glaciais e terraços fluviais.

Diversas causas podem ser apontadas como responsáveis por mudanças climáticas globais, como os fatores astronômicos relacionados à variação na excentricidade da órbita terrestre, da inclinação do eixo terrestre, da emitância solar ou da precessão dos equinócios. Também podem atuar causas de origem terrestre, como a proporção entre oceanos e continentes, atividade vulcânica, tamanho das calotas polares, composição atmosférica e à deriva dos continentes. Atualmente, a alteração na composição atmosférica decorrente da ação antrópica é apontada como a principal causa das mudanças climáticas. Apesar das causas de as variações climáticas da Terra ainda não serem bem entendidas, está bem estabelecido que o clima tem variado durante a história da Terra. As medidas de temperatura feitas em estações meteorológicas em todo o globo desde 1860 apontam para um aumento médio da temperatura de 0,6 ± 0,2ºC durante o século 20. Os maiores aumentos foram em dois períodos: 1910 a 1945 e 1976 a 2014 (Figura 6.13.).

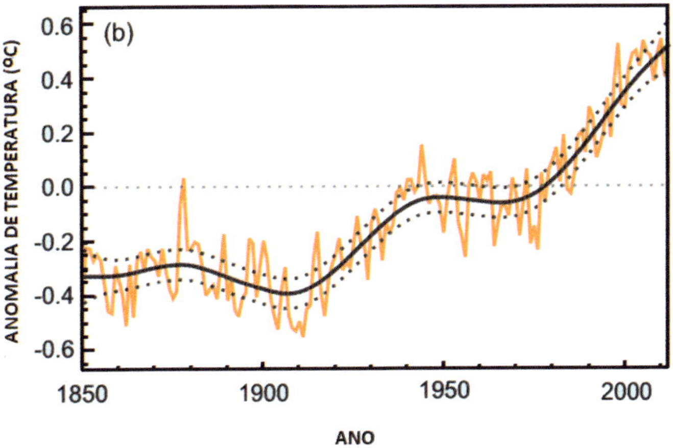

Adaptado de Hartmann et al. (2013).

Figura 6.13. Anomalia da temperatura média global da superfície terrestre, em relação a 1961-1990, no período entre 1850 e 2014.

A revolução industrial é apontada como um marco inicial deste processo, uma vez que a injeção dos GEE aumenta expressivamente desde meados do século 19, coincidindo como o início da era industrial. O alto consumo energético com base em combustíveis fósseis e biomassa e a consequente elevação das emissões de CO_2 para a atmosfera nos últimos duzentos anos, (decorrente também do crescimento da população mundial e da elevação do padrão de consumo nos países em desenvolvimento), explicam em grande parte o aumento na concentração de gases de efeito estufa na atmosfera. Estimativas apontam que, entre o ano 1000 e 1750, a concentração de CO_2 oscilava em torno de 280 partes por milhão (ppm) e que, atualmente, já passou de 400 ppm, de acordo com os dados do observatório de Mauna Loa (Tans, 2019) (ver seção 1.3. do capítulo 1.).

O principal efeito do aumento na concentração de CO_2 e outros GEE é a alteração no balanço de radiação da Terra. Como apontado por Arrhenius (1896) desde o início no século 19, o CO_2 (assim como o metano, o óxido nitroso e outros gases) tem a característica de permitir a passagem da radiação eletromagnética com comprimento de onda menor que 4.000 nanômetros (ondas curtas), provenientes do Sol, e de absorver e/ou refletir a maior parte da radiação com comprimentos de onda maiores que 4.000 nanômetros (ondas longas), emitidas pela superfície da Terra em direção ao espaço sideral. Com a elevação na concentração de CO_2 na atmosfera, o aporte de energia emitida pelo Sol que atinge a Terra praticamente não sofreu alteração, mas parte da energia emitida pela Terra em direção ao espaço passou a ser barrada pela atmosfera terrestre e reemitida à superfície. Com isso, o balanço de radiação da Terra é alterado, afetando a dinâmica dos processos meteorológicos que, em sua grande maioria, estão relacionados com a disponibilidade de energia radiante. Isso caracteriza o que se convencionou chamar de efeito estufa.

O efeito estufa, vale destacar, é um processo natural e foi essencial para o surgimento e manutenção da vida na Terra já que os GEE's sempre existiram na atmosfera e são responsáveis pela manutenção da temperatura média do globo em torno dos 14°C. Sem esse conjunto de gases, estima-se que temperatura da Terra seria de aproximadamente -18°C (Acot, 2007). O ser humano tem sido responsável apenas por intensificar o efeito estufa da Terra e não por criá-lo.

Na verdade, da energia radiante emitida pela superfície terrestre em direção ao espaço, cerca de 9% na faixa espectral de 8 a 11,5μm (micrômetros) consegue atravessar a atmosfera terrestre e escapar em direção ao espaço sideral. A energia emitida pela superfície terrestre nos demais comprimentos de onda é barrada pela atmosfera terrestre, como efeito da presença de determinados gases que a compõem. Com um maior número de moléculas dos GEE's na atmosfera, aumenta a quantidade total de energia radiante de onda longa emitida pela superfície terrestre que é absorvida pela atmosfera. Essa energia é, por sua vez, reemitida por essas moléculas em direção ao espaço sideral e em direção à superfície terrestre e, por esta razão, quanto maior a concentração dos GEE's, maior a quantidade de energia que fica presa no sistema superfície-atmosfera (Figura 6.14.).

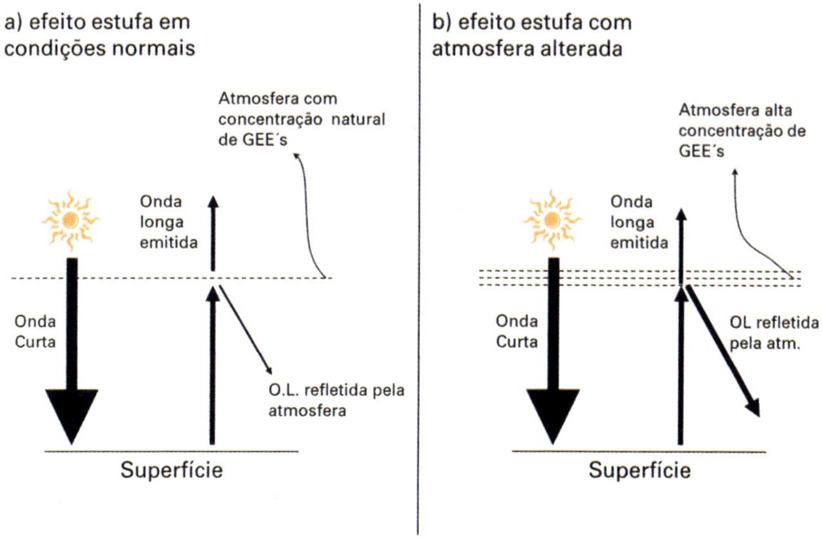

Figura 6.14. Representação esquemática do balanço de radiação da atmosfera terrestre antes (a) e depois da revolução industrial (b), com aumento da concentração de gases de efeito estufa. Extraído de Marin et al. (2008).

Além dos gases dióxido de carbono, metano e óxido nitroso, principais causadores do efeito estufa, vale mencionar o vapor d'água. A nebulosidade atmosférica tem um efeito importante sobre as perdas radiativas da superfície da Terra. Quanto maior a umidade e mais intensa a presença de nuvens, menores serão as perdas de energia radiante para o espaço. Essa propriedade do vapor d'água pode ser observada em noite de céu limpo, quando a temperatura cai a níveis mais baixos que os observados em noites de céu encoberto, com presença de nuvens. Esse fenômeno ocorre devido à absorção pela água da radiação de onda longa emitida pela superfície e consequente re-emissão de volta a ela, relacionado à formação de geadas. Os agricultores, ainda que intuitivamente, conhecem bem esta regra e só se preparam para a ocorrência de geadas em noites de céu claro, pouco vento e sem nuvens, quando a temperatura mínima atinge valores muito baixos, causando danos às culturas agrícolas.

REFERÊNCIAS

Acot, P. Breve história do clima. Ciência e Ambiente. v.34, p. 13-24. 2007.

Allen, R. G, L. S Pereira, D. Raes, M. Smith, e others. 1998. Crop evapotranspiration-Guidelines for computing crop water requirements-FAO Irrigation and drainage paper 56. FAO, Rome 300.

Angelocci, L.R.; Villa Nova, N.A.; Coelho Filho, M.A.; Marin, F.R. Measurements of net radiation absorbed by isolated acid lime trees (*Citrus latifolia* Tanaka). Journal of Horticultural Science & Biotechnology, Coventry, v. 79, n. 5, p. 699-703, 2004.

Arrhenius, s. On the Influence of Carbonic Acid in the Air upon the Temperature of Ground. Philosophical Magazine 41, 237. 1896.

Baker, J.M.; Van Bavel, C.H.M. Measurements of mass flow of water in stems of herbaceous plants. Plant, Cell and Environment, v.10, p.777-782, 1987.

Balema, A., DM Jansen, F.W.T.P. De Vries, e HFM Ten Berge. 1989. Simulation of ecophysiological processes of growth in several annual crops. Int. Rice Res. Inst.

Beer, A. 1852. Bestimmung der Absorption des rothen Lichts in farbigen Flüssigkeiten. Ann. Phys. Chem 86 (2): 78–90.

Borthwick, H. A., S. B. Hendricks, E. H. Toole, e V. K. Toole. 1954. Action of Light on Lettuce-Seed Germination. Botanical Gazette 115 (3): 205-225.

Brunt, D. Notes on radiation in the atmosphere. Quarterly Journal Royal Meteorological Society, London, v. 58, p. 389-418, 1932.

Campbell, G. S., e J. M. Norman. 1998. An introduction to Environmental Biophysics, 286 pp. Springer, New York.

Charles-Edwards, D. A., Thornley J. H. M. Light interception by an isolated plant – A simple model. Annals of Botany, London, v. 37, p. 919-928, 1973.

Doorenbos, J.; Pruitt, W.O. Crop water requirements. Rome: FAO, 1975. 179 p. (Irrigation and Drainage Paper, 24).

Fietz, C.R., Fisch, G.F., 2009. Avaliação de modelos de estimativa do saldo de radiação e do método de Priestley-Taylor para a região de Dourados, MS. Revista Brasileira de Engenharia Agrícola e Ambiental 13, 449–453.

Forni-Martins, E.R.; Martins, F.R, 2000. Chromosome studies in plants of the Brazilian "cerrado". Genetics and Molecular Biology 23(4): 947-955.

Frisina, V.A.; Escobedo, J.F., 1999. Balanço de radiação e energia da cultura de alface em estufa de polietileno. Pesquisa Agropecuária Brasileira, 34(10), pp.1775–1786.

Grant, Richard H. 1997. Partitioning of biologically active radiation in plant canopies. International Journal of Biometeorology 40 (1): 26-40.

Green, S.R. Radiation balance, transpiration and photosynthesis of an isolated tree. Agricultural and Forest Meteorology, v.64, p.201-221, 1993.

Green, S.R.; Mcnaughton, K.G. Modeling effective stomatal resistance for calculating transpiration from an apple tree. Agricultural and Forest Meteorology, v.83, n.1/2, p.1-26, 1997.

Greene, B.A.; Gerber, J.F. Radiant energy distribution in citrus trees. Proceedings of the American Society for Horticultural Science, Geneva, v. 90, p. 77-85, 1967.

Hartmann, D.L., A.M.G. Klein Tank, M. Rusticucci, L.V. Alexander, S. Brönnimann, Y. Charabi, F.J. Dentener, E.J. Dlugokencky, D.R. Easterling, A. Kaplan, B.J. Soden, P.W. Thorne, M. Wild and P.M. Zhai, 2013: Observations: Atmosphere and Surface. In: Climate Change 2013: The Physical Science Basis. Contribution of Working Group I to the Fifth Assessment Report of the Intergovernmental Panel on Climate Change [Stocker, T.F., D. Qin, G.-K. Plattner, M. Tignor, S.K. Allen, J. Boschung, A. Nauels, Y. Xia, V. Bex and P.M. Midgley (eds.)]. Cambridge University Press, Cambridge, United Kingdom and New York, NY, USA

Marin, F.R. Evapotranspiração e transpiração máxima em cafezal adensado. Piracicaba, 2003. 118f. Tese (Doutorado).- Escola Superior de Agricultura "Luiz de Queiroz", Universidade de São Paulo.

Marin, F.R., Jones, J.W., Singels, A., Royce, F., Assad, E.D., Pellegrino, G.Q., Justino, F. 2012 Climate change impacts on sugarcane attainable yield in southern Brazil. Climatic Change 1–13.

Marin, F.R., Nassif, D.S.P. 2013. Mudanças climáticas e a cana-de-açúcar no Brasil: Fisiologia, conjuntura e cenário futuro. Rev. Bras. Eng. Agrícola e Ambiental. 17, 232–239.

Marin, F.R.; Angelocci, L.R.; Sentelhas, P. C. ; Nova, N.A.V. Relações entre o saldo de radiação de pomar de lima ácida Tahiti, saldo de radiação de gramado e radiação solar global. Revista Argentina de Agrometeorologia, v. 1, n. 1, p. 59-62, 2001.

Mcnaughton, K.G.; Green, S.R.; Black, T.A.; Tynan, B.R.; Edwards, W.R.N. Direct measurement of net radiation and photosynthetically active radiation absorbed by a single tree. Agricultural Forest Meteorology, v.62, p.87-107, 1992.

Monteith, J. L., e M. H. Unsworth. 2008. Principles of environmental physics. 3rd ed. London: Edward Arnold.

Norman, J.M. & J.M. Welles, 1983. Radiation transfer in an array of canopies. Agronomy Journal 75:

481-488

Palmer, J. Diurnal light interception and computer model of light interceptation by hedgerow-apple orchards. Journal of Applied Ecology, v.14, p.601-614, 1977.

Pereira, A.R., L.R. Angelocci; P.C. Sentelhas. 2002. Agrometeorologia: fundamentos e aplicações práticas. Guaíba: Agropecuária.

Pilau, F.G. Saldo de radiação da copa de laranjeira num pomar e de renques de cafeeiros: medidas e estimativas. 92p. 2005. Tese (Doutorado) - Escola Superior de Agricultura "Luiz de Queiroz", Universidade de São Paulo.

Ritchie, Joe T. 1972. Model for Predicting Evaporation from a Row Crop with Incomplete Cover. Water Resources Research 8 (5): 1204–13.

Rosenberg, N. J. 1969. Seasonal Patterns in Evapotranspiration by Irrigated Alfalfa in the Central Great Plains. Agronomy Journal 61 (6): 879-882.

Rosenberg, N. J.; Blad , B. J.; Verma, S. B. Microclimate: The biological environment: Wiley, New York, NY, 1983. 459 p.

Sakuratani, T. 1981. A Heat Balance Method for Measuring Water Flux in the Stem of Intact Plants. Journal of Agricultural Meteorology 37: 9–17.

Selirio, I.S., Brown, D.M.; King, K.M., 1971. Estimation of net and solar radiation. Canadian Journal of Plant Science, 51(1), pp.35-39.

Sentelhas, P. C.; Nascimento, A. L. C. Variação sazonal da relação entre o saldo de radiação e a irradiância solar global. Revista Brasileira de Meteorologia, São Paulo, v. 18, n. 1, p. 71-77, 2003.

Shaw, R.H. 1956. A comparison of solar radiation and net radiation. Bull. Am. Meteorol. Soc., 37, pp. 205–206

Silva, L.D.B. et al., 2010. Relações do saldo de radiação em grama batatais e capim Tanzânia com a radiação solar global em Piracicaba, SP. Revista Brasileira de Agrometeorologia, 15(3), p.250-256.

Stanhill, G., G. J. Hofstede, e J. D. Kalma. 1966. Radiation balance of natural and agricultural vegetation. Quarterly Journal of the Royal Meteorological Society 92 (391): 128-140. doi:10.1002/qj.49709239112.

Tans, P. NOAA/ESRL (www.esrl.noaa.gov/gmd/ccgg/trends/) and Dr. Ralph Keeling, Scripps Institution of Oceanography (scrippsco2.ucsd.edu/). Acessado em 11 de agosto de 2019.

Thorpe, M.R. Net radiation and transpiration of apple trees in rows. Agricultural Meteorology, v.19, p.41-57, 1978.

Turrel, F.M.; Austin, S.W. Comparative nocturnal thermal budget of large and small trees. Ecology, Brooklyn, v. 46, p. 25-34, 1965.

Valancogne, C., e Z. Nasr. 1989. Measuring sap flow in the stem of small trees by a heat balance method. HortScience 24 (2): 383–385.

7. TEMPERATURA DO AR E DO SOLO

7.1. CONCEITOS E DEFINIÇÕES

Temperatura é uma das grandezas fundamentais da física e constitui-se numa variável de extrema importância para o funcionamento dos sistemas biológicos, regulando, por exemplo, a velocidade com que as reações bioquímicas ocorrem, a formação e desnaturação de proteínas, o ciclo de desenvolvimento da fauna e da flora, entre muitas outras.

Trata-se de um índice que expressa a energia interna de uma substância ou um corpo qualquer, vulgarmente associado às sensações de frio e calor, mas que pode ser definida, mais especificamente, como a medida da energia cinética associada ao movimento (vibração) aleatório das partículas que compõem um sistema num dado meio físico.

A temperatura de um determinado sistema influi sobre as propriedades físicas da matéria, esteja ela no estado sólido, líquido ou gasoso, alterando principalmente sua densidade, solubilidade, pressão de vapor e sua condutividade hidráulica. A temperatura também pode afetar as propriedades químicas dos materiais e organismos, acelerando (ou reduzindo) a velocidade das reações e o metabolismo nos seres vivos ectotérmicos.

A temperatura de um objeto, ou mesmo de um ecossistema inteiro, é uma medida do estado de energia determinado pelo seu balanço energético (Gates, 2003). Para compreender o regime de temperatura de um ecossistema é importante lembrar que o fluxo de energia térmica entre dois pontos tem dois requisitos fundamentais. Primeiro, que estejam conectados de algum modo, seja pelo ar, pela água ou pelo solo; em segundo lugar, que tenham temperaturas diferentes. Quando se colocam dois sistemas com temperaturas diferentes em contato térmico, a temperatura do sistema mais quente começa a diminuir, indicando que há perda de energia em direção ao ponto mais frio, que tem sua temperatura elevada. Assim, evidentemente, a energia térmica sempre se move de uma região de alta temperatura para regiões com temperatura inferior. Esta variação espacial da temperatura regula em grande medida os sistemas de circulação da atmosfera, no oceano e, em menor escala, o funcionamento dos ecossistemas florestais e agrícolas. A transferência de energia entre dois corpos ou sistemas pode ocorrer de três formas:

- **Condução**: É a propagação da energia através de um meio material estacionário por meio do contato físico entre duas partes do sistema com temperaturas diferentes;
- **Convecção**: É um processo de transporte de massa devido ao arrastamento de um soluto por um solvente em movimento. É uma forma de propagação da energia que acontece entre os fluidos. Quando aplicada ao ar, o soluto pode ser compreendido como uma parcela de ar que se desloca dentro da atmosfera (solvente) em decorrência da diferença de densidade entre a parcela e o meio circundante;
- **Radiação**: é a propagação de energia na forma de ondas eletromagnéticas, à velocidade da luz, sem a necessidade de um meio material para sua propagação.

No sistema internacional de unidades, desde 1967 a temperatura é medida em kelvin (K). O processo de adoção da escala centígrada de temperatura na meteorologia mundial é ainda um ponto de grande interesse para os estudiosos e, curiosamente, mantem-se ainda incerta depois de mais 250 anos (Landsberg, 1964). O que parece ser consenso é que, por volta de 1742, Anders Celsius propôs a escala centígrada utilizando uma referência inversa ao que se utiliza atualmente (0 como a temperatura da água em ebulição e 100 para o gelo em processo de fusão). Esta escala teria sido ajustada para o que se conhece hoje por Carl von Linné (ou simplesmente Lineu, o mesmo que desenvolveu o sistema de taxonomia utilizado nas ciências biológicas), invertendo a escala e tornando-a mais intuitiva. Até 1967, adotou-se o sistema centígrado como unidade do sistema internacional, admitindo-se que cada 1ºC consistia na centésima parte da escala que ia de 0ºC (gelo fundente) a 100°C (água em ebulição). Atualmente, após a adoção do kelvin como unidade, admite-se 1K=1ºC e ambos correspondendo a 1/273,16 da temperatura termodinâmica da água no seu ponto triplo[3].

7.2. TEMPERATURA DO AR

Depois da precipitação, a temperatura do ar é o elemento climático/meteorológico de maior interesse para o homem (Ayoade, 1996), com grande influência no cotidiano do ser humano e de uso generalizado em muitas áreas do conhecimento. Paradoxalmente, é também um dos mais complexos para seu estudo e entendimento.

Na atmosfera, a temperatura é dada por dois fatores principais. O primeiro diz respeito à energia interna de uma parcela de ar, que por sua vez corresponde ao estado de agitação das moléculas dos gases que a compõem. Assim, quanto maior a temperatura, maior será a agitação ou velocidade de deslocamento dessas moléculas. O segundo está relacionado com a pressão atmosférica, uma vez que maior pressão representa um maior número de moléculas por unidade de volume. Na seção 7.2.1, voltaremos a esse tema.

Relacionada à temperatura, uma grandeza de interesse é o calor específico, que representa a quantidade de energia necessária para elevar em um grau a temperatura de uma unidade de massa. No Sistema Internacional (SI) de unidades é expresso em $J \cdot kg^{-1} \cdot K^{-1}$, sendo variável com a temperatura, com a pressão e do estado da substância. Esse conceito físico pode ser ilustrado pelo seguinte exemplo: considere que uma determinada quantidade de energia foi aplicada a um quilograma de ar seco, com consequente elevação da temperatura. Se for aplicada a mesma quantidade de energia a um quilograma de água e admitido que a temperatura inicial deste volume de água era igual ao da parcela de ar, a água atingirá uma temperatura final cerca de quatro vezes menor que o ar. O fato de a água ter calor específico maior que o do ar é a razão desta

---

[3]Ponto triplo de uma substância é um estado físico único em que as três fases da matéria ocorrem simultaneamente (sólido, líquido e gasoso) em equilíbrio termodinâmico. Para água, este ponto equivale a 273,16 K.

diferença de temperatura. A Tabela 7.1 apresenta valores de calor específico do ar e da água em diferentes temperaturas.

Tabela 7.1. Calor específico do ar à pressão constante e da água em diferentes temperaturas.

Substância	Calor específico (J kg^{-1} K^{-1})
Ar	1,010
Água a 0ºC	4,217
Água a 10ºC	4,191
Água a 20ºC	4,181
Água a 30ºC	4,177

Fonte: Nobel (2009)

7.2.1. RELAÇÃO ENTRE TEMPERATURA DO AR E PRESSÃO ATMOSFÉRICA

No caso dos fluidos gasosos, altamente compressíveis, o estudo da temperatura está associado necessariamente no conhecimento da pressão do gás. Na verdade, quando se mede a temperatura de uma parcela de ar com um termômetro de mercúrio, por exemplo, está se quantificando a energia cinética transferida das moléculas que compõem essa massa de ar para o bulbo do termômetro. Esse processo de transferência de energia para o bulbo do termômetro será tanto maior quanto mais intensa for a agitação das moléculas (energia interna da parcela). O fluxo de energia também varia com a frequência de choques entre as moléculas e o bulbo de mercúrio. Como a pressão atmosférica pode ser entendida como um indicador da quantidade de moléculas de ar num dado volume, em processos isovolumétricos. Em ambientes com pressão menor, por exemplo, há menor número de moléculas implicando em um menor número de choques das moléculas com o bulbo do termômetro e, por isso, o termômetro indicaria menor temperatura do ar.

Ainda, para melhor compreender esses dois fatores atuando, imagine um termômetro registrando a temperatura de um volume de ar. Caso a agitação das moléculas seja elevada dentro desse volume (decorrente da injeção de energia oriunda do ambiente externo), haverá maior energia cinética sendo transferida ao bulbo do termômetro, que indicará mais energia térmica na coluna de mercúrio. Por outro lado, caso seja mantida a energia do sistema seja mantida, mas certa massa de ar seja injetada no volume (admitindo-se obviamente que esse volume seja hermeticamente fechado), o termômetro também indicará elevação da temperatura, uma vez que um maior número de moléculas estaria se chocando com o bulbo, com maior transferência de energia em termos absolutos da massa de ar para o termômetro.

A lei dos gases ideais explica, quantitativamente, a dependência da temperatura em relação à pressão atmosférica, como mostra a Equação 7.1.

$$P \cdot V = n \cdot R \cdot T \qquad (7.1.)$$

em que P é a pressão do gás (kPa); V é o volume (m^{-3}); n é o número de moles do gás, R é a constante dos gases perfeitos (8,31447 $J{\cdot}mol^{-1}{\cdot}K^{-1}$) e T é a temperatura (K).

Da influência da pressão sobre a temperatura derivou-se o termo "temperatura à superfície", para indicar que há variação da temperatura do ar com a altura, e que ela normalmente diminui conforme se distancia da superfície do solo durante o período diurno. Este fenômeno pode ser observado em toda a troposfera, como mostra a Figura 1.1. do capítulo 1., porque há redução da pressão atmosférica com a altitude. É por isso, também, que se recomenda que as estações meteorológicas meçam a temperatura do ar em uma altura padronizada, variando entre 1,25m e 2,0m acima do solo, para que seja possível comparar os valores observados em locais distintos, minimizando o efeito da altura nessa medida.

7.2.2. TEMPERATURA POTENCIAL

Outra decorrência da relação entre a temperatura e a pressão do ar é quando se compara dados de temperatura em cidades com grandes diferenças de altitude. Nesta comparação, mantendo-se os demais fatores climáticos similares, pode-se afirmar que a temperatura observada na localidade de maior altitude será sempre menor. Isso, contudo, não implica necessariamente que a energia interna do ar seja menor neste local, mas sim que o efeito da pressão atmosférica é o responsável pela queda da temperatura no local em altitude mais elevada. Para contornar este tipo de problema, desenvolveu-se o conceito de Temperatura Potencial (θ), que representa a temperatura de uma parcela submetida uma pressão atmosférica de referência, normalmente admitida como 100 kPa.

A Equação 7.2. descreve a variação da temperatura de uma parcela de ar, conforme a pressão atmosférica varia. Ela pode ser deduzida diferenciando-se a Equação 7.1 com relação à temperatura e pressão:

$$\frac{\mathrm{dT}}{\mathrm{T}} = \left(\frac{R}{M \cdot c_p}\right) \cdot \frac{dP}{P} \qquad (7.2.)$$

em que c_p é o calor específico do ar à pressão constante ($J \cdot kg^{-1} \cdot K^{-1}$); *M* é a massa do gás correspondente a um mol (kg); P é a pressão do gás (kPa); R é a constante dos gases perfeitos (8,31447 $J \cdot mol^{-1} \cdot K^{-1}$); e T é a temperatura (K).

A integração da Equação 7.2. (note que ela descreve a variação da temperatura com a pressão, que é o nosso objetivo neste caso) entre um estado com pressão p_0 (quando $T=\theta$) até outro estado em que a pressão é p, obtendo-se a Equação 7.3:

$$\frac{\mathrm{M} \cdot \mathrm{c_p}}{\mathrm{R}} \cdot \int_{\theta}^{T} \frac{dT}{T} = \int_{p_0}^{p} \frac{dP}{P} \qquad (7.3.)$$

Que pode ser reescrita como:

$$\theta = \mathrm{T} \cdot \left(\frac{100}{\mathrm{P_{atm}}}\right)^{\frac{P}{\mathrm{M \cdot c_p}}} \qquad (7.4.)$$

Ou ainda:

$$\theta = T \cdot \left(\frac{100}{P_{atm}} \right)^{0,288} \quad (7.5.)$$

em que θ é a temperatura potencial (K); T_{ar} é a temperatura do ar (K); e P_{atm} é a pressão atmosférica em kPa.

Para um cálculo expedito e aproximado, pode-se admitir que em localidades com atitude de até 1000m, a temperatura potencial possa ser estimada com a Equação 7.6., e que para aplicações muito próximas a superfície (entre 1 e 3m acima da superfície do solo), a temperatura possa simplesmente ser substituída pela temperatura do ar.

$$\theta = T + GAS \cdot (z + h) \quad (7.6.)$$

em que GAS é o gradiente adiabático seco ($0{,}0098 K \cdot m^{-1}$), z é a altitude do local em relação ao nível médio do mar (m) e h é a altura de medida em relação a superfície do solo (m).

A variação da temperatura com a altitude também é uma relação empírica muito utilizada para a compreensão do conceito de estabilidade atmosférica. Pela Equação 7.2., é possível estimar o gradiente adiabático seco, que representa a taxa de queda da temperatura numa parcela que ascende na atmosfera, sem que ocorra condensação ou evaporação dentro da parcela. Nessa condição, tem-se que a temperatura cai 0,98K (=0,98°C) para cada 100m de elevação. Em condição de atmosfera saturada, a taxa de queda de temperatura com a altitude é reduzida, adotando-se o valor de 4K km^{-1} (=4°C km^{-1}) e passando a denominá-lo como gradiente adiabático saturado. Por fim, na condição de atmosfera com valores intermediários de umidade, adota-se um valor de referência por volta de 6,5K km^{-1} (=6,5°C km^{-1}), passando a denominá-lo de gradiente adiabático úmido. Note a grande variação do gradiente adiabático com o estado de umidade da atmosfera. Uma aplicação interessante da relação entre temperatura, altitude e umidade do ar é no estudo do fenômeno orográfico, como ilustrado na Figura 7.1. Este tipo de formação dá origem aos ventos secos (denominado de ventos Chinook) nas montanhas rochosas do Estados Unidos e o fenômeno dos ventos Foehn no Alpes europeus, resultando normalmente em chuvas orográficas a barlavento e em ambiente mais secos a sotavento de grandes formações cruzadas por ventos úmidos. Em menor grau, este fenômeno também explica a variação das chuvas e da temperatura do ar entre o litoral, capital e interior do Estado de São Paulo.

Exemplo 7.1.: Observe a Figura 7.1. e calcule a temperatura do D, sabendo que em A a parcela de ar em ascensão tem temperatura de 23,5°C e umidade relativa de 72%.

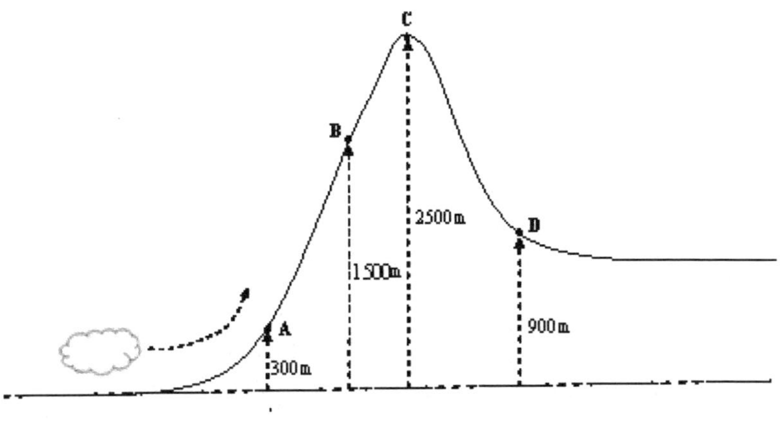

Figura 7.1. Representação esquemática da influência do regime de vento e do gradiente adiabático sobre a temperatura e a umidade em suas duas faces de uma montanha.

A resposta da questão está na ascensão do ar sobre a montanha por causa da topografia, a parcela se resfria na taxa de 0,65°C/100m até atingir a temperatura do ponto de orvalho (18,8°C) e saturar-se (ponto B). Como o ar continua a subir (entre nuvens por causa da saturação) ele continua a se resfriar, mas agora com taxa de 0,4°C/100m até atingir o ponto C à temperatura de 12,6ºC. Entre os pontos C e D, o movimento descendente até a cota de 900m de altitude aquecerá a parcela até 28,3°C, admitindo-se que nesta fase a variação da temperatura dar-se-á de acordo com o gradiente adiabático seco (0,98ºC/100m).

7.2.3. ESTABILIDADE ATMOSFÉRICA

O gradiente vertical de temperatura tem forte influência sobre o padrão de escoamento da atmosfera, afetando a formação de turbilhões e a intensidade com as camadas da atmosfera misturam-se entre si. A variação da temperatura com a altitude também é responsável por acelerar a ascensão das parcelas de ar, e isso é normalmente utilizado para classificar o estado de estabilidade da atmosfera. As Figuras 7.2.a e 7.2.b ilustram a importância do conceito de temperatura potencial na análise da estabilidade atmosférica. Esta figura também informa as três possibilidades quanto à estabilidade atmosférica em função do gradiente de temperatura: 1) a temperatura potencial (θ) diminui com a altitude. Nesta condição, admitindo que o processo seja adiabático (a baixa condutividade térmica do ar permite aceitar essa premissa), caso uma parcela de ar seja deslocada subitamente para um ponto acima do seu nível original, a temperatura desta parcela será maior que a do ar que a circundará. Esta parcela, portanto, terá densidade menor que o meio e isso fará com que ela continue subindo até encontrar uma camada de ar com densidade similar a sua. Ao contrário, se deslocarmos uma parcela para baixo, ela terá temperatura menor (e, portanto, maior densidade), o que fará a parcela continuar se deslocando para baixo.

Continuando o raciocínio, se a condição for de estabilidade ou inversão térmica e uma parcela de ar fosse deslocada para cima, ela teria temperatura menor que a do meio circundante e seria, portanto, mais densa que ar em seu entorno. Isso faria com que essa parcela retornasse ao ponto de origem, evidenciando a ausência de movimentação convectiva nessa condição. Finalmente, em condição de neutralidade, a movimentação vertical de uma parcela na atmosfera não provocará uma movimentação adicional decorrente da diferença de densidade em relação ao meio, como discutidos nos dois casos anteriores. Assim, ela não se deslocará além desse novo nível em que foi posicionada (e também não retornaria ao ponto de origem), uma vez que sua densidade seria igual ao do meio circundante.

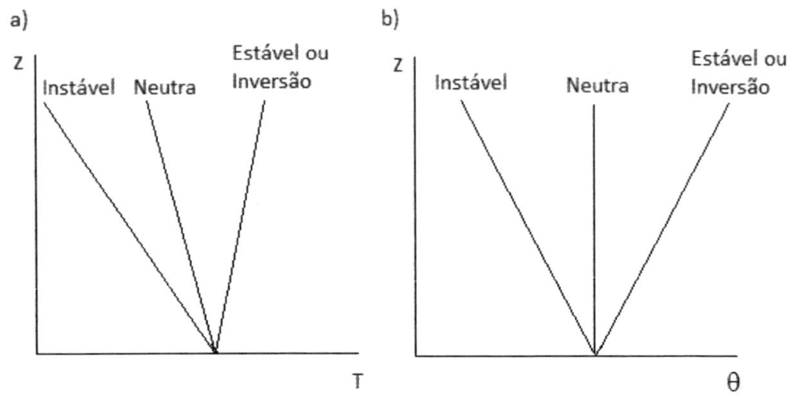

Figura 7.2. Perfis verticais de temperatura do ar (T) (a) e temperatura potencial do ar (θ) (b) em três condições de estabilidade atmosférica.

As forças envolvidas no escoamento turbulento de um fluido podem ser desdobradas nos diversos componentes que explicam o escoamento (Equação 7.7.). Em condições naturais, há interesse especial na relação entre as forças que promovem a convecção livre (termo 2 da Equação 7.7.) e a convecção forçada (termo 3 da Equação 7.7.).

$$\underset{1}{\frac{dTKE}{dt}} = \underset{2}{\frac{g}{T}\cdot(w\cdot T)} - \underset{3}{u\cdot w\cdot\frac{du}{dz}} - \underset{4}{\frac{d(w\cdot TKE)}{dz}} - \underset{5}{\frac{1}{\rho}\frac{d(w\cdot P)}{dz}} - \varepsilon \qquad (7.7.)$$

em que g é a aceleração da gravidade ($m\cdot s^{-2}$); T é a temperatura do fluido (K); u é a velocidade horizontal do fluido ($m\cdot s^{-1}$); w é a velocidade vertical do fluido ($m\cdot s^{-1}$); z é a distância entre dois pontos de medida (m); P é a pressão atmosférica (kPa); ρ é a densidade do fluido ($kg\cdot m^{-3}$); t é o tempo (s); e TKE é energia cinética associada ao movimento turbulento ($m^2\cdot s^{-2}$ ou $J\cdot kg^{-1}$); e ε é a energia cinética dissipada na forma de energia térmica, decorrente do atrito entre as moléculas.

Na Equação 7.7., o termo 1 representa a variação temporal do armazenamento de energia cinética; o termo 2 representa a taxa de produção (ou consumo) de energia cinética oriundo do movimento de convecção livre (instabilidade); o termo 3 representa a taxa de produção de energia cinética oriunda da convecção forçada – forças de atrito com a superfície; o termo 4 representa o transporte turbulento do TKE em função dos turbilhões (associado ao termo 3); o termo 5 refere-se à correlação de pressão e é normalmente associado às oscilações devidas à convecção; e o termo 6 é referente a perda de energia cinética na forma de energia térmica, decorrente do atrito entre as moléculas.

Relacionando os termos 2 e 3, obtém-se o número de Richardson (Ri) (Equação 7.8.), que representa um índice que informa sobre o estado de estabilidade da atmosfera, qual a principal causa da turbulência atmosférica, e qual a contribuição relativa da convecção livre e da convecção forçada para a turbulência no fluido. Como mostra a Figura 7.3., o sinal de Ri é determinado pelo gradiente de temperatura potencial, sendo negativo quando a atmosfera está instável e positiva quando há estabilidade atmosférica. Quando o *Ri* tende a zero, classifica-se a atmosfera como neutra:

$$Ri = \frac{g \cdot \frac{\Delta\theta}{\Delta z}}{\bar{\theta} \cdot \left[\frac{\Delta u}{\Delta z}\right]^2} \qquad (7.8.)$$

em que g é a aceleração da gravidade ($m \cdot s^{-2}$); $\bar{\theta}$ é a temperatura potencial (K); u é a velocidade do vento ($m \cdot s^{-1}$) e Δz é a distância vertical entre dois pontos de medida (m).

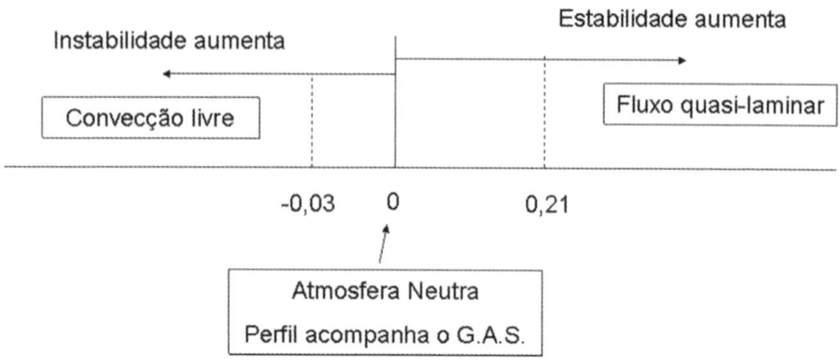

Figura 7.3. Classificação da condição de estabilidade atmosférica em função do Número de Richardson.

Exemplo 7.2. Os dados da tabela abaixo apresentam os dados médios de temperatura do ar e velocidade do vento medidos em duas alturas sobre um cafezal, entre 10:00 e 10:15. Na tabela, T é a temperatura do ar, u é a velocidade do vento e z é a altura de medida de T e u; Patm é a pressão atmosférica média durante o período. Com base nesses dados, calcule o número de Richardson e classifique a condição de estabilidade atmosférica no período monitorado.

T_1 °C	T_2 °C	u_1 $m.s^{-1}$	u_2 $m.s^{-1}$	z_1 m	z_2 m	P_{atm} kPa
29,8	29,1	1,5	2,3	2,5	3,5	95,4

Resposta: o primeiro passo é converter os dados de temperatura do ar nas duas alturas, dadas em °C, para temperatura potencial (θ), usando a Equação 7.5., como segue:

$$\theta_1 = 29{,}8 \cdot \left(\frac{100}{95{,}4}\right)^{0{,}288} + 273{,}1 = 303{,}3069\,K$$

$$\theta_2 = 29{,}1 \cdot \left(\frac{100}{95{,}4}\right)^{0{,}288} + 273{,}1 = 302{,}5974\,K$$

Na sequência, assumindo a aceleração da gravidade (g) como sendo 9.81 m·s^{-2}, pode-se usar a Equação 7.8. para calcular Ri=0,03589, indicando, portanto, condição de estabilidade atmosférica no horário considerado:

$$Ri = \frac{9{,}81 \cdot \frac{(303{,}3069-302{,}5974)}{(3{,}5-2{,}5)}}{302{,}9521 \cdot \left[\frac{(2{,}3-1{,}5)}{(3{,}5-2{,}5)}\right]^2} = 0{,}03589$$

7.3. TEMPERATURA DO SOLO

Em ecossistemas vegetais, a importância do solo está relacionada à sua capacidade de armazenar água, gases e solutos, e a oferecer sustentação física às plantas que se desenvolvem a partir dele. O solo também é capaz de armazenar grande quantidade de energia térmica, e trocá-la com as plantas, animais e a atmosfera.

O balanço de energia do solo depende principalmente da radiação de ondas curtas incidentes sobre ele, que pode ser parcialmente refletida para o dossel vegetativo. A radiação de ondas longas oriundas do solo é emitida para o ambiente e sofre influência da cobertura do solo. A energia térmica também pode ser conduzida para as camadas mais profundas do solo, podendo também aquecer o caule e as raízes das plantas, nos pontos onde estes entram em contato com o solo. Também, quantidades expressivas de energia podem ser armazenadas no solo, regulando o balanço de radiação e a temperatura do ambiente.

A variação da energia térmica de um volume de solo, expressa pelo aumento ou redução da temperatura, tem grande importância biológica, regulando processos como a germinação de sementes, crescimento do sistema radicular, absorção de água e nutrientes, presença e atividade microbiana e decomposição de matéria orgânica, entre outras.

Em regiões de clima frio, a temperatura do solo ganha importância em comparação com ambientes tropicais, onde a temperatura do solo pode raramente limitar a germinação e o estabelecimento das culturas. Em ambientes temperados, por exemplo, a temperatura do solo é normalmente utilizada no planejamento da semeadura das culturas, uma vez que baixas temperaturas do solo retardam a germinação e aumentam os riscos de danos às sementes, podendo levar a necessidade de ressemeadura por causa do baixo estande.

7.3.1. PROPRIEDADES TÉRMICAS DO SOLO

Densidade, calor específico, capacidade calorífica, condutividade e difusividade térmica são propriedades relevantes para entender como se dá a transferência de calor do solo para o meio e seu efeito sobre a temperatura do ar e das plantas.

Relembrando, calor específico é a quantidade de energia necessária para elevar (ou reduzir) uma unidade de massa de solo em 1ºC. O produto do calor específico pela densidade do solo é denominado capacidade calorífica do solo, representando a quantidade de energia térmica necessária para elevar em 1ºC uma unidade de volume do solo. Em um meio sólido, a energia é transferida prioritariamente através da condução, sendo a taxa com que o calor é transferido entre dois pontos proporcional ao gradiente térmico entre eles, multiplicado por um fator de proporcionalidade denominado condutividade térmica. À razão entre a condutividade térmica e a capacidade calorífica, denomina-se difusividade térmica, que dá ideia da velocidade com a qual o calor flui num determinado meio.

O calor específico do solo pode ser estimado pela ponderação da sua composição mineral e orgânica e da sua umidade, com os respectivos valores de calor específico (C_s) de cada componente. A Equação 7.9. exemplifica essa relação com base nos principais componentes do solo:

$$\mathrm{C_s} = \frac{\phi_m \cdot \rho_\mathrm{m} \cdot \mathrm{C_m} + \phi_o \cdot \rho_\mathrm{o} \cdot \mathrm{C_o} + \theta_w \cdot \rho_\mathrm{w} \cdot \mathrm{C_w}}{\rho_s} \qquad (7.9.)$$

em que C é a condutividade térmica ($J \cdot kg^{-1} \cdot {}^{o}C^{-1}$), ρ é a densidade ($kg \cdot m^{-3}$) e ϕ é a fração de cada constituinte do solo (adimensional). Os subscritos *s, m, o* e *w* representam, respectivamente, solo, material mineral, material orgânico e água.

Quando se comparam as curvas horárias da temperatura medida em tipos distintos de solo (Figura 7.4.), nota-se que a constituição do solo influi especialmente na determinação dos valores máximos, medidos durante os momentos mais quentes do dia. Essa relação é decorrente dos valores mais elevados da capacidade calorífica e condutividade térmica dos materiais mais finos em comparação com os constituintes mais espessos, que normalmente têm partículas com menor contato.

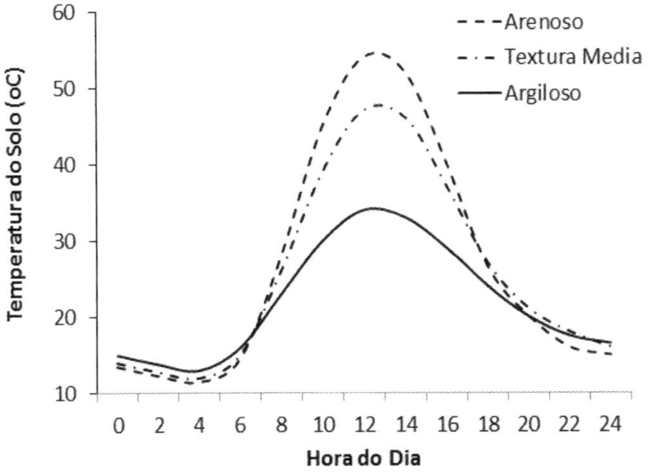

Adaptado de Rosenberg et al. (1983).

Figura 7.4. Variação horária da temperatura do solo medida na superfície de diferentes tipos de solo.

A taxa de transferência de energia térmica entre dois pontos no solo (*H*) numa dada direção z pode ser dado multiplicando o gradiente de temperatura ($\partial T/\partial z$) por um fator de proporcionalidade *k*, como mostra a Equação (7.10.):

$$H = -k \cdot \left(\frac{\partial T}{\partial z} \right) \qquad (7.10.)$$

O fator de proporcionalidade k é a condutividade térmica do meio, representando a quantidade de energia térmica fluindo no meio. Para facilitar a compreensão desses conceitos importantes, basta se imaginar segurando uma extremidade de objeto cuja outra ponta está exposta ao fogo. A condutividade térmica do material determinará a quantidade de energia térmica que fluirá pelo objeto e quão quente sua mão o sentirá. A difusividade térmica, por sua vez, determinará a rapidez com que sua mão sentirá a elevação da temperatura.

Outro exemplo útil para entender o conceito de condutividade térmica é imaginar-se num ambiente em que todos os corpos estão submetidos à mesma temperatura. Neste ambiente, ao tocar simultaneamente em dois objetos com condutividade térmica diferentes, metal (alta condutividade) e madeira (baixa condutividade) por exemplo, tem-se a impressão de que o objeto de metal tem temperatura menor que o de madeira. Vale lembrar, ambos estão à mesma temperatura, em equilíbrio com a temperatura ambiente. A sensação de frio ao tocar o metal, portanto, decorre da sua elevada condutividade térmica, o que faz com que o fluxo de energia térmica da sua mão para o metal seja maior que o fluxo da sua para a madeira. Por isso a sensação de que o metal esteja mais frio.

Na Figura 7.4., pode-se observar que nos solos constituídos por materiais mais finos (solos argilosos), a maior condutividade térmica do solo implica que o montante de energia térmica recebida do solo nos horários mais quentes do dia é conduzido em profundidade mais rapidamente (resultado da sua maior difusividade térmica), o que acarreta em menor temperatura na superfície. Nos solos com textura mais grosseira, ao contrário, a baixa condutividade acarreta acúmulo de energia térmica na superfície pela lentidão na condução da energia para as camadas mais profundas, o que leva a valores maiores de temperatura medidos na superfície (Duppong et al., 2004).

A Tabela 7.2. apresenta valores típicos de propriedades físicas dos principais constituintes dos solos. Observa-se que o ar tem a menor condutividade térmica dentre os demais materiais, explicando porque os solos secos têm sua condutividade global reduzida em comparação com solos mais úmidos. Nota-se, também, que a água tem a maior condutividade térmica dentre os constituintes listados na Tabela 7.2 e isso reforça porque o estado de umidade do solo é tão importante para compreender suas propriedades térmicas. Além disso, a variação da umidade do solo é a causa principal de variação das propriedades térmicas dos solos em curtos períodos de tempo. O movimento da água no solo se dá principalmente em função do gradiente de umidade, mas também sofre alguma influência do gradiente térmico.

Tabela 7.2. Propriedades térmicas de materiais constituintes dos solos.

Material	Condição	Densidade ($kg \cdot m^{-3}$)	Calor Específico ($J \cdot kg^{-1} \cdot K^{-1} \cdot 10^{3}$)	Capacidade Térmica ($J \cdot m^{-3} \cdot K^{-1} \cdot 10^{6}$)	Condutividade Térmica ($W \cdot m^{-1} \cdot K^{-1}$)	Difusividade Térmica ($m^2 \cdot s^{-1} \times 10^{-6}$)
Ar	20 °C	1,2	1,01	0,0012	0,025	20,5
Água	20 °C	1000	4,18	4,18	0,57	0,14
Solos	Úmido	1600	0,80	1,28	0,30	0,24
Arenoso (40% porosidade)	Saturado	2000	1,48	2,96	2,20	0,74
Solo	Seco	1600	0,89	1,42	0,25	0,18
Argiloso (40% porosidade)	Saturado	2000	1,55	3,10	1,58	0,51
Rocha	Solido	2700	0,75	2,02	2,90	1,43

Adaptado de Arya (2001).

Para estudar a propagação de ondas térmicas nos solos e outros materiais, pode-se utilizar a Equação 7.11., que emprega uma função senoidal para descrever a variação da temperatura do solo no tempo e no espaço. Se a temperatura na profundidade z e no tempo t pode ser representada por $T(z,t)$, a oscilação harmônica da temperatura na superfície do solo com média T_m pode ser escrito na forma da Equação 7.11.:

$$T(0,t) = T_m + A(0) \cdot sen[\omega \cdot t] \quad (7.11.)$$

em que $A(0)$ é a amplitude térmica na superfície e ω = 2π/P (P é o período) é a frequência angular da oscilação, sendo ω = (2π/24) = 0.26179 h^{-1} para ciclos diários ou ω = (2π/365) = 0.01721 d^{-1}, para estimativas de ciclos anuais de temperatura do solo.

Para estimar a propagação de uma onda térmica em profundidade, pode adaptar a Equação 7.11. para obter a Equação 7.12.:

$$T(z,t) = T_m + A(0) \cdot e^{(-z/d)} sen[\omega \cdot t - z/d] \quad (7.12.)$$

em que d é a profundidade de amortecimento da onda térmica, definido como $d=(P\ \alpha/\pi)^{1/2}$. Quando $d=z$, a amplitude da onda térmica é igual a 0,37 (já que e^{-1}=0,37) vezes a amplitude térmica na superfície do solo. Na profundidade z=πd, a onda térmica tem fase de oscilação contrária na superfície, ou seja, quando a temperatura na superfície atinge seu máximo, a temperatura na profundidade πd atinge seu mínimo.

A Figura 7.5. é um exemplo de aplicação da Equação 7.12., ilustrando a variação da temperatura em diferentes profundidades, assim como a redução da amplitude e o atraso relativo das ondas de calor conforme se aprofunda no solo.

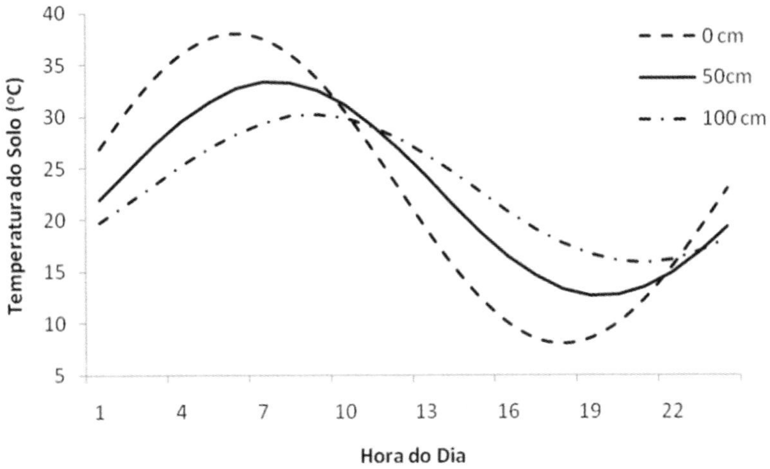

Figura 7.5. Variação horária da temperatura do solo em diferentes profundidades.

7.3.2. VARIAÇÃO DIÁRIA DA TEMPERATURA DO SOLO

A oscilação térmica de um solo está diretamente relacionada à quantidade de energia radiante incidente sobre ele (radiação solar), ao seu albedo ou ao albedo do material que o recobre (reflexão da radiação solar), ao processo de advecção (aporte ou retirada de energia lateralmente ao sistema), ao tipo e espessura de material de cobertura (que, quando existente, cria uma camada isolante que reduz a amplitude térmica diária), bem como a textura e a densidade do próprio solo, além do seu teor de umidade.

Durante o dia, a incidência direta de radiação solar promove o aquecimento da superfície do solo, fazendo surgir um gradiente térmico vertical que impulsiona uma transferência energética às camadas mais profundas por condução térmica. Como já discutido, os espaços existentes entre suas partículas do solo (macro e microporos) estão na maioria das vezes preenchidos com água e gases. Como a condução térmica é um processo de transferência energética dependente do contato entre as moléculas, sem que haja movimento delas, solos mais densos têm maior facilidade à condução de energia. É por essa razão que solos argilosos, ou com maior conteúdo de água, transportam energia mais facilmente que solos arenosos e com grandes quantidades de gases nos poros.

O aquecimento da superfície do solo promove ainda outros dois processos, relacionados à transferência energética em direção à atmosfera. A radiação é um deles, já que o solo está constantemente emitindo energia radiante para a atmosfera – emissão energética dependente do seu poder emissor e da temperatura, conforme a Lei de Stefan-Boltzmann (capítulo 2.). O outro processo é a convecção. O contato direto entre a superfície do solo e a atmosfera provoca aquecimento e consequente convecção dessa parcela de ar que, transporta consigo a energia retirada do solo. A energia perdida pelos processos de radiação e convecção provoca redução na temperatura do solo.

Durante o dia, o processo de condução energética para o interior do solo supera as perdas energéticas em direção à atmosfera, observando-se aumento da temperatura (Figura 7.4.). À noite, na ausência de radiação solar, as perdas energéticas por convecção e, principalmente, radiação provocam um rápido decréscimo na temperatura da superfície, invertendo o sentido do gradiente térmico, isto é, a temperatura da superfície passa a ser menor que a temperatura em profundidade. Essa inversão no sentido do gradiente de temperatura altera o sentido do fluxo de condução térmica, promovendo o transporte da energia armazenada nas camadas mais profundas, que irão sofrer resfriamento, às camadas mais superficiais, que irão se aquecer.

7.4. MODELAGEM DA VARIAÇÃO TEMPORAL DA TEMPERATURA DO AR E DO SOLO

Séries históricas de dados meteorológicos são muito variáveis quanto à frequência de medida e ao número de grandezas mensuradas, mas uma característica é praticamente invariável: todas contam com dados diários de temperatura máxima e mínima do ar. Em algumas situações, no entanto, é necessário que valores horários de temperatura estejam também disponíveis e, nestes casos, pode-se utilizar funções senoidais empíricas para estimar o curso diário da temperatura do ar. Este tipo de abordagem requer apenas dados de temperatura máxima e mínima e não exige processamento intenso. Outra opção para estimativa dos valores horários de temperatura são os modelos baseados no balanço de energia, mas estes exigem processamento computacional intenso e maior número de dados de entrada (tais como radiação solar, vento e temperatura do ponto de orvalho, por exemplo).

Parton e Logan (1981) desenvolveram um modelo para prever a variação horária da temperatura do ar e do solo, baseado apenas em valores de temperatura máxima e mínima e na época do ano. O modelo utiliza uma função senoidal truncada para prever a variação da temperatura diurna (Equação 7.13.) e uma função exponencial para prever a temperatura noturna (Equação 7.14.). As premissas do modelo são: (a) que a temperatura máxima ocorrerá em algum momento do dia antes do pôr do Sol, (b) que a temperatura mínima ocorrerá durante a madrugada e, como já mencionado, (c) que a variação da temperatura durante o dia é descrita por uma função senoidal truncada, enquanto a temperatura noturna pode ser descrita por uma função exponencial:

$$\mathrm{T_{i,dia}} = \left(T_{\max} - T_{\min}\right) \cdot sen\left(\frac{\pi \cdot i_{h,dia}}{N + 2 \cdot a}\right) + T_{\min} \tag{7.13.}$$

$$T_{i,\,noite} = T_{min} + \left(T_s - T_{min}\right)\, e^{-\left[\frac{b \cdot i_{n,noite}}{(24-N)}\right]} \tag{7.14.}$$

em que N é o fotoperíodo (h); T_i é a temperatura na hora *i*; T_{max} e T_{min} são as temperaturas máximas e mínimas, respectivamente; T_s é a temperatura no momento do pôr do Sol; $i_{h,dia}$ é o número da hora entre a temperatura mínima e o pôr do Sol (iniciada em um e crescente até o número de horas do dia); $i_{h,noite}$ é o número da hora entre o pôr do Sol e o momento em que ocorre a temperatura mínima (iniciada em um e com valor crescente até a hora em que ocorre T_{min}), *a* é um coeficiente relacionado com a defasagem da temperatura máxima em relação ao meio dia solar, e *b* é um coeficiente relacionado com a temperatura mínima; e *c* é um coeficiente que descreve o tempo entre a temperatura mínima e o nascer do Sol. O modelo assume que a temperatura máxima ocorreria algum momento durante o dia e a temperatura mínima seria registrada em algum horário próximo ao nascer do Sol.

As variáveis de entrada exigidas pelo modelo incluem as temperaturas máxima e mínima e o número do dia do ano. A duração dos períodos diurno e noturno são função da época do ano e da latitude do local e podem ser estimados pelas equações apresentadas no capítulo 2 (Radiação Solar); a temperatura no pôr-do-Sol (Ts) é calculado com a Equação 7.13., para o horário do pôr do Sol.

Os coeficientes *a*, *b* e *c* variam como função da profundidade do solo ou altura acima da superfície do solo e pode variar em função de tipo de solo e teor de água no solo. A Tabela 7.3. apresenta alguns valores sugeridos por Parton e Logan (1981) para uma localidade americana e que têm sido utilizados em aplicações do método no Brasil. Neste aspecto, há necessidade de estudos específicos para o Brasil para o ajuste desses coeficientes.

Tabela 7.3. Valores do coeficiente a, b e c do modelo de Parton e Logan (1981) obtidos para Pawnee Site, no Estado do Colorado, Estados Unidos.

Local	a (h)	b	c (h)
Temperatura do ar a 1,5m de altura	1,86	2,20	-0,17
Temperatura do ar a 0,10 m de altura	1,52	2,00	-0,18
Temperatura na superfície do solo	0,50	1,81	0,49
Temperatura do solo a 0,10m de profundidade	0,45	2,28	1,83

Como exemplo, a Figura 7.6. apresenta a temperatura estimada em um dia de janeiro e outro de julho em Piracicaba-SP, comparada com a temperatura observada. No dia de janeiro, percebe-se que o método de estimativa funciona bem até 12h, aproximadamente, quando a temperatura observada cai abruptamente. Observando a Figura 7.6., tem-se que, neste dia, a radiação solar caiu rapidamente após as 12h, por causa da forte nebulosidade. Neste dia, não houve registro de chuva. No dia de julho, contudo, tem-se que o método de Parton e Logan (1981) teve um desempenho melhor, com pequena superestimativa da temperatura mínima. Neste dia, não houve registro de nebulosidade (Figura 7.6.) e isso indica que o método possivelmente tenha desempenho melhor em dias de céu limpo. As estimativas apresentadas na Figura 7.6. foram feitas utilizando a parametrização proposta por Parton e Logan (1981), mas o ajuste dos parâmetros para as condições específicas de cada local também pode melhorar o desempenho do método.

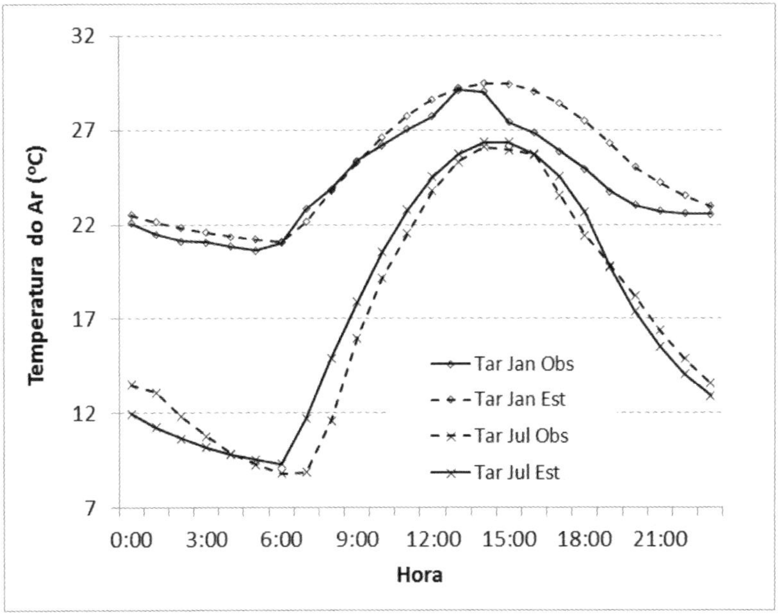

Figura 7.6. Temperatura do ar medida e estimada pelo método de Parton e Logan (1981) em Piracicaba-SP, em um dia de janeiro (Jan) e julho (Jul).

Um estudo realizado por Vianna et al. (2013) mostrou que o uso dos valores originais propostos por Parton e Logan (1981) pode acarretar desvios na estimativa. Uma proposta apresentada pelo autor foi a calibração dos valores de a, b, e c utilizando o método proposto por Powel (1965) para o ajuste simultâneo desse conjunto de coeficientes. Para Piracicaba-SP, por exemplo, houve melhora expressiva no desempenho do método quando a calibração foi realizada para cada mês do ano, como mostra Tabela 7.4. A Figura 7.7. mostra a correlação entre dados observados e estimados utilizando os coeficientes calibrados, com tendência de superestimativa de cerca de um 1°C, em média.

Tabela 7.4. Valores mensais dos coeficientes a, b e c do modelo de Parton e Logan (1981) obtidos para Piracicaba-SP.

	Coeficientes		
Mês	a	b	c
Jan	0,45	2,19	1,55
Fev	0,61	2,35	1,48
Mar	0,96	2,39	1,20
Abr	1,39	2,42	1,04
Mai	1,44	2,31	1,04
Jun	1,61	2,35	1,09
Jul	1,75	2,30	1,09
Ago	1,89	2,27	0,96
Set	1,40	2,08	1,01
Out	1,21	2,28	1,08
Nov	0,95	2,13	1,07
Dez	0,67	2,04	1,43
Anual	1,23	2,22	1,17

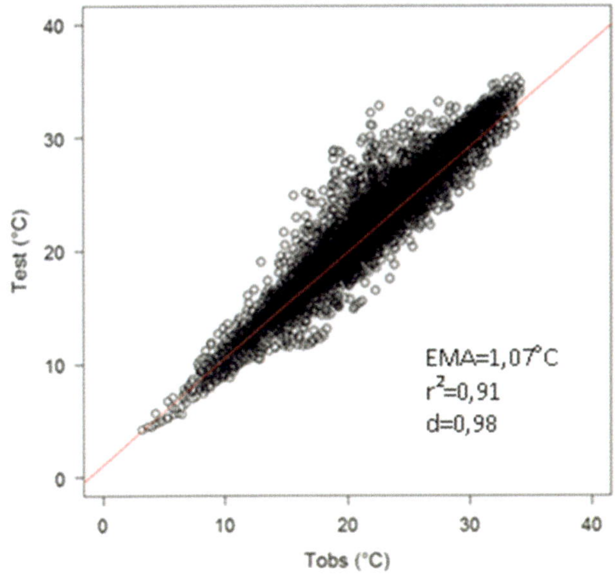

Figura 7.7. Relação entre os valores horários estimados (Test) e observados (Tobs) de temperatura do ar em Piracicaba-SP com o método de Parton e Logan (1981) utilizando-se coeficientes calibrados por Vianna et al. (2013).

7.5. EFEITOS DA TEMPERATURA DO AR EM SISTEMAS BIOLÓGICOS

O aspecto central envolvido na discussão sobre o efeito da temperatura do ar nos sistemas biológicos está relacionado à taxa de desenvolvimento dos organismos. Por desenvolvimento, entende-se o tempo requerido para que um evento biológico ocorra. Por exemplo, no desenvolvimento de uma espécie vegetal a temperatura tem forte efeito no tempo entre a emergência da planta e a emissão da primeira flor. Do mesmo modo, a temperatura também regula o tempo entre a deposição do ovo de um inseto e a emergência da larva. Para avaliar este efeito, experimentos podem ser realizados para determinar como a temperatura afeta o desenvolvimento e, para tanto, uma abordagem típica é manter a espécie em diferentes temperaturas ambientais (por exemplo 10, 15, 20, 25, 30 e 35ºC). No caso de plantas, pode-se pensar e cultivá-las nesses tratamentos logo após a emergência, anotando-se o tempo necessário para a emissão da primeira flor. Com base nesses dados, pode-se construir um gráfico relacionado tempo para o florescimento (dias) e a temperatura (Figura 7.8.a).

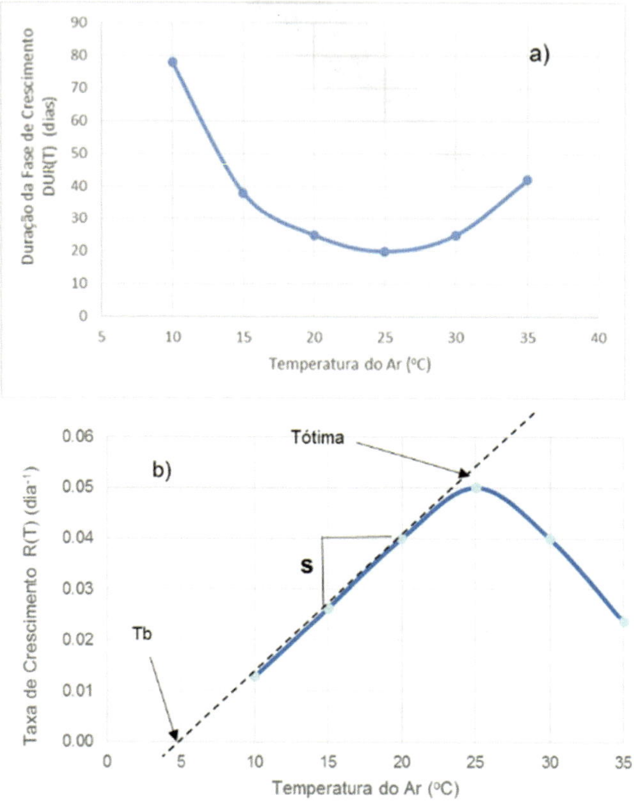

Figura 7.8. Relação entre a temperatura do ar e o tempo necessário para o florescimento de uma espécie vegetal hipotética (a) e relação entre a taxa de crescimento e a temperatura do ar (b).

A partir dos dados de duração da fase de crescimento [(DUR(T)] obtidos na Fig. 7.8.b, pode-se computar a taxa de desenvolvimento calculando-se o inverso do tempo para desenvolvimento [R(T)=1/DUR(T)], obtendo-se a Figura 7.8.b. Integrando-se R(T) ao longo do tempo, pode-se obter o desenvolvimento acumulado por um organismo. Neste caso, admite-se que quando o desenvolvimento acumulado é igual a unidade, o desenvolvimento está completo. Se nós, assumirmos que R(T) é linear em relação a T pode-se escrever que R(T) = s (T-Tb), sendo s o coeficiente angular da equação da reta R(T) e Tb a interseção da linha com o eixo horizontal. Note que a unidade de s é (ºC·dia). Para temperaturas abaixo de Tb, o desenvolvimento é considerado zero com base nessa relação linear e isso expressa o conceito de temperatura basal inferior. Lembrando que o desenvolvimento completo é representado pela unidade (1) e integrando-se a taxa de desenvolvimento R(T) com base nessa equação linear pode-se admitir:

$$1 = \int_{t_{inicio}}^{t_{fim}} R(T) \cdot dt = \int_{t_{início}}^{t_{fim}} s \cdot (T - Tb) \cdot dt \qquad (7.15.)$$

Sendo s referente a uma equação linear, pode-se simplificar a Equação 7.15. para obter uma relação descrevendo a conclusão do evento quando:

$$\frac{1}{s} = \int_{t_{início}}^{t_{fim}} (T - Tb) \cdot dt \qquad (7.16.)$$

Lembrando que dt pode ser aproximado para Δt, que o símbolo da integral pode ser substituído por Σ, e que 1/s representa um montante (GD) representando a conclusão do ciclo da cultura, a Equação 7.16. torna-se então:

$$\mathrm{GD} = \sum_{t_{início}}^{t_{fim}} (T - Tb) \cdot \Delta t \qquad (7.17.)$$

Este somatório (GD) representa o número de graus-dia necessário para a conclusão de uma dada fase ou mesmo do ciclo de crescimento, sendo também conhecida como Constante Térmica (CT). O conceito de temperatura base (Tb), como mencionado, expressa a ideia de que o desenvolvimento e o crescimento vegetal cessam quando a temperatura do ar caí abaixo de certo valor mínimo. Há, porém, um limite superior para o crescimento vegetal, acima do qual não há crescimento e desenvolvimento. Além desses limites, existe um valor ótimo (normalmente utiliza-se dois valores ótimos) no qual o crescimento vegetal é máximo e acima do qual há queda na taxa de desenvolvimento. Assim, com base nesses valores, caracteriza-se o que se convencionou chamar de temperaturas cardinais do crescimento vegetal: temperatura basal inferior (Tb), temperatura ótima e temperatura basal superior (TB).

Exemplo 7.3. Considerando os dados de temperatura média mensal de Piracicaba/SP, calcule a duração média do ciclo de um cultivo de milho com Constante Térmica (CT) de 1870 °C d e temperatura base de 8°C, semeado no dia 1° de fevereiro.

Mês	T (°C)	Δt
Jan	24.4	31
Fev	24.5	28
Mar	23.9	31
Abr	21.7	30
Mai	19.4	31
Jun	18.1	30
Jul	17.9	31
Ago	19.7	30
Set	21.1	30
Out	22.3	31
Nov	23.0	30
Dez	23.6	31

Resposta: Considerando que a semeadura foi realizada em 1º de fevereiro, faz-se o cálculo do total de graus dia acumulada mês a mês, até que se atinja o total de 1870 ºC d. Desse modo, para fevereiro, tem-se que:

$$GD_{Fev} = (24{,}5 - 8)\cdot 28 = 462\,°C \cdot d$$

Assim, a final de fevereiro, a cultura teria, ainda, 1408 ºC·d para a conclusão do ciclo da cultura. Em março, tem-se que:

$$GD_{Mar} = (23{,}9 - 8)\cdot 31 = 493\,°C \cdot d$$

Ao final de março, a cultura teria ainda 915 ºC·d para a conclusão do ciclo. Em abril, tem-se que:

$$GD_{Abr} = (21{,}7 - 8)\cdot 30 = 411\,°C \cdot d$$

Dessa forma, ao final de abril, tem-se ainda 504 ºC·d, enquanto ao longo do mês de maio a cultura acumulado:

$$GD_{Mai} = (19{,}4 - 8)\cdot 31 = 353\,°C \cdot d$$

Com isso, haveria apenas 151 ºC·d restantes para a conclusão do ciclo da cultura. Ao se calcular o total mensal de graus dia de junho, como demonstrado abaixo, ter-se-ia o acúmulo de 303 ºC·d. Evidente, o ciclo será concluído em algum dia do mês de junho.

$$GD_{Mai} = (18{,}1 - 8)\cdot 30 = 303\,°C \cdot d$$

Por fim, como opção para a definição mais detalhada da data de maturação fisiológica da cultura, calcula-se a quantidade diária de graus dia acumulado no mês de junho (10,1 ºC·d·d^{-1}) e, então, divide-se o valor restante de graus dia (151 ºC·d) por esta média diária, de modo que:

$$\Delta t = \frac{151}{10{,}1} = 14{,}95 \cong 15\,d$$

Com isso, tem-se que o ciclo da cultura será concluído em 15 de junho.

REFERÊNCIAS

Arya, S. P. 2001. Introduction to micrometeorology. San Diego: Academic Press.

Ayoade, J. O. 1996. Introdução à Climatologia para os Trópicos. Rio de Janeiro: Bertrand Brasil.

Duppong, L. M., K. Delate, M. Liebman, R. Horton, F. Romero, G. Kraus, J. Petrich, e P. K. Chowdbury. 2004. The Effect of Natural Mulches on Crop Performance, Weed Suppression and Biochemical Constituents of Catnip and St. John's Wort. Crop Science 44 (3): 861.

Gates, D. M. Biophysical ecology. 2003. New York. Springer-Verlag. 611p.

Landsberg, H.E. 1964. A Note on the History of Thermometer Scales. Weather 19, 2–6.

Parton, W. J, e J. A Logan. 1981. A model for diurnal variation in soil and air temperature. Agricultural Meteorology 23: 205–216.

Powell, M.J.D., 1965. A method for minimizing a sum of squares of nonlinear function without calculating derivation. Computer J., 7: 303--307.

Rosenberg, N. J.; Blad , B. J.; Verma, S. B. Microclimate: The biological environment: Wiley, New York, NY, 1983. 459 p.

Vianna, M.S.; Souza, L.; Marin, F.R.; Sentelhas, P.C. Calibração de modelo de estimativa de temperatura do ar de Parton & Logan (1981).. In: Congresso Brasileiro de Agrometeorologia – CBAGRO, 2013, Belém – PA. XVIII Congresso Brasileiro de Agrometeorologia, 2013.

8. VENTO E TRANSPORTE TURBULENTO DE PROPRIEDADES ATMOSFÉRICAS

8.1. CONCEITOS E DEFINIÇÕES

O vento é um elemento meteorológico diferente das demais grandezas (escalares) tratadas neste livro, por se tratar de uma grandeza vetorial para a qual são necessárias duas informações para sua caracterização: velocidade e direção. Denomina-se vento ao componente horizontal do vetor velocidade do ar, já que as massas de ar podem se deslocar também verticalmente. O movimento do ar decorre, em última instância, de uma diferença de pressão entre dois pontos da atmosfera que, por sua vez, é resultado do gradiente de temperatura e do balanço de radiação, como abordado nos capítulos 5 e 6.

Tanto a velocidade como a direção do vento são grandezas instantâneas, pontuais e com grande variação espaço-temporal. O fluxo das propriedades atmosféricas é controlado principalmente pelo movimento turbulento da atmosfera, que por sua vez é dependente da sua movimentação nas camadas mais próximas da superfície. Esse movimento depende de diversos aspectos associados ao escoamento de um fluido compressível e de baixa viscosidade, como é o caso do ar. A seguir, serão discutidos alguns aspectos importantes para melhor compreender a interação entre a atmosfera e a vegetação e para a quantificação dos fluxos entre elas.

8.2. ESCOAMENTO VISCOSO

Um conceito simples e importante neste contexto, é aquele que trata da diferenciação entre sólido, líquido e gás. Nos sólidos, as forças de atração entre as moléculas são suficientes para manter a rigidez do conjunto; nos fluidos (líquidos e gasosos) isso não ocorre. Do ponto de vista teórico, os fluidos podem ser classificados como viscosos e não-viscosos. Os fluidos não-viscosos (ou ideais) não sofrem os efeitos da viscosidade e, por isso, podem ser considerados como livres de turbulência já que seu fluxo, em nível molecular, ocorre de modo ordenado e suave, sem efeito de fricção ou do arrasto. Nele, as camadas deslocam-se sem que as forças moleculares reajam contra o seu deslocamento e não existem forças internas que se oponham ao escorregamento das diversas camadas do fluido, umas sobre as outras. Consequentemente, não há mistura entre as camadas do fluido e o transporte de momento, calor e massa não ocorre entre as camadas. Neste caso, a energia térmica, por exemplo, poderá ser transportada apenas por condução e, por isso, a velocidade de deslocamento da energia térmica será menor. A teoria desenvolvida para este tipo de fluido utiliza um tratamento físico-matemático relativamente mais simples, mas que resulta em algumas inconsistências quando aplicada aos fluidos reais.

Num fluido real em repouso, as forças de contato reduzem-se à pressão. Quando o fluido entra em movimento, contudo, aparecem forças tangenciais que se opõem ao escorregamento das camadas adjacentes. Estas forças recebem o nome de forças de viscosidade, pois se trata de um tipo de força de atrito responsável pela dissipação da energia mecânica, dando origem, inclusive, ao aquecimento do interior do fluido quando o movimento é intenso.

Todos os fluidos reais, sejam eles líquidos ou gasosos, apresentam uma viscosidade associada, sendo que os gases normalmente têm menor viscosidade. Em outras palavras, viscosidade pode ser definida como uma propriedade molecular do fluido que representa sua resistência interna à deformação. Quanto maior a viscosidade, maior a dificuldade para deslocar-se o fluido terá.

Um efeito importante da viscosidade é a dissipação de energia cinética da movimentação das moléculas na forma de calor, implicando em retardamento do escoamento e necessidade de fornecimento constante de energia por uma fonte externa para que o movimento não cesse. Outra manifestação importante da viscosidade em fluidos reais é que as partículas do fluido em movimento, ao entrarem em contato com a superfície sólida estacionária que delimita o escoamento, tendem a aderir à superfície. Assim, quando a superfície estiver em repouso, as partículas do fluido que estiverem em contato com ela também estarão em repouso. Este conceito também pode ser aplicado para uma interface de dois fluidos com densidades bastante diferentes, como o ar e a água, por exemplo.

A Figura 8.1. exemplifica este aspecto, mostrando duas placas paralelas separadas por uma distância (h), em que uma está fixa e a outra se desloca em velocidade constante (u_h). Essa figura representa um experimento conduzido originalmente por Isaac Newton, utilizando duas placas de grande porte separadas por um fluido viscoso. Apesar desse experimento não ter funcionado como se esperava, o raciocínio teórico desenvolvido por Newton a partir dessa observação foi excelente, vindo a ser confirmado experimentalmente por Poiseulle quase 200 anos depois.

Admitindo que o espaço entre as placas seja preenchido por um fluido hipotético no qual a velocidade dentro do fluido variaria linearmente de zero (adjacente à placa imóvel) até u_h (adjacente à placa em movimento), o gradiente de velocidade em qualquer parte do fluido é dado pela Equação 8.1. Neste caso, este fluido seria denominado de fluido newtoniano, em homenagem a Isaac Newton, que foi o primeiro a oferecer uma dedução quantitativa para a viscosidade:

$$\frac{\partial u}{\partial z} = \frac{u_h}{h} \qquad (8.1.)$$

em que $\partial u / \partial z$ é o gradiente infinitesimal de velocidade entre as placas; h é a distância entre as placas; u_h é a velocidade da placa superior.

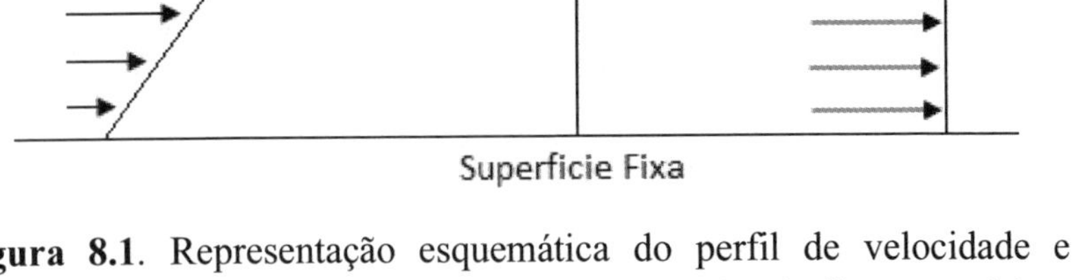

Figura 8.1. Representação esquemática do perfil de velocidade e da resistência ao movimento do fluido da tensão de cisalhamento (*shearing*

stress) em situação de fluxo laminar plano-paralelo de um fluido newtoniano.

Dentro do fluido, a viscosidade é responsável pela resistência ao escoamento. Assim, se uma camada tem seu deslocamento retardado por algum motivo, a camada adjacente também é afetada e seu movimento será mais lento, por conseguinte. A força de resistência por unidade de área contrária ao deslocamento do fluido foi denominada tensão de cisalhamento (*shearing stress*, no inglês) por Newton, e demonstrada como sendo proporcional ao gradiente de velocidade do fluido (Equação 8.2.). Multiplicando-se e dividindo-se o segundo termo da Equação 8.2. pela densidade do ar e introduzindo-se um coeficiente de proporcionalidade (no caso, correspondente ao coeficiente de viscosidade ou viscosidade dinâmica do fluido, μ), obtém-se a Equação 8.3. Vale destacar na Figura 8.1. que τ é constante em qualquer ponto do fluido, e isso decorre do fato de que o gradiente de velocidade $\partial u/\partial z$ é também constante ao longo do espaço que separa as duas placas. Tais relações são válidas para fluxos unidirecionais e são assim tratadas para se obter maior simplicidade no tratamento matemático desses princípios.

$$\tau \,\alpha \left(\frac{\partial u}{\partial z}\right) \tag{8.2.}$$

$$\tau = -\frac{\mu}{\rho}\cdot\left(\frac{\rho\cdot\partial u}{\partial z}\right) = -\upsilon\cdot\frac{\rho\cdot\partial u}{\partial z} \tag{8.3.}$$

em que τ é a tensão de cisalhamento ($N\cdot m^{-2}$); μ é a viscosidade dinâmica do fluido ($N\cdot s\cdot m^{-2}$); υ é a viscosidade cinemática do fluido ($m^2\cdot s^{-1}$), dada por μ/ρ; u é velocidade de deslocamento do fluido ($m\cdot s^{-1}$); z é a distância infinitesimal entre dois pontos de medida (m); e ρ é a densidade do fluido ($kg\cdot m^{-3}$). O sinal negativo na Equação 8.3. expressa o fato de que a tensão de cisalhamento é aplicada da região com maior velocidade para a de menor, de modo que o gradiente de velocidade se torna negativo.

A Equação 8.3. é conhecida como Lei de Newton da Viscosidade e estabelece que a tensão de cisalhamento entre duas camadas adjacentes de fluidos é proporcional ao inverso do gradiente de velocidade entre as duas camadas.

A tensão de cisalhamento pode ser entendida como uma força tangencial contrária ao deslocamento de uma parcela de ar, retardando seu deslocamento conforme se aproxima da superfície. De um outro modo, Thom (1975) coloca que a força de arrasto da superfície sobre o vento é uma manifestação do fluxo contínuo descendente de momento da atmosfera para a superfície. Observe que as duas afirmações tratam do mesmo fenômeno sob uma ótica diferenciada, mas sem se contradizerem.

A Figura 8.2. ilustra esquematicamente o conceito da tensão de cisalhamento para dois corpos sólidos em contato. Nela, observa-se que a tensão de cisalhamento se dá na área de contato entre os dois blocos e é resultado das forças opostas agindo sobre cada um dos blocos.

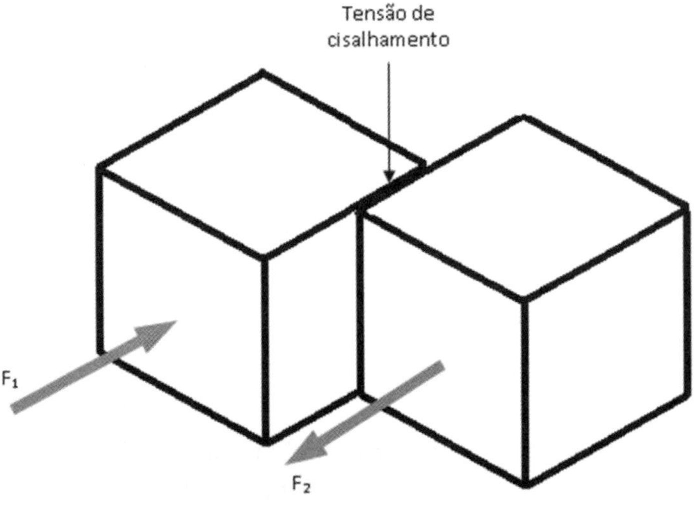

Figura 8.2. Representação esquemática de dois objetos em movimento sob a ação de forças iguais, porém opostas (F_1 e F_2), indicando a área de contato entre os corpos onde ocorre a tensão de cisalhamento.

8.3. FLUXO LAMINAR E FLUXO TURBULENTO

Quando se analisa um escoamento admitindo que o fluido não tenha viscosidade, como já comentado, este fluido é denominado fluido ideal ou newtoniano e, nele, admite-se que apenas ocorra o escoamento laminar, sem qualquer processo turbulento. Este tipo de escoamento é caraterizado pelo fluxo ordenado e sem atrito entre camadas adjacentes do fluido, ou mesmo com superfícies sólidas sobre as quais o fluido escoa.

Contudo, ao se analisar um fluido em escoamento considerando as propriedades viscosas do fluido, o tratamento teórico envolvido torna-se mais complexo, especialmente na transição entre as camadas do fluido que estão próximas das superfícies sólidas ou das interfaces mais densas. No caso da atmosfera, as camadas mais próximas da superfície sofrem o efeito da turbulência gerada a partir do choque das moléculas com os diversos obstáculos, além do efeito do aquecimento da superfície, com redução da velocidade do escoamento e alteração progressiva do padrão de deslocamento do ar conforme se aproxima da superfície. Essa perturbação do escoamento também influi na eficiência de mistura entre as camadas adjacentes da atmosfera. Outro efeito importante da interação entre a atmosfera e a superfície é que a velocidade do vento diminui conforme a superfície se aproxima, alterando o regime de escoamento de turbulento nas parcelas mais distantes da atmosfera, para laminar, nas camadas de ar mais próximas da superfície.

Interessado na mecânica dos fluidos, Osborne Reynolds (1895) estudou o regime de escoamento de um fluido em um tubo, definindo classes de escoamento e estabelecendo um índice empírico para classificar o escoamento dentro dessas classes. O experimento de Reynolds consistiu em analisar um fio de tinta injetado num tubo onde a água fluía. Quando a velocidade da água era pequena, a tinta injetada escoava sem se misturar, sendo visível um fio colorido no interior do tubo. Este escoamento, semelhante a uma superposição de lâminas, foi classificado como laminar. Aumentando progressivamente a velocidade da água, Reynolds percebeu que quando a velocidade da água aumentava acima de um determinado valor no interior do tubo, o fio de tinta deixava de ser definido e contínuo, tingindo todo o líquido. Isso foi denominado de escoamento turbulento por

Reynolds, fazendo referência ao movimento caótico do fluido dentro do tubo (Figura 8.3.).

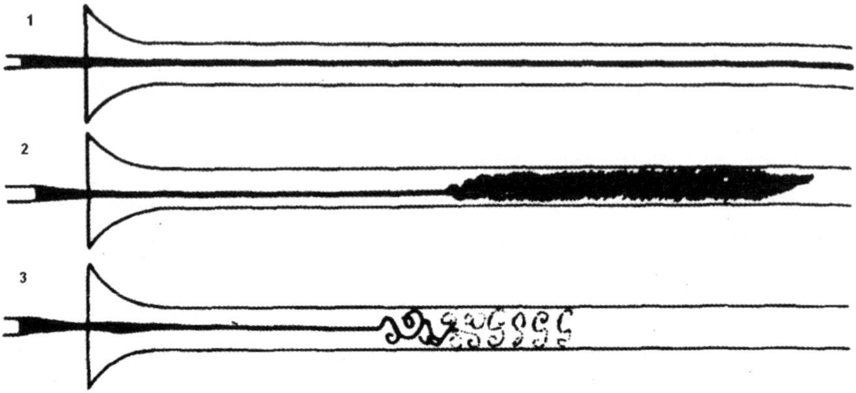

Figura 8.3. Representação esquemática do experimento de Reynolds descrevendo a variação do regime de escoamento em função da variação da velocidade do fluido: 1) regime laminar, 2) regime de transição, e 3) regime turbulento.

Segundo Reynolds, o regime do escoamento de um fluido pode ser definido em função de: 1) diâmetro do tubo (D, m); 2) viscosidade cinemática do fluido (υ, $m^2 \cdot s^{-1}$) e; 3) velocidade do escoamento (u, $m \cdot s^{-1}$), que podem ser integrados em uma relação, resultando num número adimensional denominado Número de Reynolds (*Re*) (Equação 8.4.). Conforme o valor de *Re* aumenta, a velocidade de escoamento ganha importância no regime de escoamento e este tende para um estado cada vez menos organizado. Quando $Re > 2300$ pode-se classificá-lo como turbulento, numa indicação de que a velocidade do escoamento é suficientemente elevada para tornar caótico o movimento das moléculas no fluido:

$$Re = \frac{u \cdot D}{\upsilon} \tag{8.4}$$

em que u é a velocidade de escoamento do fluido ($m \cdot s^{-1}$); D é o diâmetro do tubo (m) e υ é a viscosidade cinemática do fluido ($m^2 \cdot s^{-1}$)

O experimento de Reynolds também foi importante por demonstrar que um mesmo fluido pode se comportar de modo diferente dependendo das condições do escoamento e por indicar que dentro de um mesmo fluido escoando, uma parte pode apresentar fluxo laminar e outra pode ter escoamento turbulento. Isso é o que normalmente ocorre com o ar em movimento.

Quando o ar escoa sobre uma superfície, uma pequena camada imediatamente acima dela apresenta velocidade muito baixa, onde os processos são controlados primariamente por difusão molecular – esta camada é denominada subcamada laminar. Como será discutido adiante, esta camada apresenta, normalmente, poucos milímetros de espessura (às vezes até menos que isso!) e sua formação é causada pela baixa velocidade do vento próximo à superfície, recobrindo todas as estruturas que compõem a paisagem. No caso de um dossel vegetativo, por exemplo, há uma sobreposição de camadas sobre as folhas, sobre os ramos, sobre as copas e sobre a vegetação. Acima da subcamada laminar, quando a velocidade do vento aumenta, ocorre uma camada onde o fluxo é turbulento, denominada camada limite superficial. que também será discutida na seção 8.7. deste livro.

8.4. TRANSPORTE DE MOMENTO

Como já abordado, a viscosidade de um fluido é uma propriedade molecular que representa a resistência interna do fluido à deformação. Todos os fluidos, líquidos ou gases, apresentam viscosidade, variando em função da temperatura e da pressão. As partículas adjacentes a um sólido sobre o qual o fluido escoa permanecem em repouso. Com isso, a camada imediatamente superior também tem seu deslocamento retardado por influência dessa camada estática, e esse retardamento é transmitido para as camadas superiores sucessivamente. A Figura 8.3. ilustra o resultado dessa interação molecular no deslocamento de uma parcela de ar sobre dois tipos de superfície. Nela, pode-se observar que a velocidade do vento (u) aumenta exponencialmente com a altura, tanto para uma superfície sem vegetação (A), como na superfície vegetada (B).

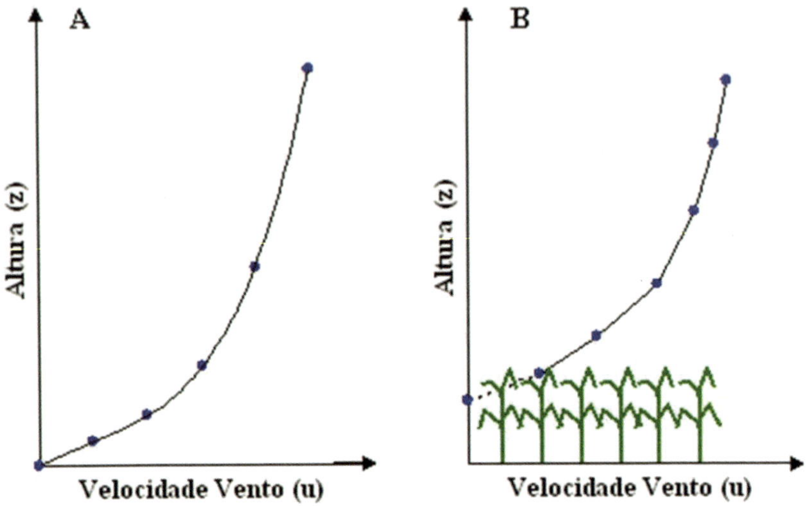

Figura 8.3. Variação exponencial da velocidade do vento (u) em superfícies sem (A) e com vegetação (B).

Momento, ou quantidade de movimento, representa o impulso necessário para movimentar um corpo estacionário de massa m até que ele adquira velocidade u, ou da força necessária para pará-lo uma vez que ele tenha atingido tal velocidade u.

Da física elementar pode-se estabelecer que a taxa de transporte de momento por unidade de área entre duas camadas adjacentes de fluido é proporcional ao valor negativo do gradiente de velocidade entre elas, e que a densidade de fluxo de momento pode ser expressa em unidades de pressão, como mostra a relação 8.5.:

$$Pressão = \frac{Força}{Área} = massa \cdot \frac{aceleração}{área} = massa \cdot \frac{velocidade}{tempo \cdot área} = \frac{momento}{tempo \cdot área} = \tau \quad (8.5.)$$

O conceito de fluxo de momento não é intuitivo como são os conceitos de calor sensível e calor latente. O momento contido por um corpo é dado pelo produto da sua massa pela sua velocidade. Voltando ao exemplo da Figura 8.1., pode-se demonstrar que a densidade de fluxo de momento (T_m) no fluido tem sentido descendente (vai do ponto de maior para o de menor momento) e é proporcional ao gradiente de velocidade, conforme descrito pela Equação 8.6:

$$T_m \; \alpha \left(-\frac{\partial u}{\partial z} \right) \tag{8.6.}$$

Note que a unidade da tensão de cisalhamento (τ) e a densidade de fluxo de momento (T_m) (momento por unidade de área e por unidade de tempo) são as mesmas e seus conceitos baseiam-se nos mesmos fundamentos físicos, permitindo aceitar que T_m é numericamente igual a τ, como mostra a equação 8.7, que por sua vez é idêntica à Equação 8.3.:

$$T_m = \tau = \frac{\mu}{\rho} \cdot \left(\frac{\rho \cdot \partial u}{\partial z} \right) = \upsilon \cdot \frac{\rho \cdot \partial u}{\partial z} \tag{8.7.}$$

Admitindo-se que a densidade do ar seja constante nas camadas mais próximas da superfície do solo (Tabela 8.1.) e que a velocidade do vento aumenta com a altura, a quantidade de momento de uma parcela de ar aumenta ao se afastar da superfície. Assim, pode-se adaptar a Equação 8.7. para descrever o transporte de momento de uma massa de ar deslocando-se sobre uma superfície utilizando-se a Equação 8.8.:

$$\tau = \rho_{ar} \cdot K_m \cdot \frac{du}{dz} \tag{8.8.}$$

em que K_m é a “difusividade” turbulenta ($m^2 \; s^{-1}$) em substituição a viscosidade dinâmica, aplicada para escoamentos laminares.

Tabela 8.1. Variação da densidade do ar em função da temperatura.

Temperatura (ºC)	Densidade (kg m^{-3})
0	1,29
10	1,25
20	1,20
30	1,16
40	1,13

Segundo Rosenberg et al. (1983), a magnitude do fluxo de momento é um indicador da efetividade da turbulência no transporte do vapor d'água, calor sensível, dióxido de carbono e outras propriedades atmosféricas entre a superfície e a atmosfera. Na Figura 8.4., pode-se observar que o fluxo de momento é governado por diferentes tipos de forças, dependendo do tipo de escoamento. Na parte mais baixa da atmosfera, próxima da superfície, a velocidade do vento é menor, mantendo o fluxo em regime laminar, dentro do qual a velocidade do fluido varia linearmente com a altura. Acima de determinado ponto, a influência da superfície diminui e o fluxo para ter características turbulentas, levando o perfil de velocidade a variar exponencialmente com a altura. Note que as equações utilizadas para descrever o fluxo mudam conforme o tipo de escoamento. Como veremos adiante, a equação dedicada ao regime turbulento é a que melhor descreve as condições naturais.

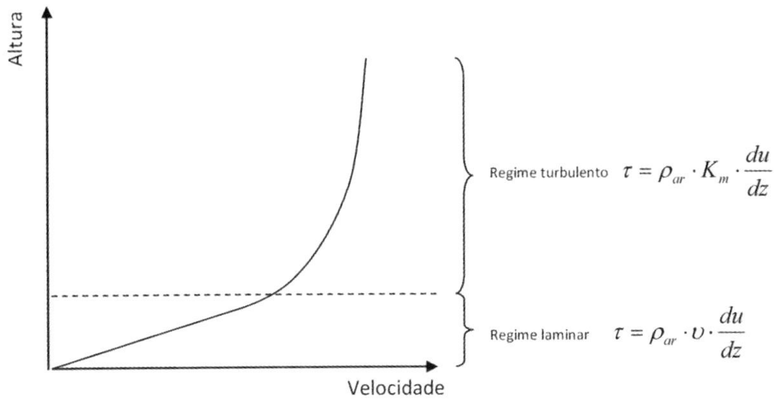

Figura 8.4. Representação esquemática da variação da velocidade do vento com a altura a partir de uma superfície.

8.5. COMPRESSIBILIDADE ATMOSFÉRICA

O tratamento matemático do fluxo de fluidos, incluindo a atmosfera, baseia-se em equações fundamentadas nas leis de conservação de massa, momento e energia. Comparadas à Equação 8.8., as Equações 8.9. a 8.11. descrevem relações mais gerais entre a tensão de cisalhamento e o gradiente de velocidade em qualquer ponto de um fluido nas três dimensões (Arya, 2001):

$$\tau_{xy} = \tau_{yx} = \rho_{ar} \cdot K_m \cdot (\frac{\partial w}{\partial y} + \frac{\partial v}{\partial x}) \tag{8.9.}$$

$$\tau_{xz} = \tau_{zx} = \rho_{ar} \cdot K_m \cdot (\frac{\partial u}{\partial z} + \frac{\partial v}{\partial x}) \tag{8.10.}$$

$$\tau_{zy} = \tau_{yz} = \rho_{ar} \cdot K_m \cdot (\frac{\partial w}{\partial y} + \frac{\partial u}{\partial z}) \tag{8.11.}$$

em que *w* é o componente da velocidade do vento na direção *y*, *u* é componente da velocidade na direção *z* e, *v* é a componente na direção *x*; K_m é o coeficiente de transporte turbulento de momento ($m^2 \cdot s^{-1}$).

Para o tratamento matemático utilizado no estudo da mecânica dos fluidos, uma premissa básica é admitir a conservação de massa em uma parcela do fluido, o que implica no fato de que ela seja incompressível. Tais abordagens vão além do escopo deste texto, mas pode-se demonstrar que elas são válidas quando se analisa os fluxos turbulentos em condições naturais.

Os corpos sólidos apresentam variação de volume e forma praticamente nula; líquidos têm forma variável e volume praticamente constante; os gases apresentam grande compressibilidade, que pode ser compreendida como a variação de volume em função da aplicação de uma carga compressiva, num processo adiabático. A aplicação desse conceito na micrometeorologia pode, a princípio, gerar um paradoxo, pois a base teórica desenvolvida para o estudo dos fluxos e processos atmosféricos na microescala não considera essa propriedade dos fluidos gasosos, partindo da premissa de que, sob condição adiabática, a atmosfera seja incompressível.

Isso, contudo, tem uma razão e pode ser demonstrada quantificando-se a magnitude de variação relativa de pressão decorrente da movimentação da atmosfera. Em mecânica de fluidos, admite-se um fluido como incompressível se não há variação de volume (de densidade, na verdade!) decorrente do seu movimento, num processo adiabático.

Segundo Pereira (2000), a variação da pressão (*dP*) exercida sobre um fluido resulta numa variação proporcional em seu volume (*dV*/*V*), regulada pelo módulo de elasticidade (*E*) do fluido, conforme a Equação 8.12.

$$dP = -E\frac{dV}{V} \qquad (8.12.)$$

Lembrando que a densidade do ar (ρ_{ar}) é dada pela razão entre massa (m) e volume (V) (Equação 8.13.), tem-se que a derivada da densidade, assumindo m constante, é dado pela Equação 8.14., como segue:

$$\rho_{ar} = \frac{m}{V} \quad (8.13.)$$

$$d\rho_{ar} = \frac{m}{V^2} \cdot dV \quad (8.14.)$$

Ou ainda,

$$dV = \frac{V^2}{m} \cdot dP \quad (8.15.)$$

Substituindo 8.15. em 8.12., tem-se

$$dP = E\frac{d\rho_{ar}}{\rho_{ar}} \quad (8.16.)$$

Lembrando que o Teorema de Bernoulli[4] estabelece a relação entre a variação da pressão estática (P) e a pressão dinâmica de um fluido em movimento (Equação 8.17.), sua diferenciação em relação a P, ρ e u, resulta na Equação 8.18. que, por sua vez, pode ser igualada a Equação 8.16., resultando na Equação 8.22.:

$$P + \rho_{ar} \cdot \frac{u^2}{2} = constante \quad (8.17.)$$

$$dP + d\rho_{ar} \cdot \frac{u^2}{2} + \rho_{ar} \cdot u \cdot du = 0 \quad (8.18.)$$

$$dP + d\rho_{ar} \cdot \frac{u^2}{2} = -\rho_{ar} \cdot u \cdot du \quad (8.19.)$$

---

[4]O enunciado do Teorema de Bernoulli diz que quanto maior a velocidade do escoamento, maior será a pressão dinâmica e menor será a pressão estática.

$$\frac{E}{\rho_{ar}} \cdot \frac{d\rho_{ar}}{\rho_{ar}} + \frac{d\rho_{ar}}{\rho_{ar}} \cdot \frac{u^2}{2} = -u \cdot du \qquad (8.20.)$$

$$\frac{d\rho_{ar}}{\rho_{ar}} \cdot \left(\frac{E}{\rho_{ar}} \cdot \frac{u^2}{2}\right) = -u \cdot du \qquad (8.21.)$$

$$\frac{d\rho_{ar}}{\rho_{ar}} = \frac{-u \cdot du}{\left(\frac{E}{\rho_{ar}} \cdot \frac{u^2}{2}\right)} \qquad (8.22.)$$

Sabendo que velocidade do som (c) no ar é dada por $c^2 = E/\rho_{ar}$ e que u << c, pode-se admitir que du ≈ u nessas condições. Assim, a Equação 8.23. torna-se:

$$\frac{d\rho_{ar}}{\rho_{ar}} = -\left(\frac{u}{c}\right)^2 \qquad (8.23.)$$

Pela Equação 8.22., pode-se admitir que a variação máxima da densidade para supor que o escoamento ocorra em condições de incompressibilidade é de 1%. Isso significa que a compressão atmosférica máxima de 1% será observada quando u=34 m s^{-1}, uma vez que c=340 m s^{-1}. Assim, considerando que a velocidade média do vento, sob condições normais, varia entre 1 e 4 m s^{-1}, pode-se aceitar que o escoamento do ar nas camadas mais baixas da atmosfera ocorra sob condições que não impõem uma compressão expressiva do ar.

Por curiosidade, a razão u/c da Equação 8.23. é denominada de número de Mach (M), índice utilizado para o estabelecimento de classes de velocidade. Por exemplo, quando M > 1 o escoamento é classificado como supersônico; quando M < 1 o escoamento é chamado subsônico e, quando M = 1, o escoamento classificado como sônico (Tabela 8.2.).

$$M = \frac{u}{c} \qquad (8.24.)$$

Tabela 8.2. Classificação do escoamento em função do número de Mach.

Número de Mach	Classe de Escoamento
Menor que 1,0	Subsônico
Igual a 1,0	Transônico
Maior que 1,0	Supersônico
Maior que 5,0	Hipersônico

8.6. COMPRIMENTO DA RUGOSIDADE, VELOCIDADE DE FRICÇÃO E DESLOCAMENTO DO PLANO ZERO

A Figura 8.5. apresenta um perfil característico de velocidade do vento sobre superfícies vegetadas, trazendo informações que balizam o desenvolvimento teórico de boa parte dos métodos micrometeorológicos. Nela, nota-se que a velocidade do vento aumenta exponencialmente a partir de um ponto próximo à superfície denominado comprimento da rugosidade (z_o), onde a velocidade do vento é nula. Campbell e Norman (1998) afirmam que até mesmo um entendimento intuitivo sobre o significado de z_o é difícil, pois apesar de ter unidade de comprimento, z_o não pode ser interpretado como uma distância mensurável. Ele é, na verdade, uma representação do arrasto aerodinâmico e da superfície de fricção na camada de ar que interage com a superfície. Sua determinação é feita empiricamente a partir da medida da velocidade do vento em vários pontos acima da superfície da vegetação e plotando $ln(z-d)$ contra $u(z)$. Uma linha de tendência pode então ser extrapolada até u=0, obtendo o valor de $ln(z_0-d)$ no eixo das abscissas (Figura 8.5.).

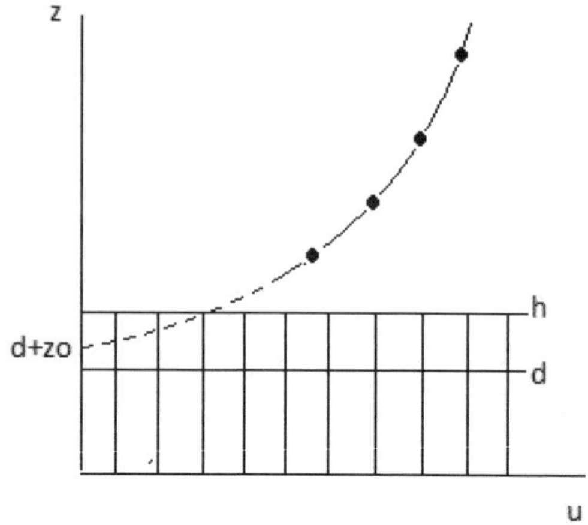

Figura 8.5. Perfil de velocidade de vento sobre vegetação uniforme de altura h.

Outro parâmetro apresentado na Figura 8.5. é o deslocamento do plano zero (d). Ele pode ser entendido admitindo-se que para uma superfície homogênea e totalmente lisa, a transferência de momento ocorre na altura d+z_o. Para uma cultura, a transferência de momento ocorre dentro da sua folhagem, mas uma única superfície posicionada numa determinada altura abaixo do topo do dossel pode ser imaginada como a posição onde se dá essa transferência. Se a altura de medida da velocidade do vento fosse tomada a partir de um ponto próximo ao topo do dossel, não seria necessária a inclusão de *d*, mas como normalmente se faz a medida de *z* a partir da superfície do solo, *d* é utilizado para manter a coerência físico-matemática da equação.

Quando se trata de uma comunidade vegetal nas situações em que a taxa de variação vertical da temperatura é próxima do gradiente adiabático seco, pode-se admitir que o perfil de velocidade do vento aproxima-se da premissa teórica apresentada na Figura 8.5. e, com base nesse pressuposto, pode-se estabelecer a proporcionalidade da Equação 8.25. Essa proporcionalidade, por sua vez, permite obter a Equação 8.26, que representa o perfil logarítmico de Prandtl, descrito esquematicamente na Figura 8.5., e normalmente utilizada para determinação dos valores de velocidade do vento em função da altura a partir da superfície do solo (z) e dos parâmetros *d* e z_o.

$$u_z \propto ln\left[\frac{(z-d)}{z_o}\right] \tag{8.25.}$$

$$u_z = \frac{u^*}{k} \cdot ln\left(\frac{z-d}{z_o}\right) \tag{8.26.}$$

em que u* é denominada velocidade de fricção ou velocidade de atrito do vento ($m \cdot s^{-1}$); z é a altura de medida de *u*; *k* é a constante de *von Kármán* (= 0,41); z_o comprimento da rugosidade (m); e *d* é o deslocamento do plano zero (m).

A determinação do valor de *d* pode ser feita utilizando o método gráfico, no qual se atribui valores arbitrários de *d* (respeitando-se uma faixa mais provável entre 0,5h e 0,8 h) até que se obtenha a linearização da relação ln (z-d) versus u. Quando os valores arbitrados de *d* são excessivamente grandes, obtém-se uma linha convexa e, quando se arbitra um valor pequeno para d, obtém-se uma linha côncava. Este método é trabalhoso e lento e tem sido substituído por métodos iterativos que possibilitam a estimativa de *d* numericamente, como feito por Righi (2005).

Para superfícies uniformemente vegetadas, os valores de d e z_o podem ser determinados, de forma aproximada, a partir da altura do dossel. Esse método é, no entanto, utilizado para aplicações em que os valores de d e z_o são assumidos como constantes, o que não ocorre de fato. Eles são, na verdade, muito dependentes da altura da cultura, da cobertura do solo, da estrutura da folha e da copa e da velocidade do vento (Perrier, 1982; Shaw e Pereira, 1982; Massman, 1992).

O valor de z_0 é aproximadamente uma ordem de magnitude menor que a altura da vegetação, sendo normalmente admitido como z_o=*0,1 h*. Rosenberg et al. (1983) apresentam a Equação 8.27., obtida a partir da compilação de estudos sobre vários tipos de cobertura vegetal:

$$z_o = \frac{h^{0,997}}{7,638} \tag{8.27.}$$

em que z_0 e h são dados em metros.

O valor de d normalmente oscila entre 50% e 80% do valor de h, sendo a relação *d=0,667 h* bastante consagrada. No entanto, buscando avançar na determinação empírica de d, pode-se estimar valores de d baseando-se apenas na altura da cobertura, utilizando a Equação 8.28. (Stanhill, 1969):

$$d = \frac{h^{0,979}}{1,425} \tag{8.28.}$$

em que d e h são dados em metros.

A velocidade de fricção (u*) pode ser determinada experimentalmente a partir de medidas do perfil da velocidade do vento e é característica do escoamento, variando com a velocidade do vento, a forma do perfil e a natureza da rugosidade da superfície. Por isso, a velocidade de fricção é também denominada velocidade característica por alguns autores, por não se tratar de uma propriedade do fluido ou da cobertura isoladamente, mas de uma propriedade do escoamento.

Segundo Sutton (1977), a origem dessa grandeza não usual pode ser depreendida a partir da relação que diz que, em condição de atmosfera turbulenta, o fluxo de momento é proporcional ao quadrado da velocidade média do vento (u). Essa relação, contudo, não é exata e a velocidade de fricção é uma velocidade artificial que torna essa relação uma lei (Equação 8.29.). Uma relação útil, porém, não exata, é admitir que $u^* = \bar{u}/10$:

$$\tau = \rho_{ar} \cdot u^{*2} \qquad \text{ou} \qquad u^* = \sqrt{\frac{\tau}{\rho_{ar}}} \tag{8.29.}$$

em que u* é a velocidade de fricção ($m \cdot s^{-1}$); ρ_{ar} é a densidade do ar ($kg \cdot m^{-3}$).

Exemplo 8.1. Estime o valor de d e z_0 para uma cultura de milho cobrindo continuamente o terreno e com altura média de 1,8m.

Resolução: aplicando o valor de 1,8 nas Equações 8.27 e 8.28, tem-se que d=1,2477m e z_0=0,2352m

8.7. EFEITO DO GRADIENTE VERTICAL DE TEMPERATURA NO TRANSPORTE DAS PROPRIEDADES ATMOSFÉRICAS

Complementando a discussão iniciada no capítulo 7 sobre a estabilidade atmosférica, na camada da atmosfera mais próxima à superfície do solo, o transporte vertical depende fortemente do processo de convecção livre, no qual as camadas de ar mais aquecidas (semelhantes a bolhas ou plumas) movem-se verticalmente em taxas proporcionais ao gradiente vertical de temperatura. Na natureza, o comum é que o processo de transporte vertical das propriedades atmosféricas seja feito por uma associação dos dois processos – convecção livre e convecção forçada. Na convecção livre, o fluxo ocorre devido a diferenças de densidade dentro do fluido decorrente da diferença de temperatura, sendo a convecção forçada resultado da movimentação do próprio fluido, no caso da atmosfera, é consequência do vento.

Quando apenas a convecção forçada atua promovendo o escoamento turbulento, diz-se que a atmosfera é neutra e que o perfil vertical de velocidade do vento é perfeitamente logarítmico. Quando há convecção livre, passa a haver movimentação ascendente das massas de ar, intensificando o transporte vertical das propriedades atmosféricas. A terceira condição é oposta a esta, ocorrendo quando a atmosfera é estável, situação em que há não transporte vertical ascendente e, em casos extremos, podendo ocorrer a inversão térmica. Em um evento de inversão térmica, o gradiente térmico (gradiente vertical da temperatura do ar) decresce com a altura, o que pode promover o confinamento de parcelas de ar próximas à superfície terrestre. Quando tais parcelas contêm poluentes em altas concentrações, os efeitos para a saúde da população são graves. Na Inglaterra, em 1952, um caso extremo de inversão térmica associado com emissões de poluentes levou cerca de 4000 pessoas à morte.

Na teoria cinética dos gases, o transporte de momento é transferido entre moléculas no momento da colisão. Para se obter uma expressão para a viscosidade molecular do gás, admite-se que esta seja produto da velocidade molecular média e do percurso médio de deslocamento da molécula, do inglês *mean free path lenght*. Didaticamente, o conceito de percurso médio de deslocamento da molécula pode ser entendido como a distância média percorrida pelas moléculas antes de uma colisão. Esta ideia foi adaptada da química por Prandtl (1925) para criar um modelo conceitual sobre como ocorreria a transferência de propriedades atmosféricas em condições turbulentas, assumindo que os turbilhões dentro do ar se deslocavam até colidirem com outro turbilhão ou com algum obstáculo qualquer numa certa distância equivalente ao *mean free path lenght*. A esta distância ele denominou "comprimento de mistura", numa analogia ao percurso médio de deslocamento das moléculas. Assim, admite-se o comprimento de mistura como a distância vertical média que uma parcela pode mover-se em regime turbulento até se dissolver no meio circundante.

Também, pode-se admitir que o momento seja transferido de uma camada para outra dentro de um fluido desde que uma parcela se desloque ao longo de distância l, também conhecida como comprimento da mistura de Prandtl. Assim, uma vez que a turbulência atmosférica é causada em grande medida pela transferência de momento entre camadas da atmosfera, a grandeza l pode ser utilizada para definir quando o momento foi efetivamente transferido de uma camada para outra do fluido.

Nesse raciocínio, as flutuações da velocidade horizontal do vento no nível z são resultado do momento recebido das parcelas provenientes de níveis acima e abaixo de *z*. Por exemplo, uma parcela que está acima de *z* (nível *z+l* na Figura 8.6.), ao se deslocar para baixo acarretará num valor positivo de *u'* no nível *z*. Esse movimento estará associado a um valor negativo de *w'* (velocidade vertical instantânea do vento), pois a parcela se move em sentido descendente. Ao contrário, se a parcela situada em (z-*l*) mover-se até o ponto z, isso acarretará em redução da velocidade da parcela neste nível, pois a parcela que se desloca para cima segue com momento menor, atuando no sentido de reduzir a velocidade em *z*. Neste caso, a magnitude dessa redução é dada pela Equação 8.30.:

$$u' = U(z-l) - U(z) \approx -l\left(\frac{\partial U}{\partial z}\right) \qquad (8.30.)$$

em que *l* é denominado comprimento da mistura de Prandtl, *u'* a velocidade instantânea no vento e *U* é a velocidade média do vento.

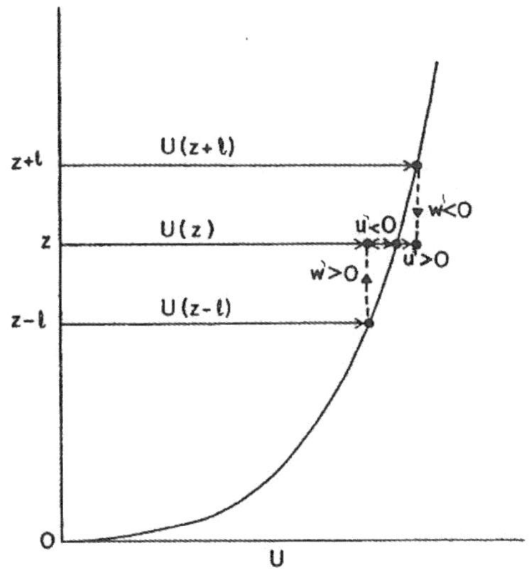

Adaptada de Arya (2001).

Figura 8.6. Representação esquemática do perfil vertical da velocidade do vento na baixa atmosfera e as correlações esperadas entre as velocidades horizontal e vertical devido à movimentação ascendente e descendente das parcelas do fluido em relação ao fluido que a circunda.

De modo similar, se o momento, a temperatura ou qualquer outra propriedade de um turbilhão é diferente daquele presente no meio que o envolve, pode-se esperar que tais propriedades se ajustem ao meio alterando o balanço de massa e energia do sistema. Assim, em outras palavras, no instante em que um turbilhão se desfaz no meio que circunda, efetiva-se o transporte das propriedades que ele carregava consigo, obedecendo principalmente o gradiente de momento, mas sofrendo influência das demais propriedades. Este pressuposto serve de base para a teoria do fluxo-gradiente muito utilizada em micrometeorologia para análise dos fluxos de massa e energia entre a atmosfera e a vegetação. Com base nele, admitindo que a movimentação vertical de uma parcela sempre acarreta transporte de momento, com alteração da velocidade no nível *z*, Prandtl propôs a Equação 8.31.:

$$w' \approx u' \approx u^* = l\frac{du}{dz} \quad (8.31.)$$

em que w' e u' representam as componentes verticais e horizontais do fluxo turbulento; l é o comprimento da mistura de Prandtl; dz é a distância infinitesimal entre dois pontos nos quais se mediu u; e u^* é denominada velocidade de fricção ou velocidade de atrito do vento ($m \cdot s^{-1}$).

A Equação 8.31. descreve o comprimento da mistura de Prandtl para condição de atmosfera neutra. No entanto, quando a atmosfera é instável, o movimento vertical é acentuado pelo deslocamento vertical das parcelas de ar aquecidas e menos densas, de forma inversamente proporcional ao gradiente vertical de velocidade du/dz. Isso, por sua vez, resulta no aumento no tamanho horizontal dos turbilhões conforme estes se distanciam da superfície. Neste caso, l é de fato maior que $k \cdot z$, sendo k a constante da von Karman.

A Figura 8.7. ilustra este conceito, exemplificando esquematicamente o efeito da estabilidade atmosférica no comprimento da mistura. Nela, observa-se que o valor $k \cdot z$ corresponde ao valor teoricamente esperado para l apenas quando a atmosfera é neutra (Figura 8.7.a). Nas duas outras condições e o valor $k{\cdot}z$ ora subestima (Figura 8.7.b) ora superestima (Figura 8.7.c) o valor de l. Lembrando da descrição original de Prandtl para o comprimento da mistura "a distância percorrida por uma parcela de gás antes de ela se dissolver na massa gasosa que a envolve". Associando esta descrição ao conceito representado na Figura 8.7, conclui-se que sob atmosfera instável (Figura 8.7.b) o transporte vertical das propriedades é acelerado, uma vez que uma parcela se deslocará para a atmosfera livre com mais rapidez do que ocorreria em condição de atmosfera estável (Figura 8.7.c), aumentando o gradiente da propriedade estudada entre a vegetação e a atmosfera livre e, portanto, elevando a intensidade dos fluxos de massa e energia. Nestes casos, é necessário considerar uma correção para estabilidade atmosférica e um exemplo dessa correção é apresentado no capítulo 9, na seção que trata do Método Aerodinâmico.

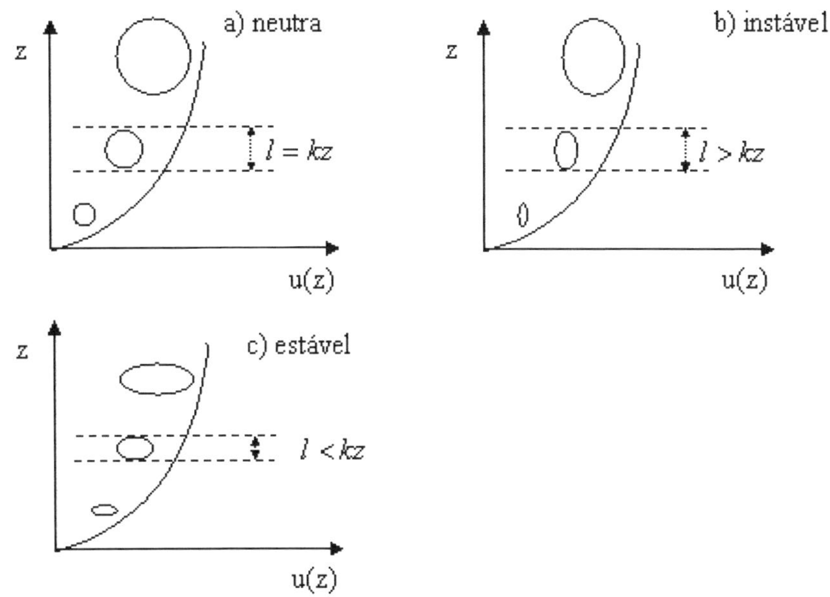

Adaptado de Thom (1975).

Figura 8.7. Perfis característicos de velocidade do vento para diferentes condições de estabilidade atmosférica.

8.8. BORDADURA

A definição da bordadura (do inglês, "*fetch*") é necessária para o posicionamento dos sensores em experimentos micrometeorológicos. Trata-se de um aspecto instrumental de grande importância no planejamento experimental e obtenção de medidas acuradas dos fluxos de massa e energia em ambientes naturais. Essa definição está associada ao conceito de camada limite, que constitui a faixa da atmosfera em que há equilíbrio entre as forças de atrito e de pressão e na qual se pode admitir que os fluxos de massa e energia sejam predominantemente verticais, refletindo assim as propriedades da vegetação imediatamente abaixo dos sensores micrometeorológicos. Nesta camada, também, pode-se desprezar a contribuição advectiva.

A camada limite superficial tem espessura variando entre 50 e 100m, com fluxos dominados pela turbulência e pela intensa formação de turbilhões (Rosenberg et al., 1983). Nesta camada, ainda, pode-se desprezar o efeito da rotação da Terra, representada pela força de Coriólis, uma vez que os processos turbulentos determinados pela rugosidade da superfície são predominantes na determinação dos fluxos de massa e energia entre a superfície e a atmosfera.

Dentro da camada limite superficial, há uma subcamada onde o fluxo laminar recobre as estruturas do dossel, conferindo aos processos moleculares maior importância na compreensão das trocas de massa e energia entre a superfície e a atmosfera. Acima da camada limite superficial, há a camada limite planetária, que envolve as duas camadas anteriores e se estende até cerca de 1 km acima da superfície.

A altura da camada em equilíbrio com a vegetação é função da velocidade do vento, da rugosidade da superfície e do regime de turbulência a barlavento (Righi et al., 2010), já que a condição de contorno da cultura de interesse influi sobre o regime de turbulência na medida em que a transição entre coberturas com diferentes rugosidades implica em condições turbulentas diferenciadas.

A determinação da distância em relação à borda da área cultivada para a instalação dos sensores micrometeorológicos é importante porque os sensores precisam estar inseridos numa camada atmosférica que esteja ajustada às propriedades da cobertura vegetal. Esta camada ajustada evolui a partir da borda da cultura (representado pela distância x em relação à borda na Figura 8.8.) e aumenta de espessura até um patamar relativamente constante (linha z=δ na Figura 8.8.). Nessa Figura, a linha assintótica em que z=δ representa o limite didático entre a atmosfera ajustada com a superfície (*u*) e a atmosfera não ajustada (*U*). Assim, teoricamente, quanto mais distante da borda, maior a espessura da camada da atmosfera em equilíbrio com a superfície. Por outro lado, a instalação dos sensores acima desta camada implicará na obtenção de dados de uma camada que carrega propriedades da superfície a barlavento (Figura 8.8.).

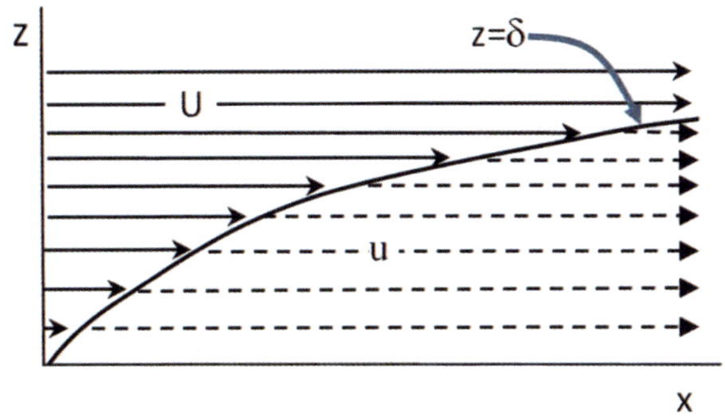

Adaptado de Sutton (1977).

Figura 8.8. Representação esquemática da formação da camada limite a partir da borda de uma superfície lisa em regime de fluxo laminar. As linhas cheias representam o escoamento em equilíbrio com a superfície adjacente a cultura de interesse; as linhas pontilhadas representam o escoamento da camada de ar em equilíbrio com a cultura de interesse, ao longo da distância x a partir da borda.

Várias abordagens podem ser empregadas para estimar a espessura da camada limite ajustada à vegetação. Uma das mais utilizadas foi proposta por Munro e Oke (1975) (Equação 8.34.), e baseia-se na premissa de que a sua espessura cresce lentamente a partir da borda (*x*) da vegetação (Figura 8.9.) em função da rugosidade aerodinâmica da cobertura. De modo geral, é comum a proposta de que para cada metro acima do dossel vegetativo, deve-se contar uma bordadura entre 50 m e 100 m para assegurar perfeita interação entre a camada de ar e a vegetação. Em algumas situações, há também estudos mostrando que a exigência de bordadura pode ser menor quando a condição regional de umidade é relativamente homogênea, bem como quando a transição de uma superfície lisa (e baixa) para outra mais rugosa (e alta). Heilman et al (1989), por exemplo, observaram que sobre uma lavoura de algodão irrigado, a razão altura/bordadura de apenas 1:20 foi adequada para medidas micrometeorológicas, assegurando boa qualidade de medidas.

$$\delta = 0{,}1 \cdot {z_o}^{0{,}2} \cdot x^{0{,}8} \qquad (8.34.)$$

em que: z_o o comprimento da rugosidade (m); e x é a distância a partir da borda da cultura.

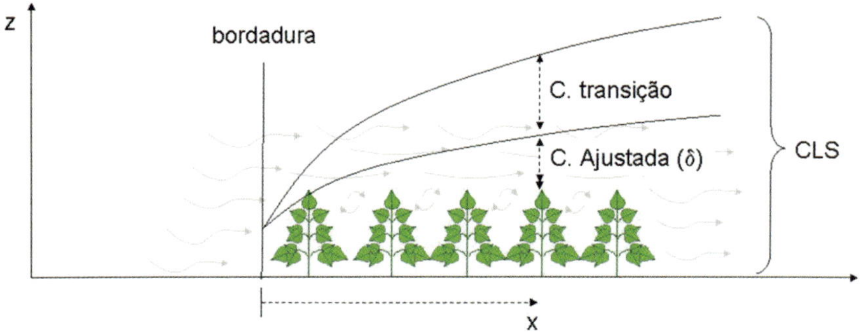

Figura 8.9. Representação esquemática do desenvolvimento da camada limite superficial a partir de uma borda de transição entre duas superfícies distintas.

O tratamento adequado dessa questão é de especial importância quando se pretende realizar experimentos sobre as trocas de massa e energia entre a vegetação e a atmosfera. Uma bordadura suficiente para a realização de medidas micrometeorológicas é essencial para assegurar a obtenção de dados de qualidade e representativos da cultura monitorada.

Em se tratando do método da razão de Bowen (discutido no capítulo 9), por exemplo, a definição correta da bordadura é essencial para as premissas do método serem válidas. Este método pressupõe que o transporte de massa seja unidimensional, sem gradientes horizontais e que os sensores que medem os gradientes devem estar localizados dentro da subcamada de equilíbrio, na qual os fluxos, em teoria, não variam com a altura. O método também admite que a superfície seja homogênea com relação às fontes e drenos de calor, vapor d'água e momento (Perez et al., 1999; Fritschen e Simpson, 1989; Todd et al., 2000). Uma vez que a altura de instalação dos sensores micrometeorológicos deve obedecer a esses critérios, quanto maior for a altura de medida acima da cultura, maior deve ser a bordadura.

A seleção do local de instalação das medidas micrometeorológicas dentro da área cultivada deve considerar, principalmente, a altura da cultura, a altura de instalação dos sensores e a direção predominante do vento. Quando não for possível instalar os sensores em uma área central devido ao tamanho reduzido da área, pode-se posicionar a torre de modo a maximizar a distância que o vento percorre sobre a cobertura antes de atingir os sensores. Nessas circunstâncias, uma possibilidade é o monitoramento constante da direção do vento sobre a área experimental, desconsiderando-se os dados coletados nos horários em que o vento vem de outras direções que não a direção predominante inicialmente esperada.

Exemplo 8.2. Estime a bordadura necessária para a instalação de um conjunto de sensores meteorológicos que ficarão posicionados 1,0m acima do dossel de uma cultura de milho, que tem altura média de copa de 1,8m.

Resposta: Como primeiro passo, podemos estimar o valor de z_o a partir da altura da cultura. Pela Equação 8.27., temos que z_o=0,235m. Na sequência, podemos isolar da Equação 8.34. o termo x, assumindo o valor de δ=1,5m (estamos assumindo um valor um pouco maior do que a posição dos sensores (1m) por segurança), temos que x=42,4m.

8.9. RESISTÊNCIA AERODINÂMICA

Um conceito importante para a compreensão dos processos que ocorrem na interface solo-atmosfera é a resistência aerodinâmica. No caso do fluxo de vapor entre a vegetação e a atmosfera, pode-se entendê-la como uma resistência ao fluxo de vapor dentro da camada-limite, considerando-se o sistema de interesse para cada situação, seja ele uma comunidade vegetal, a copa de uma árvore, a folhagem de um ramo, ou mesmo uma única folha. Aqui, tratamos especificamente do fluxo de vapor entre a vegetação e atmosfera, mas poderíamos também utilizar este conceito para estudar os fluxos de CO_2 e energia. Vale também destacar que a resistência aerodinâmica deve ser considerada em conjunto com a escala espacial, ou mais especificamente, definindo-se *a priori* se ela se refere a uma comunidade vegetal, a uma planta isolada ou mesmo a uma única folha. Alguns trabalhos científicos foram realizados para estudar a relação entre a resistência aerodinâmica e o fluxo de massa e energia a partir da vegetação, fazendo-se aqui uma breve descrição das abordagens disponíveis para a quantificação da resistência aerodinâmica em três escalas de estudo.

8.9.1. COMUNIDADES VEGETAIS

Quando se trata de uma comunidade vegetal, nas situações em que a taxa de variação vertical da temperatura é próxima do gradiente adiabático seco, admite-se que o perfil de velocidade do vento adequa-se à premissa teórica apresentada na Figura 8.10. Com base nesse pressuposto, associando a proporcionalidade apresentada na Equação 8.25. com a equação geral do fluxo-gradiente, Penman e Long (1960) derivaram a Equação 8.35. para estimativa da resistência aerodinâmica de uma comunidade vegetal com cobertura contínua do terreno (r_a):

$$r_a = \frac{ln\left[\frac{(z-d)}{z_o}\right]^2}{u \cdot k^2} \qquad (8.35.)$$

em que r_a é dada em $s \cdot m^{-1}$; u é a velocidade do vento ($m \cdot s^{-1}$); z é a altura de medida de u (m); d é o deslocamento do plano zero (m), sempre menor que a altura (h, m) da cultura; z_o é o comprimento da rugosidade da superfície (m); e k é a constante de von Kármán.

Acima de uma superfície, como já visto, a forma do perfil de vento é determinada pela taxa de transporte vertical de momento que, por sua vez, é função do gradiente vertical de velocidade. Em se tratando do topo da copa de uma planta, o momento é transferido de cima para baixo, com as folhas exercendo uma resistência ao fluxo de ar e extraindo momento da camada de ar que passa sobre elas. O efeito que elas exercem sobre o perfil depende da densidade de folhas e de suas propriedades para a absorção de momento, definidas por um coeficiente de arrasto (C_d) característico da folhagem (Landsberg e James, 1971).

8.9.2. PLANTAS ISOLADAS

A abordagem descrita, apesar de contar com grande utilidade prática para culturas anuais, não considera a interferência mútua entre as folhas e a intensificação da turbulência decorrente da maior rugosidade da superfície. Esse aspecto ganha importância quando se pretende aplicar o conceito de *ra* para plantas isoladas, devido às modificações nas condições de contorno e a inadequação das premissas admitidas para superfícies homogêneas. A Figura 8.10. ilustra simplificadamente o regime de escoamento sobre uma superfície com cobertura descontínua do terreno, buscando enfatizar que nessas condições há uma intensificação dos processos turbulentos. Ao mesmo tempo, o adensamento foliar no interior da copa dificulta o fluxo de ar dentro da folhagem, tornando essa relação mais complexa. Dessa forma, enfoques diferenciados foram propostos para estudo de r_a na escala de uma planta, resultando em uma linha específica de pesquisa.

Figura 8.10. Representação esquemática do regime de escoamento sobre superfície descontinua.

Landsberg e Thom (1971) mediram a transferência de momento e vapor em uma espécie de pinus, e detectaram um aumento de r_a à medida que a densidade de folhas aumentava. Como hipótese, postularam que o aumento da r_a era devido à mútua interferência aerodinâmica entre as folhas, afetando a troca de qualquer propriedade entre a superfície da folha e o ar e tornando-a menos eficiente com a elevação da área foliar num dado volume. Diante dessa evidência, Landsberg e Powell (1973) realizaram um estudo de interesse teórico e com grandes aplicações práticas, por permitir a quantificação de r_a para copas de plantas isoladas e com interferência mútua. Isso foi de grande importância para os estudos de transpiração de plantas isoladas, já que a partir deste ponto passou-se a contar com uma metodologia desenvolvida exatamente para a escala de interesse. Trabalhando com mudas de macieiras de diferentes densidades foliares e com uma planta modelo construída com caule e ramos de cobre e folhas de alumínio envolvidas com papel de filtro umedecido, os autores definiram a densidade da planta como a soma da área das folhas e dos ramos, dividida pela área projetada da copa sobre o solo. Vale ressaltar que Landsberg e Powell (1973), neste estudo, notaram que a força de arrasto medida em plantas com interferência aerodinâmica mútua era maior que a de plantas com copas pouco densas, nas quais as folhas não causavam interferência umas sobre as outras.

Dessa constatação, propuseram o que se convencionou chamar de fator de interferência (η), aplicado tanto no transporte de momento como no de vapor e dado pela razão entre o coeficiente de arrasto de folhas isoladas e o coeficiente de arrasto de folhas com interferência mútua, que, por sua vez, seria função de um fator σ e da velocidade do vento. Na prática, esse fator representa a limitação para os processos de troca das propriedades atmosféricas com a superfície foliar devido à ação da interferência mútua das folhas. Essa característica torna esses processos dependentes da densidade foliar e diretamente proporcional à razão entre a área de silhueta da planta e a área projetada da copa.

Baseando-se na equação básica de r_a proposta por Monteith (1965), Landsberg e Powell (1973) derivaram a Equação 8.36, aplicável para plantas com copas isoladas e folhagem adensada. Vale ressaltar que a aplicabilidade do estudo desses autores para outras culturas é apenas presumida, pois poucos trabalhos posteriores avaliaram o modelo em outras espécies. A dificuldade experimental para este tipo de análise explica o pequeno número de estudos realizados nessa linha.

$$ra = 58 \cdot \eta^{0,56} \cdot \left(\frac{\varphi}{u} \right)^{0,5} \tag{8.36.}$$

em que η é a razão entre a área foliar e a área frontal de cada árvore na direção predominante do vento (adimensional); u é a velocidade do vento ($m \cdot s^{-1}$) medida na altura média das copas; φ é uma dimensão característica das folhas (m), que pode ser aproximada pela raiz quadrada da área média das folhas da planta, conforme Angelocci (2002).

Exemplo 8.3. Estime a resistência aerodinâmica para uma árvore isolada de citros com área foliar de $100m^2$, área frontal da copa de 5 m^2, dimensão caraterística de folha (φ) de 10cm e velocidade do vento na altura média da copa de 2 $m \cdot s^{-1}$.

Resolução: pelos valores de área foliar e área de frontal da copa, pode-se determinar que η=20,0 e aplicando-se os dados apresentados no exemplo na Equação 8.36, tem-se que ra=69,4 s m^{-1}.

8.9.3. FOLHAS ISOLADAS

Uma variável associada à resistência aerodinâmica na escala de uma folha é a espessura da camada limite da folha, que diz respeito ao microclima foliar e, em última instância, define o grau de acoplamento entre a atmosfera e a vegetação.

A camada-limite foliar distingue-se do restante da atmosfera livre principalmente pela maior concentração de vapor d'água. Isso ocorre porque a evaporação da água da folha, através da cavidade estomática, acumula-se preferencialmente nessa camada, antes de se dissipar na atmosfera turbulenta (Nobel, 2009). Nesta camada, o fluxo de ar é paralelo à superfície da folha e predominantemente laminar, dada sua baixa velocidade de deslocamento (Angelocci, 2002). A espessura dessa camada é dependente de fatores, como: a anatomia de folha, o seu tamanho e forma, e a presença de tricomas que retêm o vapor de água, a velocidade do vento, a temperatura e a concentração de água na folha (Pimentel, 2004).

Funções empíricas informam que a espessura da camada limite foliar é função da velocidade do vento, da dimensão e das características geométricas da folha. Para efeito de cálculo, como mencionado, admite-se que a dimensão característica da folha seja dada pela raiz quadrada da área média da folha. Obviamente, a velocidade do vento exerce papel fundamental, podendo promover a variação da espessura da camada-limite de 4 mm para 0,4 mm ou até menor, conforme se eleva a velocidade do vento na folhagem (Milburn, 1979).

Interessante notar que Gates (1980) e Nobel (2009) encontraram relações empíricas semelhantes para estimativa do comprimento efetivo da camada limite, como segue:

$$X_{cl} = 3{,}7 \cdot \left(\frac{l}{u}\right)^{0{,}5} \text{ (Gates, 1980)} \qquad (8.37.)$$

$$X_{cl} = 4{,}0 \cdot \left(\frac{l}{u}\right)^{0{,}5} \text{ (Nobel, 2009)} \tag{8.38.}$$

em que: X_{cl} é a espessura efetiva da camada limite (mm); l é a dimensão característica da folha (m) e u é a velocidade do vento ($m \cdot s^{-1}$).

Uma das dificuldades nessa linha de trabalho é o instrumental necessário, que envolve a construção de modelos foliares similares à da cultura que se pretende estudar. É comum ser necessário trabalhar com anemômetros de fio quente, mais sensíveis a pequenos deslocamentos de ar, além de aquecer os modelos de planta para o estudo das trocas de energia na escala da camada limite e foliar. Nessa linha de pesquisa tratando da estimativa da resistência aerodinâmica na escala foliar, destaca-se o trabalho de Brenner e Jarvis (1995). Estes autores utilizaram essa metodologia para estudo e simulação para quantificação de r_a para folhas isoladas de milheto, estabelecendo uma relação com a velocidade do vento e demonstrando a forte influência desta sobre as trocas de massa e energia entre a folhagem da cultura e a atmosfera, propondo que a condutância aerodinâmica (g_a) (o inverso da resistência aerodinâmica, ra) à difusão de calor sensível (que pode ser admitida como similar para o calor latente, com base na hipótese da similaridade) poderia ser expressa pela Equação 8.39., utilizando-se a=0,030 (os dados experimentais mostraram a variando entre 0,024 e 0,035) e b entre 0,5 e 0,8. Uma análise mais detalhada dos dados permitiu aos autores identificar que b variava em função do regime de escoamento propondo então que b fosse estimado pela equação 8.40.

$$g_a = a \cdot u^b \tag{8.39.}$$

em que g_a é a condutância aerodinâmica à difusão de calor sensível ($m \cdot s^{-1}$), u é a velocidade do vento na altura da planta e, a e b são coeficientes empíricos, sendo a=0,03 e b estimado pela Equação 8.40.

$$b = 0{,}211 \cdot DV + 0{,}49 \quad (8.40.)$$

em que *DV* é o desvio padrão da velocidade do vento na horizontal ($m \cdot s^{-1}$)

REFERÊNCIAS

Angelocci, L.R., 2002. Água na planta e trocas gasosas/energéticas com a atmosfera: Introdução ao tratamento biofísico. Piracicaba, SP: Edição do autor.

Arya, S. P. 2001. Introduction to micrometeorology. San Diego: Academic Press.

Brenner, A.J., Jarvis, P.G., 1995. A heated leaf replica technique for determination of leaf boundary layer conductance in the field. Agricultural and Forest Meteorology 72, 261–275.

Campbell, G. S., Norman. J. M. 1998. An introduction to Environmental Biophysics, 286 pp. Springer, New York.

Fritschen, L.J.; Simpson, J.R. Surface energy and radiation balance systems: general description and improvements. Journal of Applied Meteorology, Boston, v. 28, p. 680-689, 1989.

Gates, D.M., 1980. Biophysical ecology. Springer, New York. 611p.

Heilman, J.L.; Brittin, C.L. Fetch requirements for Bowen Ratio measurements of latent and sensible heat fluxes. Agricultural and Forest Meteorology, v.44, p.261-273, 1989.

Jones, H.G. Plants and microclimate: a quantitative approach to environmental plant physiology. New York: Cambridge University Press, 1992. 428p.

Landsberg, J. J., D.B.B. Powell. 1973. Surface exchange characteristics of leaves subject to mutual interference. Agricultural Meteorology 12: 169–184.

Landsberg, J J, and A S Thom. 1971. Aerodynamic Properties of a Plant of Complex Structure. Quarterly Journal of the Royal Meteorological Society (414): 565–70.

Landsberg, J J, and G B James. 1971. Wind Profiles in Plant Canopies: Studies on an Analytical Model. Journal of Applied Ecology (3): 729–41.

Massman, W.J. A surface energy balance for partitioning evapotranspiration data into plant and soil components for a surface with partial canopy cover. Water Resources Research, v.28, n.6, p.1723-1732, 1992.

Monteith, J.L. Evaporation and environment. Symposium of Society of Experimental Biology, v.19, p.205-234. 1965.

Milburn, J.A., 1979. Water flow in plants. Longman Inc.

Munro, D. S., e T. R. Oke. 1975. Aerodynamic boundary-layer adjustment over a crop in neutral stability. Boundary-Layer Meteorology 9 (1): 53–61.

Nobel, P. S. 2009 Physicochemical e environmental plant physiology. Academic Pr.

Penman, H. L., e I. F. Long. "Weather in wheat: an essay in micro-meteorology". Quarterly Journal of the Royal Meteorological Society 86, nº 367 (1960): 16–50.

Pereira, A. R. Introdução a micrometeorologia. Piracicaba: Departamento de Ciências Exatas da ESALQ/USP, 2000. 72 p.

Perez, P.J., Castellvi, F., Ibaņez, M., Rosell, J.I., 1999. Assessment of reliability of Bowen ratio method for partitioning fluxes. Agricultural and Forest Meteorology 97, 141–150.

Perrier, A., 1982. Land surface processes: vegetation, In: Land Surface Processes in Atmospheric General Circulation Models. Cambridde Univesity Press, Cambridge, pp. 395–448.

Pimentel, C. 2004. A Relação Da Planta Com a Água. Seropédica: Edur CN - 0000, June, 191p. http://files.prof-vanderufersa.webnode.com.br/200000128-9d5559e5ec/Livro A RELAÇÃO Agua - Solo.pdf.

Prandtl, L. (1925). Z. angew. Math. Mech. 5 (1): 136–139.

Reynolds, O. 1895. On the Dynamical Theory of Incompressible Viscous Fluids and the Determination of the Criterion. Philosophical Transactions of the Royal Society of London. A 186: 123-164.

Righi, E. Z. 2005. Balanço de energia e evapotranspiração de cafezal adensado em crescimento sob irrigação localizada. Tese de doutorado. ESALQ-USP. 151p.

Righi, E. Z, Angelocci, L. R., e Marin, F. R. 2010. Energy balance of a young drip-irrigated coffee crop in southeast Brazil: an analysis of errors and reliability of measurements by the Bowen ratio method. Revista Brasileira de Agrometeorologia 15 (3).

Rosenberg, N.J., Blad, B.L., Verma, S.B. Microclimate: The Biological Environment. Wiley, USA, 495 pp. 1983.

Shaw, R.H., and Pereira, A.R. 1982. Aerodynamic Roughness of a Plant Canopy: A Numerical Experiment. Agricultural Meteorology 26 (1): 51–65.

Stanhill, G., 1969. A simple instrument for the field measurement of turbulent diffusion flux. Journal of Applied Meteorology 8, 509–513.

Sutton, O.G. 1977. Micrometeorology: a study of physical processes in the lowest layers of the earth's atmosphere. New York: RE Krieger.

Thom, A.S. Momentum, Mass and Heat Exchange of Plant Communities. In: Monteith, J. L. (Ed.). Vegetation and the Atmosphere. London : Academic Press, 1975. v. 1, p. 57-109.

Todd, R.W., Evett, S.R., Howell, T.A., 2000. The Bowen ratio-energy balance method for estimating latent heat flux of irrigated alfalfa evaluated in a semi-arid, advective environment. Agricultural and Forest Meteorology 103, 335–348.

9. FLUXO DE VAPOR D'ÁGUA EM COMUNIDADES VEGETAIS

9.1. INTRODUÇÃO

O capítulo 6 tratou do balanço de radiação e energia, com especial atenção para os fluxos de massa e energia em comunidades vegetais. Ao longo daquele capítulo, introduziu-se o conceito de fluxo de calor latente (*LE*) como representação da fração da energia radiante disponível no ambiente utilizada no processo de mudança de estado da água líquida para a fase gasosa. Como já discutido, o termo "calor latente" foi cunhado a partir da sensação dos primeiros observadores de que havia um sumidouro de energia em ambientes onde havia energia radiante disponível e água na fase líquida. Assim, se sob o ponto de vista energético uma parte da energia "some" do sistema, uma quantidade de vapor d'água (massa) correspondente à energia consumida "surge" na atmosfera do sistema analisado. Tem-se, então, energia sendo "convertida" em massa. Neste capítulo, aprofundaremos a discussão sobre este aspecto, já que o consumo hídrico das comunidades vegetais representado pelos processos de transpiração e evaporação têm grande importância ambiental, seja no estudo dos processos dos ecossistemas naturais, seja por conta da pressão sobre os mananciais e do grande volume de água necessária para viabilizar projetos de agricultura irrigada. Tem, também, grande importância econômica, uma vez que investimento no equipamento e o custo da energia elétrica e de manutenção do sistema podem inviabilizar o negócio.

O fluxo de vapor d'água (ou evapotranspiração) a partir de uma comunidade vegetal para a atmosfera é o segundo maior componente do ciclo hidrológico e uma das variáveis mais estudadas no mundo (Ramírez-Builes e Harmsen, 2011). Há muito tempo, o homem notou que havia relação entre a evaporação da água e as condições ambientais. Em dias ensolarados, com baixa umidade e presença de vento, as roupas no varal e os vasos de plantas secam mais rápido que em dias nublados e chuvosos. Da observação empírica ao equacionamento dos fatores que regem o processo de evaporação seguiu-se um longo tempo, até que Thornthwaite & Holzman (1942) fizeram as primeiras medidas de fluxo de vapor sobre superfícies vegetadas, na tentativa de equacionar o processo de evapotranspiração. A Segunda Guerra Mundial, contudo, interrompeu esse trabalho e postergou em alguns anos a publicação do achado. Passada a guerra, os primeiros resultados surgiram em 1948, tornando este ano um marco para essa linha de pesquisas. Nesse ano, tanto Thornthwaite (1948) como Penman (1948) publicaram seus respectivos trabalhos. Thornthwaite (1948) descreveu o primeiro método para estimativa da evapotranspiração de bacias hidrográficas baseando-se nas coordenadas geográficas do local, na época do ano e na temperatura média do ar, ganhando grande repercussão por sua simplicidade e pequena exigência em termos de dados de entrada. Penman (1948) combinou uma equação termodinâmica do balanço de energia da superfície com uma função empírica representando a resistência aerodinâmica ao transporte de vapor para a atmosfera, constituindo, deste modo, um dos métodos mais utilizadas no mundo (Ramírez-Builes e Harmsen, 2011), tendo sido modificada por Monteith (1965) para então tornar-se o famoso método de Penman-Monteith.

O termo evapotranspiração é baseado na ocorrência de dois processos simultâneos e naturais – a evaporação, processo físico pelo qual há mudança de fase da água a partir do solo e da água interceptada pela folhagem e a transpiração, que se refere à perda de água na forma de vapor através das plantas, principalmente nas folhas, embora a transpiração também possa ocorrer através das lenticelas. Assim, variáveis fisiológicas, de solo e meteorológicas interferem nesse processo. Além disso, é evidente, ambos os processos decorrem da mudança de fase da água, passando do estado líquido para o gasoso, com consumo de energia, normalmente oriundo do saldo de radiação da superfície. Assim, é fácil deduzir que ambientes com maior disponibilidade de energia radiante têm maior potencial de evapotranspiração que ambientes com baixos valores de saldo de radiação.

Além da disponibilidade de energia, outro fator de grande importância no processo de evapotranspiração é a regulação da difusão do vapor d'água exercida tanto pelos estômatos como pela atmosfera em contato com a folhagem. O papel da atmosfera neste processo se dá porque, quando há evaporação da água, uma fina camada praticamente saturada de vapor se forma sobre a superfície evaporante (chamada de camada limite, como discutido no capítulo 8) e, para que essa fina camada seja misturada à atmosfera turbulenta, o vento precisa atuar removendo essa quantidade de vapor liberada. Assim, além de energia disponível para a mudança de fase da água, deve haver um gradiente de pressão de vapor entre a superfície imediatamente adjacente à superfície foliar e a atmosfera turbulenta. Havendo tais componentes (energia, gradiente de pressão de vapor e vento), o vapor oriundo da superfície evaporante é imediatamente removido, mantendo-se o gradiente de pressão de vapor entre a fonte de vapor e a atmosfera livre. No processo de transpiração, a estrutura do dossel vegetativo também interessa neste contexto, uma vez que em copas mais densas há maior dificuldade para a passagem do vento em seu interior e, portanto, maior resistência aerodinâmica à difusão do vapor. O papel dos estômatos aparece apenas na transpiração, uma vez que a abertura da cavidade estomática varia de modo complexo em função de diversos elementos meteorológicos (radiação solar, temperatura e umidade do ar, concentração de CO_2 na atmosfera) e fisiológicos (concentração de CO_2 na cavidade subestomática, potencial da água no tecido foliar) com a finalidade de regular o balanço entre a perda de água por parte das plantas e a assimilação de dióxido de carbono para o processo fotossintético. O grau de abertura das células-guarda dos estômatos é inversamente proporcional à resistência foliar à difusão de vapor (e, portanto, diretamente proporcional a condutância foliar).

Dentro da planta, a manutenção da transpiração ao longo de um dia quente e ensolarado é mantido através de um *continuum* de água na fase líquida, formado desde os poros do solo até a cavidade subestomática, de modo que haja reposição da água evaporada nos estômatos, evitando assim a queda da turgidez nas células-guarda. Assim, numa representação simplificada do sistema, pode-se afirmar que o fluxo ascendente de água ocorre à custa de um gradiente de potencial químico da água, expresso em unidades de energia por volume ($J \cdot m^{-3}$) ou de pressão (kPa). A Figura 9.1. ilustra esse *continuum*, indicando faixas de valores de potencial químico da água para cada componente do sistema.

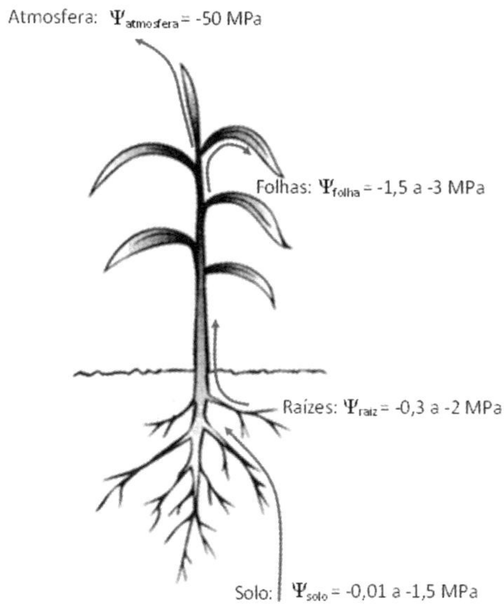

Adaptado de Eijkel e van den Berg (2005).

Figura 9.1. Esquema representativo do fluxo de água entre o solo e atmosfera através da planta, movido por um gradiente de potencial químico da água.

9.2. CONCEITOS E DEFINIÇÕES

Como já abordado, evapotranspiração é o termo usado para designar o processo de transferência de água para a atmosfera, sob a forma de vapor, decorrente da evaporação direta da água interceptada pela copa das plantas, bem como da superfície do solo, rios, lagos e oceanos, assim como a transpiração dos seres vivos, especialmente através da folhagem da vegetação.

Dependendo das condições da vegetação, da sua extensão, do tamanho da área vegetada e da disponibilidade de água no solo, é possível estabelecer uma terminologia específica para a evapotranspiração, conceituando as diferentes condições sob as quais o processo pode ocorrer e facilitando a troca de informações. Os quatro principais conceitos relacionados a evapotranspiração e suas respectivas terminologias são descritos a seguir conforme Allen et al. (1998):

1) Evapotranspiração de Referência (ETo) refere-se à quantidade de água que seria hipoteticamente utilizada por uma extensa superfície vegetada, como um gramado, com altura entre 8 e 15 cm, em crescimento ativo, sem restrição hídrica e cobrindo totalmente o solo. Como ETo é função apenas dos elementos meteorológicos, ela também pode ser considerada como um deles, sendo estimada com equações baseadas na temperatura do ar, na radiação solar, no déficit de pressão de vapor e no vento. A estimativa da ETo será mais discutida ainda neste capítulo, na seção que trata do Método de Penman-Monteith.

2) Evapotranspiração Real (ETr) é a quantidade de água de fato utilizada por uma superfície similar àquela descrita para evapotranspiração potencial, mas com ou sem restrição hídrica no solo. A evapotranspiração real pode ser medida através de lisímetros e pode ser estimada a partir do balanço hídrico climatológico, discutido mais adiante. Allen et al. (1998) propuseram o termo "evapotranspiração ajustada" em substituição à "evapotranspiração real", de modo a tornar mais universal sua aplicação e conceituando-a como aquela em que o processo ocorre fora das condições anteriormente citadas, por diferentes razões. Neste texto, mantém-se o termo "evapotranspiração real". A Figura 9.2. ilustra uma situação em que a ETr é limitada por deficiência hídrica. A estimativa da ETr é ponto de interesse há muito tempo e uma das formas mais direta de realizá-la é através das técnicas do balanço hídrico no solo. A ETr é um processo biofísico, controlado tanto pela planta quanto pela umidade do solo. A Figura 9.3 ilustra três abordagens clássicas frequentemente utilizadas para a estimativa da ETr: 1) Thornthwaite & Mather (1955), em que ETr decresce linearmente com a redução da umidade do solo, 2) Rijtema & Aboukhaled (1975) em que a umidade do solo decresce linearmente a partir de um valor crítico de umidade

do solo e; 3) Dourado-Neto & van Lier (1993) em que a umidade decresce de modo não linear a partir de um valor crítico de umidade. Vale destacar que as três abordagens, durante o processo de desenvolvimento dos métodos por seus respectivos autores, mostraram aderência aos dados observados em condições experimentais, o que sugere a possibilidade de que as três sejam válidas dependendo das condições ambientais. Essa hipótese ganha destaque quando se compara as três curvas da Figura 9.2. àquelas observadas por Denmead & Shaw (1962) sob diferentes condições de demanda hídrica atmosférica (Figura 9.3.). Na verdade, por ocasião da publicação do artigo, Denmead & Shaw (1962) já haviam levantado a hipótese de que as diferentes abordagens seriam válidas a depender das condições meteorológicas. Assim, ao que parece, um modelo adequado para estimativa da ETr deve levar em conta também a intensidade da demanda (representada pela faixa de valores de evapotranspiração de culturas, discutida a seguir), e não apenas o estado de umidade do solo.

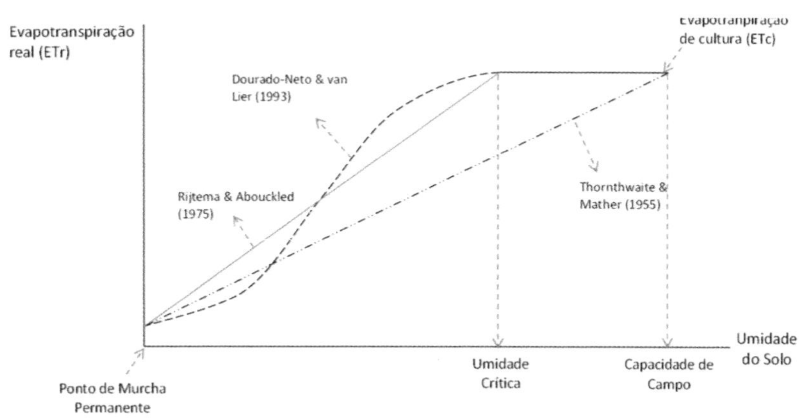

Adaptado de Dourado-Neto et al., 1999.

Figura 9.2. Representação esquemática de três abordagens descrevendo a variação da evapotranspiração real em função da umidade do solo.

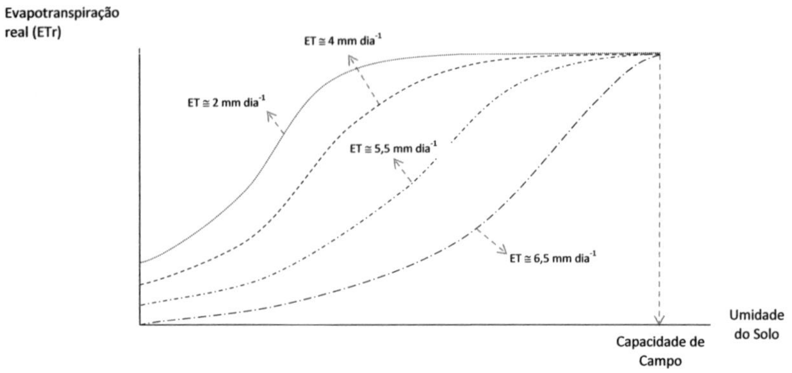

Adaptado de Denmead & Shaw (1962).

Figura 9.3. Variação da evapotranspiração real em função da umidade do solo e da demanda hídrica atmosférica.

3) Evapotranspiração de Oásis (EO) é a quantidade de água utilizada por uma pequena área vegetada e bem suprida hidricamente que é circundada por uma extensa área seca de onde provém energia por advecção. A Figura 9.4 ilustra um caso típico de EO em decorrência da advecção de calor sensível de uma área contígua mais seca (e, portanto, mais aquecida). Note que a EO tem tendência de redução conforme se distancia da borda da área irrigada.

4) Evapotranspiração de Cultura (ETc) é a quantidade de água utilizada por uma cultura em qualquer fase do seu desenvolvimento bem suprida hidricamente. A ETc varia em função do desenvolvimento da lavoura e, principalmente, da área de foliar. Como a determinação da ETc não é uma tarefa simples, o conceito de coeficiente de cultura foi desenvolvido de modo a facilitar a estimativa a partir dos valores de ETo, como mostra a equação abaixo:

$$ETc = ETo \cdot Kc \qquad (9.1)$$

em que Kc é o coeficiente de cultura, variando a cada fase fenológica da cultura e diferindo entre as diferentes espécies de plantas.

A Figura 9.4. ilustra a interação entre umidade do solo, balanço de energia (e seus componentes vertical e horizontal) e as diferentes classes de evapotranspiração observadas em região de transição entre superfícies com diferentes estados de umidade do solo. Essa situação é bastante comum em áreas irrigadas situadas em zonas mais secas, onde a transição da superfície seca para a úmida é abrupta e o transporte horizontal de calor sensível pode causar o fenômeno observado na área de transição da Fig. 9.4. Nesta situação, a ocorrência de ETc foi verificada apenas após certa distância da borda, quando o balanço de energia da área passou a ser determinado exclusivamente pelos fluxos verticais de energia (zona em que já não havia influência da advecção). Ainda neste capítulo, na seção 9.3, voltaremos a discutir alguns aspectos relacionados a ETc.

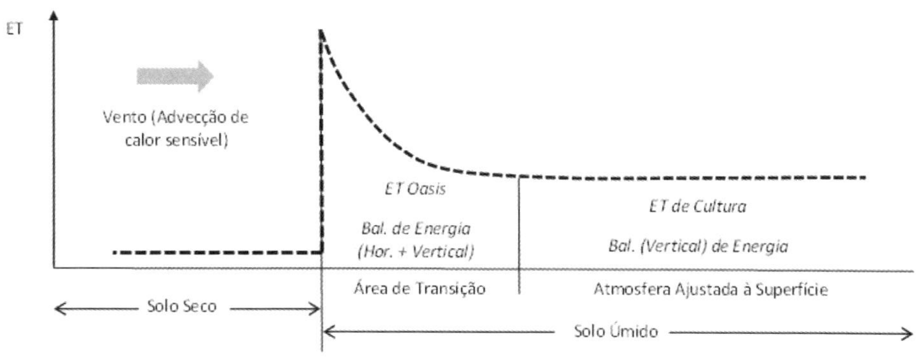

Adaptado de Pereira et al. (1997).

Figura 9.4. Representação esquemática da interação entre umidade do solo, balanço de energia (e seus componentes vertical e horizontal). A linha pontilhada refere-se aos valores de evapotranspiração esperados nessa situação.

9.3. QUANTIFICANDO A EVAPOTRANSPIRAÇÃO DE REFERÊNCIA E DE CULTIVOS AGRÍCOLAS

Uma das principais aplicações práticas das estimativas de evapotranspiração é o planejamento e o manejo de sistemas de irrigação, otimizando o uso da água, da energia e reduzindo os custos da irrigação. Sob o ponto de vista ambiental, vale lembrar que o manejo adequado da irrigação é de grande importância, uma vez que mais de 70% da água doce do mundo é utilizada na agricultura. No Brasil, a realidade do manejo de irrigação é ainda bastante atrasada em comparação com os países mais desenvolvidos, uma vez que o manejo é normalmente feito sem critérios adequados e com desperdício de água e energia.

Uma das principais estratégias para a estimativa das necessidades de água das culturas agrícolas é através dos coeficientes de cultura (K_c, como descrito na seção 9.2. deste capítulo) em estudos dedicados às culturas anuais. O conceito de K_c foi introduzido por Jensen (1968) com contribuições posteriores de outros pesquisadores (Doorenbos & Pruitt, 1975; Allen et al., 1998). Como já abordado neste capítulo, atualmente, a estimativa de ET_c utilizando o K_c baseia-se num conceito conhecido como "abordagem duas fases": na primeira fase estima-se o ET_o; na segunda fase faz-se a estimativa de ET_c utilizando um valor de Kc adequado para a cultura e sua respectiva fase fenológica. A ET_o, como discutido na seção 9.2, representa a demanda evaporativa da atmosfera, enquanto o K_c leva em conta características da cultura, fase fenológica, as práticas de manejo empregadas, como a frequência de irrigação empregada.

Essa abordagem foi desenvolvida para culturas anuais, que cobrem continuamente o terreno, com baixa rugosidade e de porte relativamente baixo. Quando aplicado para culturas em renques ou em pomares de frutas, onde cada planta constitui um sistema praticamente isolado por causa do grande espaçamento de plantio, a rugosidade e turbulência atmosférica são maiores que as observadas em culturas anuais, reduzindo a espessura da camada limite ajustada, e elevando as taxas de trocas de vapor d'água, CO_2 e energia térmica das plantas com a atmosfera (Jarvis, 1985).

Nestes casos pode-se considerar os agroecossistemas em renques ou em plantas espaçadas como sendo divididos em dois componentes principais: a vegetação de interesse econômico e a entrelinha da cultura (que pode, por sua vez, apresentar vegetação rasteira ou somente o solo exposto). Do primeiro componente o maior interesse é a transpiração das plantas cultivadas, notadamente em sistemas de irrigação localizada; do segundo, interessa saber sua participação no consumo hídrico total e qual sua influência sobre a ecofisiologia e desempenho produtivo da cultura de interesse.

Allen et al. (1998), considerando os aspectos aqui abordados sobre as culturas com cobertura esparsa do terreno, propuseram que o K_c poderia ser dividido em dois componentes principais: um deles relacionado com a transpiração (T) da cultura de interesse, dados pela razão T/ETo e denominado de coeficiente de cultura basal, simbolizado por K_{cb}. O segundo componente seria então relacionado com a evapotranspiração da entrelinha; pode ser determinado pela diferença entre K_c e K_{cb} e é denominado coeficiente de evaporação (K_{ce}), numa alusão a evaporação do solo nu. No Brasil, devido à grande diversidade climática e de sistemas de implantação e manejo das culturas, pode-se considerar que os trabalhos sobre K_c são ainda escassos e há grande carência de informações para a melhoria do planejamento e manejo de sistemas de irrigação.

Sob o ponto de vista prático, uma linha de investigação recente estuda a possibilidade de que os valores de K_c não sejam constantes para todas as condições de demanda hídrica atmosférica, como tem sido admitido para culturas anuais (Allen et al., 1998). Ao contrário, a conjugação dos fatores aerodinâmicos, energéticos e hídricos nas culturas com cobertura esparsa e porte elevado com suas características fisiológicas, poderia exacerbar a restrição ao fluxo de vapor das folhas sob elevada demanda hídrica atmosférica (representada por altos valores de ET_o), o que implicaria em redução nas taxas de evapotranspiração (e transpiração) e, consequentemente, na taxa de variação dos valores de K_c (e de K_{cb}) com a elevação da ET_o. Essa hipótese baseia-se na premissa de que as espécies submetidas a baixos valores de Ω (ver seção 9.3.3.) tendem a ter o controle estomático mais efetivo do que aquelas cultivadas em condições ambientais em que os valores de Ω tendem a ser mais elevados (Wullschleger et al., 2000).

Um exemplo de implicação dessa abordagem sobre o estudo do consumo hídrico das plantas e o fator de acoplamento é seu efeito sobre o consumo hídrico de culturas isoladas. Baseando-se em Wullschleger et al. (2000), uma hipótese possível é que o forte acoplamento entre a vegetação e a atmosfera sob condições de elevada demanda hídrica seria suficiente para reduzir a abertura estomática das culturas e seu consumo hídrico, por insuficiência no fluxo de água das raízes até a copa. Esta hipótese foi testada para lima ácida Tahiti (Figura 9.5.) e café (Figura 9.6) com resultados positivos (Marin et al., 2005; Marin e Angelocci, 2011; Marin et al., 2016; Marin et al., 2019). Ambas as figuras indicam que sob condições de elevada ET_0, os valores de transpiração tendiam a estabilizar-se num determinado patamar, não acompanhando a demanda hídrica atmosférica.

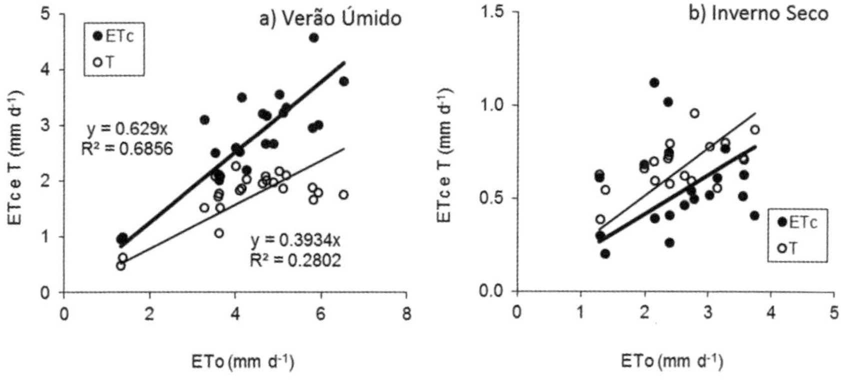

Figura 9.5. Relações entre a transpiração (T), evapotranspiração máxima (ETc) e de referência (ETo) em um pomar de lima ácida Tahiti em duas épocas do ano.

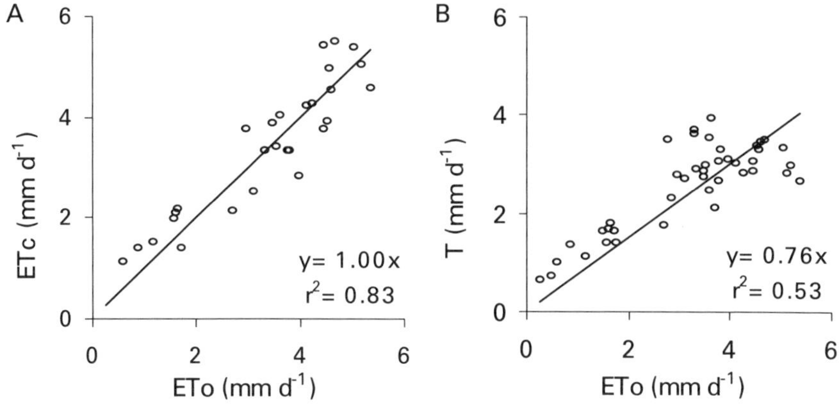

Figura 9.6. Relações entre a evapotranspiração máxima (ETc) e de referência (ETo) (A), e relações entre a transpiração (T) e ETo (B) em cafezal.

A Figura 9.7. mostra a relação entre a condutância estomática e o fator de acoplamento em pomar de lima ácida Tahiti. Os baixos valores de Ω são indicativos de que nessas condições a velocidade do vento e o déficit de pressão vapor (DPV) são as variáveis de grande importância na determinação da ETc. Em outras palavras, o fator aerodinâmico assume papel relevante, ao lado do termo radiativo para essa condição estudada. Jarvis (1985) postulou que em culturas com cobertura esparsa do terreno e de grande porte, Ω seria menor em decorrência da forte turbulência e da redução da resistência aerodinâmica. Portanto, em condições de alta disponibilidade radiativa, elevada velocidade do vento e alta DPV, que são normalmente observadas quando a ET_o passa de 4,0 mm·d^{-1}, pode-se supor que culturas com elevadas resistências internas ao fluxo de água no xilema e através dos estômatos não responderiam linearmente à demanda hídrica da atmosfera.

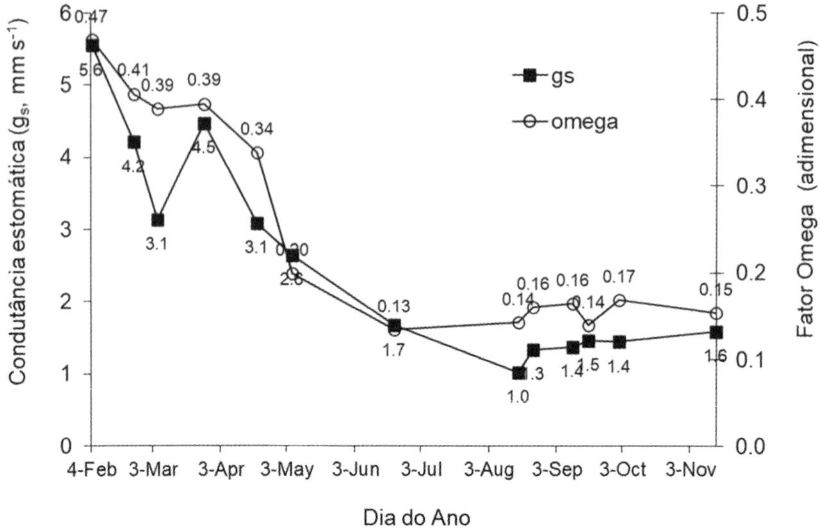

Figura 9.7. Variação temporal da condutância estomática (g_s) e o fator de acoplamento (Ω) medidos ao longo de 10 meses em pomar de lima ácida Tahiti.

Ainda, segundo Allen et al. (1998), os valores Kc recomendados em seu trabalho aplicam-se à condição climática de referência (clima sub-úmido, umidade relativa mínima de 45% e velocidade do vento em torno de 2 $m{\cdot}s^{-1}$), e que Kc tenderia a elevar-se sob condições de alta velocidade do vento e baixa umidade relativa do ar. Entretanto, dados experimentais em citros e cafezais indicam que essa tendência pode não ser universal. Marin et al. (2005) e Marin e Angelocci (2011) observaram-se que a elevada velocidade do vento e a baixa umidade do ar afetaram a transpiração das plantas, alterando Kcb conforme ETo variava, o que implica em tendência inversa ao previsto por Allen et al. (1998). Esses trabalhos também constataram que a transpiração não acompanhou linearmente ET_o, com redução de K_{cb} conforme ETo aumentava. Por fim, os autores observaram que o K_c não teve o mesmo padrão de variação observado que aquele do K_{cb}, por causa do efeito compensador da evapotranspiração da vegetação intercalar em condições de elevada disponibilidade hídrica no solo. Portanto, em suma, para culturas de porte elevado e irrigadas por sistema localizado, não parece adequado o uso de valores únicos de K_{cb}, o que poderia implicar em desperdício de água e energia em culturas sob irrigação localizada. Para pomares de citros e cafezais isso foi comprovado e talvez isso possa ser generalizado para outras culturas de porte similar, desde que haja experimentos reforçando esta hipótese.

O desenvolvimento de métodos para estimativa da transpiração baseia-se em dados de campo. Normalmente, tem-se nos lisímetros uma primeira opção como medida de referência e nas medidas de fluxo de seiva outra opção para espécies arbóreas de maior porte. Lisímetro é um instrumento de medida para quantificação da evapotranspiração de uma superfície e que são classificados como lisímetros de pesagem, de drenagem ou de lençol freático constante. Os lisímetros vêm sendo utilizados há décadas como informação de referência para o desenvolvimento, calibração e validação de métodos de evapotranspiração em todo o mundo. Como premissa, os lisímetros medem a evapotranspiração e o balanço vertical de energia uma amostra representativa de uma área de interesse. É essencial que os lisímetros sejam circundados pela cobertura de interesse, assim como a área correta da vegetação recobrindo o terreno seja utilizada para a conversão do volume de água evapotranspirado em lâmina de água na unidade de milímetros, por exemplo. No item 9.3.2, há um detalhamento sobre o funcionamento dos lisímetros.

Os sensores de fluxo de seiva instalados no tronco ou nos ramos são uma opção à construção de lisímetros dispendiosos e de grande porte. Esse tipo de sensor baseia-se no fornecimento de calor ao tronco para determinação do fluxo de água da corrente transpiratória ("fluxo de seiva") que, em condições de elevada disponibilidade hídrica no solo, representa a transpiração diária para períodos de 24 horas (Valancogne e Nasr, 1993; Zhang et al., 1997). Usualmente, os trabalhos científicos realizados nessa linha consideram a medida direta do fluxo de seiva no tronco como representativo da transpiração para períodos de 24 horas. Um método muito utilizado e bem estudado é o chamado "Método do Balanço de Calor"

(MBC), (Sakuratani, 1981; Baker e Van Bavel, 1987, Marin et al., 2008), sendo também empregados com frequência o método do pulso de calor, com diversas variantes (Marshall, 1958) e o método da sonda de dissipação térmica (Granier, 1985; 1987). Estes dois métodos são relativamente mais simples que o MBC quanto às exigências técnicas para sua operação, mas, em contrapartida, necessitam de procedimentos de calibração, invariavelmente destrutivos, para a determinação da densidade de fluxo de seiva que ascende pelo caule.

9.3.1. MÉTODOS MECANÍSTICOS E MICROMETEOROLÓGICOS

9.3.1.1. MÉTODO DE PENMAN-MONTEITH

O método de Penman-Monteith é considerado o método padrão para a FAO (Allen et al., 1998) na estimativa da ET_o. Este método é uma derivação da equação de Penman (1948), que combinou a equação do balanço de energia com o conceito de transferência de massa, derivando uma equação para o cálculo da evaporação de uma superfície aberta, utilizando dados de insolação, temperatura, umidade do ar e velocidade do vento (Allen et al., 1998). Este método foi, em seguida, objeto de trabalho de diversos pesquisadores, tendo sido adaptado por Monteith (1965) para superfícies vegetadas através da inclusão da resistência da cobertura e da resistência aerodinâmica (Figura 9.8.). Este método foi parametrizado pela FAO e Organização Meteorológica Mundial como método de referência para estimativa da evapotranspiração (Allen et al., 1998).

A Equação 9.2. foi originalmente proposta por Monteith (1965) e a sua versão parametrizada por Allen et al. (1998) para o período de um dia, considerando um gramado hipotético com altura entre 8 e 15 cm onde os regimes aerodinâmico e radiativo podem ser considerados uniformes para todo o dossel, permitindo admitir que este seja representado por uma única e grande folha, na Equação 9.3.:

$$\lambda ET = \frac{s \cdot (SR - G) + \rho_{ar} \cdot cp \cdot \frac{(DPV)}{r_a}}{s + \gamma \cdot \left(1 + \frac{r_f}{r_a}\right)} \qquad (9.2.)$$

$$ET_o = \frac{0{,}408 \cdot s \cdot (SR - G) + \gamma \cdot \frac{900}{T + 273} \cdot u_2 \cdot DPV}{s + \gamma \cdot (1 + 0{,}34 \cdot u_2)} \qquad (9.3.)$$

em que SR é o saldo de radiação da cobertura padrão ($MJ \cdot m^{-2} \cdot d^{-1}$), G é o fluxo de calor no solo ($MJ \cdot m^{-2} \cdot d^{-1}$); DPV é o déficit de pressão de vapor do ar (kPa); ρ_{ar} é a densidade do ar ($kg \cdot m^{-3}$); c_p é o calor específico do ar ($MJ \cdot kg^{-1}$); s é a tangente à curva de pressão de saturação de vapor ($kPa \cdot {}^oC^{-1}$); γ é a constante psicrométrica ($kPa \cdot {}^oC^{-1}$); r_f e r_a são respectivamente a resistência da cobertura e a aerodinâmica ($s \cdot m^{-1}$); u_2 é a velocidade do vento ($m \cdot s^{-1}$) medida a 2m da superfície do solo. ET_o é dado em $mm \cdot d^{-1}$.

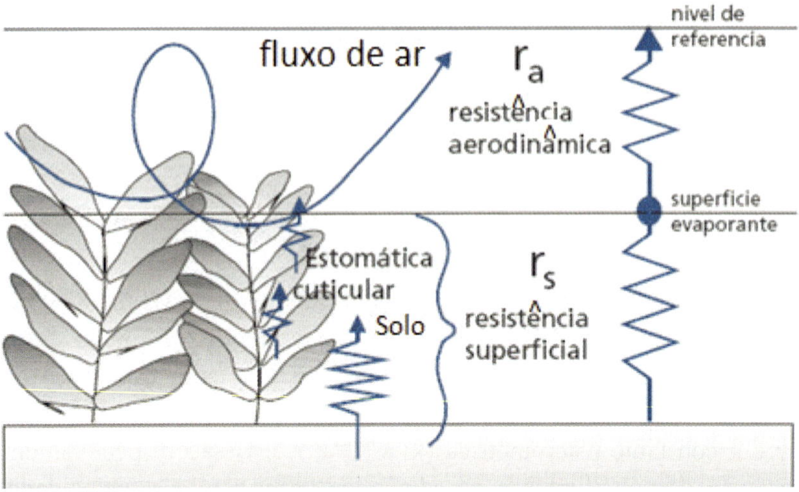

Adaptado de Allen et al. (1998).

Figura 9.8. Representação esquemática das resistências e da interação entre a atmosfera e a vegetação consideradas no método de Penman-Monteith.

Exemplo 9.2. Considerando os dados abaixo, registrados em um dia de dezembro no município de Piracicaba, São Paulo, Brasil, estime a evapotranspiração de referência (ETo).

Tar °C	UR %	V. Vento $m \cdot s^{-1}$	SR-G $MJ \cdot m^{-2} \cdot d^{-1}$	DPV kPa	S kPa·°C	ra s/m	γ kPa·°C
27,0	73	1,5	14,0	1,0	0,200	139	0,067

Resposta: Aplicando-se tais valores na Equação 9.16, tem-se que, neste dia, a ETo= 4,92 mm d^{-1}, como se demonstra abaixo:

$$ET_o = \frac{0{,}408 \cdot 0{,}200 \cdot (14) + 0{,}067 \cdot \frac{900}{(27 + 273)} \cdot 1{,}5 \cdot 1{,}0}{0{,}200 + 0{,}067 \cdot (1 + 0{,}34 \cdot 1{,}5)} = 4{,}92 \text{ mm d}^{-1}$$

9.3.1.2. MÉTODO DA RAZÃO DE BOWEN

Quando o interesse é conhecer e modelar os fluxos de massa e energia, um dos principais métodos micrometeorológicos utilizados para a determinação do balanço de energia e da evapotranspiração em culturas agrícolas é o método da razão de Bowen (MRB) (Bowen, 1926), desenvolvido a partir dos estudos de Schmidt (1915). O MRB estima o fluxo de calor latente (*LE*) usando medidas à superfície dos gradientes de temperatura e umidade do ar, saldo de radiação e fluxo de calor no solo (Angus & Watts, 1984).

Sua aplicação vai desde a determinação do balanço energético em áreas ou culturas de interesse (Prueger et al., 1998), passando pela determinação da perda de água (Malek et al., 1990) e de coeficientes de cultura (Malek e Bingham, 1993) até o estudo de relações hídricas em plantas (Grantz e Meinzer, 1991).

A aplicação do MRB baseia-se nas seguintes suposições (Todd et al., 2000): 1) o transporte de massa é unidimensional, sem gradientes horizontais e os sensores que medem os gradientes devem estar localizados dentro da subcamada ajustada à vegetação, na qual os fluxos não variam com a altura; 2) a superfície é considerada homogênea com relação às fontes e drenos de calor, vapor d'água e momentum; e, 3) a razão entre os coeficientes de troca turbulenta de calor e de vapor d'água (K_h/K_e) é igual a 1, o que é verdade sob condições atmosféricas neutras ou instáveis. Quanto às duas primeiras suposições, as mesmas podem ser obtidas na presença de uma extensa bordadura.

Admitindo-se tais premissas, pode-se utilizar o princípio do balanço de energia sobre uma comunidade vegetal. como mostra a Equação 9.4., considerando como desprezível o componente envolvido na síntese bioquímica:

$$SR = H + LE + G \qquad (9.4.)$$

E que a razão de Bowen (β) seja dada por:

$$\beta = \frac{H}{LE} = \gamma \frac{\Delta e_a}{\Delta T} \tag{9.5.}$$

Assim, substituindo-se (9.5.) em (9.4.), é possível obter a seguinte equação para a estimativa da evapotranspiração de uma comunidade vegetada para um período específico de tempo (no caso, adotou-se o período de uma hora):

$$ET = \frac{(SR - G)}{\lambda E \cdot (1+\beta)} \tag{9.6.}$$

em que *ET* é a evapotranspiração dada em mm $hora^{-1}$; *SR* é o saldo de radiação medido horizontalmente sobre a superfície vegetada (MJ m^{-2} $hora^{-1}$); *G* é o fluxo de calor no solo (MJ m^{-2} $hora^{-1}$); λE é o calor latente de vaporização da água (MJ kg^{-1}). Note-se que normalmente se realiza as medidas experimentais com o método da razão em períodos menores que uma hora, devendo-se, portanto, adequar as escalas de tempo dos termos da Equação 9.6. para o período em questão. É como utilizar-se medidas em passos de tempo menores que o horário, integrando-se os valores de *ET* horários para períodos de 24 horas.

Segundo Todd et al. (2000), as principais vantagens do MRB incluem a possibilidade de medidas simples e contínuas, com custo relativamente baixo; não é necessário caracterizar aerodinamicamente a superfície de interesse; a possibilidade de integrar o fluxo de calor latente sobre extensas áreas; e o fornecimento de medidas em pequena escala de tempo (menor que uma hora). Suas desvantagens incluem a necessidade de instrumentos acurados e com alta resolução para a medida dos gradientes de temperatura e umidade, bem como dos termos do balanço de energia; a descontinuidade dos dados quando β aproxima-se de –1; e a necessidade de bordadura adequada.

Perez et al. (1999) sugerem uma série de procedimentos para assegurar que os erros associados ao uso do MRB e é imprescindível seguir este roteiro de avaliação dos dados para assegurar que as medidas obtidas têm validade física. De modo geral, o MRB fornece bons resultados em climas úmidos, mas pode apresentar limitações em condições muito secas (β elevado e positivo) e de relativa advecção de energia (β negativo) (Angus e Watts, 1984). Mesmo assim, o método da razão de Bowen tem sido muito utilizado para determinação da evapotranspiração de culturas irrigadas em ambientes semiáridos, onde os resultados dos fluxos são considerados de boa precisão (Rana e Katerji, 2000; Unland et al., 1996). Segundo Angus e Watts (1984), em regiões áridas, onde as plantas são submetidas a estresse hídrico, é muito importante que as medidas dos gradientes de temperatura e umidade sejam realizadas com a maior acurácia possível, pois nesses ambientes o gradiente de temperatura (ΔT) pode mostrar-se muito alto e o gradiente de pressão de vapor (Δe) muito baixo, exigindo equipamentos de melhor qualidade.

Exemplo 9.3. Suponha que num determinado dia, utilizando-se um sistema de razão de Bowen sobre a cultura da cana-de-açúcar, obteve-se as seguintes medidas entre as 10:00 e 11:00 da manhã:

Rn -G $MJ \cdot m^{-2} \cdot d^{-1}$	ΔT °C	Δea kPa	γ kPa·°C
1,042	-0,690	0,390	0,067

Resposta: O primeiro passo é calcular o valor de β, utilizando a Equação 9.5., como segue:

$$\beta = 0{,}067 \cdot \frac{0{,}390}{-0{,}690} = -0{,}1195$$

Em seguida, assumindo que λE=2,45, utiliza-se a Equação 9.6 para estimar a evapotranspiração do cultivo, como segue:

$$ET = \frac{(1{,}042)}{2{,}45 \cdot (1-0{,}1195)} = 0{,}483 \text{ mm h}^{-1}$$

9.3.1.3. MÉTODO AERODINÂMICO

O método aerodinâmico tem base numa relação entre a densidade de fluxo de uma dada propriedade atmosférica com sua massa ou seu gradiente escalar acima de uma superfície de referência. Na literatura específica, esta abordagem é reconhecida como a "técnica do fluxo-gradiente" (Prueger e Kustas, 2005). As primeiras propostas que embasaram o que hoje se conhece como método aerodinâmico foram feitas na Alemanha, pelo físico Adolph Fick (daí o nome "Lei de Fick") que, em 1855, propôs uma equação que permitia o estudo do transporte molecular de gases na atmosfera baseada na Lei de Fourier para o estudo do transporte de energia térmica.

Como já mencionado no capítulo 3, de forma simplificada, a Lei de Fick pode ser dada por:

$$J = D \cdot \frac{d_c}{d_x} \qquad (9.7.)$$

em que d_c/d_x é o gradiente de concentração de uma dada propriedade atmosférica 'c' ao longo do plano 'x'; D é a difusividade molecular e J é o fluxo difusivo de uma dada quantidade por unidade de área e de tempo.

Analogamente, Boussinesq (1877) introduziu o termo difusividade turbulenta para adaptar a proposta de Fick para uma abordagem que permitisse estimar o transporte de momento, calor sensível e latente em resposta a um gradiente e a uma difusividade turbulenta, como segue:

$$\tau = \rho_{ar} \cdot k_m \cdot \frac{du}{dz} \qquad (9.8.)$$

$$H = \rho_{ar} \cdot c_p \cdot k_h \cdot \frac{d\theta}{dz} \qquad (9.9.)$$

$$E = \rho_{ar} \cdot k_q \cdot \frac{dq}{dz} \qquad (9.10.)$$

em que τ representa a densidade de fluxo de momento entre a atmosfera e a superfície ($N{\cdot}m^{-2}$); H é a densidade de fluxo de calor sensível ($W{\cdot}m^{-2}$); E é a densidade de fluxo de vapor d'água ($kg{\cdot}s^{-1}{\cdot}m^{-2}$); ρ_{ar} é a densidade do ar ($kg{\cdot}m^{-3}$); z é a distância vertical (m) entre os sensores de velocidade do vento (u, $m{\cdot}s^{-1}$); θ é a temperatura potencial (K); q é a umidade específica ($kg{\cdot}kg^{-1}$); c_p é calor específico do ar ($J{\cdot}kg^{-1}$); k_m k_h *e* k_q são os coeficientes de transporte turbulento de momento, calor sensível e vapor d'água ($m^2{\cdot}s^{-1}$), respectivamente.

Na conceituação do método aerodinâmico, manipulando-se as Equações 9.9 e 9.10, substituindo-se nelas os termos correspondentes a k_h e k_q, e convertendo os termos diferenciais em diferenças finitas, a densidades de fluxo de calor latente (*LE*) e de calor sensível (*H*) podem ser estimadas empregando-se as Equações 9.11. e 9.12.:

$$LE = \rho_{ar} \cdot \lambda e \cdot k^2 \cdot \left(\frac{0{,}622}{P_{atm}}\right) \cdot (\bar{z} - d)^2 \cdot \left(\frac{\Delta u \cdot \Delta e}{\Delta z^2}\right) \cdot fe \quad (9.11.)$$

$$H = \rho_{ar} \cdot c_p \cdot k^2 \cdot (\bar{z} - d)^2 \cdot \left(\frac{\Delta u \cdot \Delta T}{\Delta z^2}\right) \cdot fe \quad (9.12.)$$

em que k é a constante adimensional de Von Kármán (0,41); $\bar{z}$ é a média das alturas de medida (m); d é o deslocamento do plano zero (m); Δu é a diferença de velocidade do vento entre as alturas de medida, (m·s^{1}); ΔT é a diferença de temperatura do ar entre as alturas de medida (ºC); Δe é a diferença de pressão atual de vapor do ar entre as alturas de medida (kPa); Δz é a diferença entre as alturas de medida (m). Vale destacar que em ambas as equações, as unidades de LE e H estão em W m^{-2}, sendo necessário, portanto, adequadamente integra-las para o período de tempo e, no caso de LE, dividir pelo calor latente de vaporização da água para se obter os valores em densidade de fluxo de vapor d'água.

O fator de correção *fe* (adimensional) das Equações 9.11. e 9.12. foi desenvolvido com a finalidade de corrigi-las em função do estado de estabilidade atmosférica, e uma das opções para sua determinação é o uso das Equações 9.13. e 9.14. Uma das opções é relacionar *fe* com o número de Richardson (Ri) discutido no capítulo 8. Assim, sob condições de atmosfera instável (Ri < -0,01), *fe* pode ser estimado com as seguintes equações:

$$fe = (1 - 16 \cdot Ri)^{0,75} \quad (9.13.)$$

Sob condições de atmosfera estável (Ri > 0,01), *fe* é dado por:

$$fe = (1 + 5 \cdot Ri)^{-2} \quad (9.14.)$$

Sob condições de atmosfera neutra (-0,01 ≤ Ri ≤ 0,01), *fe* = 1.

Exemplo 9.4. Estime a evapotranspiração de um cultivo de milho, sobre o qual foram registradas as seguintes condições:

Δu	ΔT	Δea	Δz	Patm	$\bar{z}$	ρ_{ar}	d	Ri	γ
m s^{-1}	ºC	kPa	m	kPa	m	kg·m^{-3}	m		kPa·ºC
0,175	-0,790	0,220	1,0	95,4	2,5	1,260	1,201	-0,0985	0,067

Resposta: o primeiro passo é avaliar o número de Richardson (*Ri*) e selecionar a condição de estabilidade atmosférica, necessário para o cálculo do fator de estabilidade (*fe*). Neste exemplo, *Ri* = -0,0985, o que corresponde a uma condição de instabilidade atmosférica, o que exige o uso da Equação 9.13. para o cálculo de *fe*, como segue:

$$fe = [1 - 16 \cdot (-0{,}0985)]^{0{,}75} = 2{,}0333$$

Na sequência, admitindo que a constante de von Karman (k) igual a 0,41, utiliza-se a Equação 9.11. para estimar o fluxo de calor latente (LE) instantâneo sobre a cultura:

$$LE = 2{,}45 \cdot 10^6 \cdot 1{,}26 \cdot 0{,}41^2 \cdot \left(\frac{0{,}622}{95{,}4}\right) \cdot (2{,}5 - 1{,}201)^2 \cdot \left(\frac{0{,}175 \cdot 0{,}32}{1^2}\right) \cdot 2{,}0333 = 649{,}96\ \mathrm{W \cdot m^{-2}}$$

Assumindo que os valores da tabela acima são dados médios obtidos ao longo de uma hora sobre a cultura do milho, pode-se converter os valores de LE para evapotranspiração da seguinte forma:

$$ET = \frac{LE}{\lambda E} \cdot \frac{3600s}{1h} = \frac{649{,}96}{2{,}45 \cdot 10^6} \cdot \frac{3600}{1} = 0{,}6567 \frac{\mathrm{kg}}{\mathrm{m^2 \cdot h}} = 0{,}6567 \mathrm{mm \cdot h^{-1}}$$

9.3.1.4. MÉTODO DA CORRELAÇÃO DE TURBILHÕES

Vapor d'água, dióxido de carbono ou quaisquer outras propriedades se movem na atmosfera por causa do movimento vertical das pequenas parcelas de ar que se deslocam para cima e para baixo, chamadas turbilhões. O método da correlação de turbilhões foi proposto originalmente por Swinbank (1951) para estimativa do fluxo vertical de vapor d'água e sua dedução se baseia no conceito de que o fluxo vertical (F) por unidade de massa de uma propriedade *s* (Rosenberg et al., 1983), num dado fluido é expresso por:

$$F = \overline{\rho_{ar} \cdot w \cdot s} \qquad (9.15.)$$

em que ρ_{ar} é a densidade do ar (kg·m^{-3}); *w* é a velocidade vertical (m·s^{-1}); e *s* é uma propriedade mensurável da parcela de ar; a barra sobrescrita denota que se trata do valor médio ao longo de um dado período de tempo.

Na camada mais superficial da atmosfera as propriedades apresentam rápidas variações em torno do seu valor médio, de forma que o valor instantâneo de w, s e ρ_a pode ser expresso por:

$$w = \overline{w} + w' \qquad (9.16.)$$

$$s = \overline{s} + s' \qquad (9.17.)$$

$$\rho_{ar} = \overline{\rho_{ar}} + \rho_{ar}' \qquad (9.18.)$$

em que w', ρ_a' e s' representam desvios instantâneos em relação à média das variáveis velocidade vertical do vento (m·s^{-1}); da densidade do ar (kg·m^{-3}) e de uma propriedade de interesse da parcela de ar, respectivamente.

Admitindo-se que ρ_{ar} seja constante e substituindo-se os termos 9.16., 9.17. e 9.18. na Equação 9.19., tem-se que:

$$F = \rho_{ar} \cdot \overline{w \cdot s} + \rho_{ar} \cdot \overline{w' \cdot s'} \tag{9.19.}$$

O primeiro termo da Equação 9.19. representa o fluxo vertical médio e o segundo termo representa o fluxo devido à movimentação dos turbilhões. Numa superfície plana e considerando um período suficientemente longo, pode-se admitir que a velocidade média vertical nula, já que a massa de ar que ascende pela turbulência atmosférica deve ser substituída por uma parcela de mesma massa para que a premissa seja mantida. Assim, pode-se considerar o primeiro termo seja negligenciado, de forma que a Equação 9.19. pode ser reduzida para:

$$F = \rho_{ar} \cdot \overline{w' \cdot s'} \tag{9.20.}$$

Baseando-se na equação acima, os fluxos de momento (τ), de calor sensível (H) e vapor d'água (ET) pode ser dados por:

$$\tau = -\rho_{ar} \cdot \overline{w' \cdot u'} \tag{9.21.}$$

$$H = -\rho_{ar} \cdot c_p \cdot \overline{w' \cdot T'} \tag{9.22.}$$

$$ET = -\rho_{ar} \cdot \frac{0{,}622}{P_{atm}} \cdot \overline{w' \cdot e_a'} \tag{9.23.}$$

em que ρ_{ar} é a densidade do ar ($kg \cdot m^{-3}$); w é a velocidade vertical ($m \cdot s^{-1}$); u é a velocidade horizontal do vento ($m \cdot s^{-1}$); T é a temperatura do ar (ºC); e_a é a pressão parcial de vapor (kPa). A barra sobrescrita denota que se trata do valor médio ao longo de um dado período.

A Figura 9.9.a ilustra o princípio do método da correlação de turbilhões, demonstrando que num turbilhão onde a temperatura cai conforme o movimento é descendente, tem-se o que se convenciona chamar de covariância positiva, com fluxo de calor sensível ascendente, condição representativa do período diurno, quando a superfície está mais quente que a atmosfera. Note que a parte do turbilhão que representa o fluxo ascendente indica que, nesta condição, a velocidade vertical é positiva, com elevação da temperatura conforme o turbilhão sobe na atmosfera. A Figura 9.9.b, por sua vez, representa a condição noturna, quando a temperatura da superfície é menor que a atmosfera e o fluxo de calor sensível é descendente.

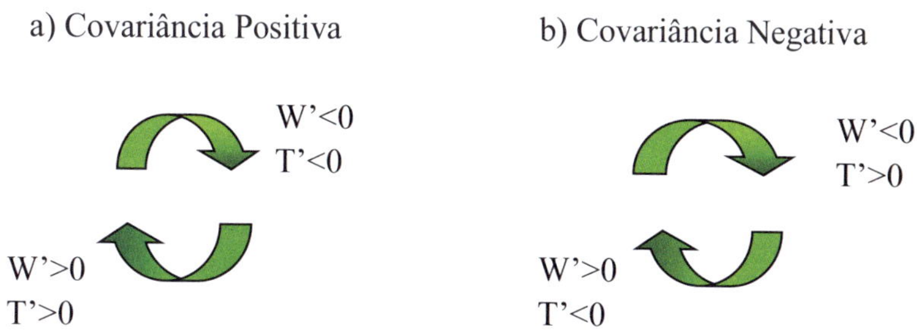

Figura 9.9. Representação esquemática do princípio do método da correlação de turbilhões.

O método da correlação de turbilhões fornece estimativas acuradas quando adequadamente utilizado, sendo normalmente adotado como referência para outros métodos. O instrumental para a aplicação do método exige o uso de anemômetros de rápida resposta, como os anemômetros sônicos ou os anemômetros de fio quente ou similares para medida da velocidade vertical do vento; termistores sensíveis ou psicrômetros de termopares de fio fino para medida da temperatura; higrômetros de alta sensibilidade (infravermelho) para medida da umidade do ar.

A Figura 9.10. ilustra uma sequência de medidas obtidas com o anemômetro sônico e com um sensor capaz de mensurar a concentração de oxigênio (O_2) na atmosfera. Observe as linhas vermelha e azul oscilando em torno da média móvel das duas variáveis. Desse gráfico, é possível visualizar que quando a velocidade vertical do vento (linha azul) está abaixo da média, a concentração de O_2 no ambiente sobe e vice-versa, ilustrando o princípio do método da correlação de turbilhões.

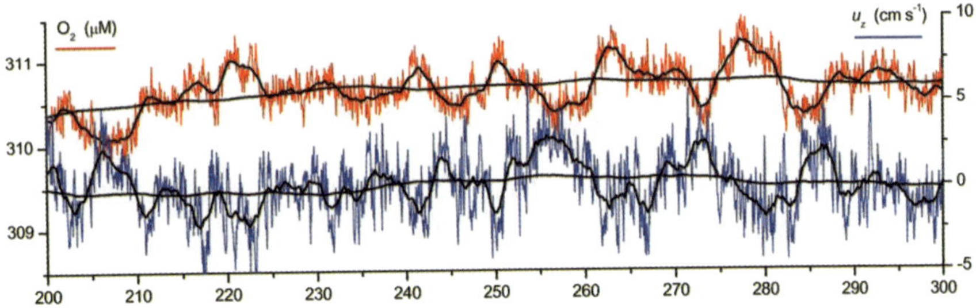

Figura 9.10. Variação temporal da velocidade vertical do vento e da concentração de O_2 utilizados pelo método da correlação de turbilhões.

A Figura 9.11. descreve esquematicamente os padrões diuturnos dos perfis e de fluxo de CO_2 sobre uma superfície vegetada. Por exemplo, as Figuras 9.11.a e 9.11.b ilustram os fluxos verticais na atmosfera num ambiente em que ocorre a fotossíntese. Note que, nesta condição, quando a velocidade vertical é negativa (turbilhões para baixo), aumenta a concentração de CO_2 no nível do sensor, ilustrando que sua concentração é maior na alta atmosfera e menor na altura da vegetação, que atua como sumidouro de carbono durante o dia. Durante a noite (Figuras 9.11.c e 9.11.d), os fluxos se invertem e, assim, quando a velocidade do vento é negativa, a concentração de CO_2 diminui, pois, a vegetação apenas respira, atuando como fonte de CO_2. Com isso, a concentração de CO_2 é maior na parte mais baixa da atmosfera.

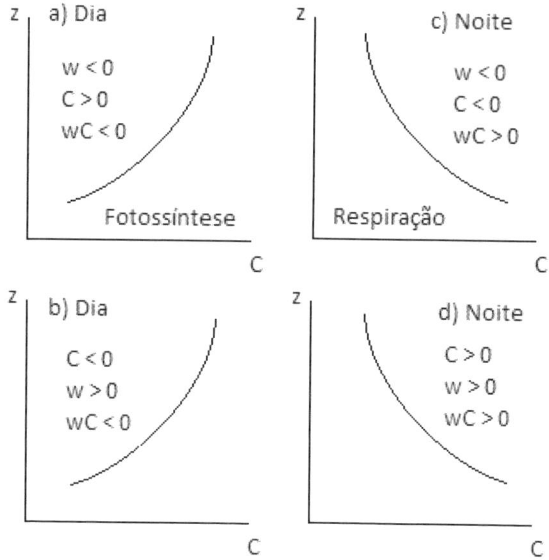

Figura 9.11. Representação esquemática dos padrões de fluxos de dióxido de carbono sobre vegetação durante o período diurno e noturno.

9.3.2. MEDIDA DA EVAPOTRANSPIRAÇÃO COM LISÍMETROS

Os lisímetros são ferramentas de referência na pesquisa sobre a medida da evapotranspiração e qualidade da água e têm sido utilizados por mais de três séculos para estudos das relações entre água, solo e plantas (Allen et al., 1991). A palavra lisímetro deriva do grego *lysis*, que significa dissolução ou movimento, e de *metron*, que significa medida. Por definição, lisímetro é um equipamento para medida da percolação de água e solutos através do solo, utilizado para determinar seus constituintes solúveis na água drenada (Aboukhaled & Alfaro, 1982). Ele normalmente se constitui num tanque ou reservatório que delimita o movimento da água através de um volume definido de solo. O uso da água (transpiração, evaporação ou ET), portanto, pode ser determinado indiretamente por balanço do conteúdo de água nesse volume definido de solo.

Há três tipos de lisímetros quanto ao seu princípio de funcionamento. Os lisímetros de drenagem (Figura 9.12.) são constituídos de um recipiente com volume definindo de solo com dreno na parte inferior e um tanque de acesso para coleta e medição do volume de solo drenado. Este tipo de lisímetro baseia-se no princípio de reposição do volume de água evapotranspirado ao longo de um período, elevando a umidade do solo até a capacidade de campo. Para tanto, ao início do período de medidas, o solo é umedecido até que haja água drenando no recipiente no tanque de acesso. Ao final do período de drenagem, admite-se que o solo esteja em capacidade de campo. Após alguns dias, irriga-se o lisímetro até que, novamente, haja drenagem no tanque de acesso. O volume evapotranspirado pela cultura é dado pelo volume de água aplicado subtraído do volume de água de drenagem. É evidente que a área do lisímetro deve ser considerada para a conversão do volume aplicado em lâmina de evapotranspiração. Este tipo de lisímetro tem a limitação de não permitir a medida em escala diária da evapotranspiração. Para medidas em escala semanal ou quinquidial, os lisímetros de drenagem mostraram bom desempenho no passado e grande parte dos estudos sobre evapotranspiração, que hoje balizam o estudo nesse campo de pesquisa, foram desenvolvidos com base em dados oriundos de lisímetros de drenagem.

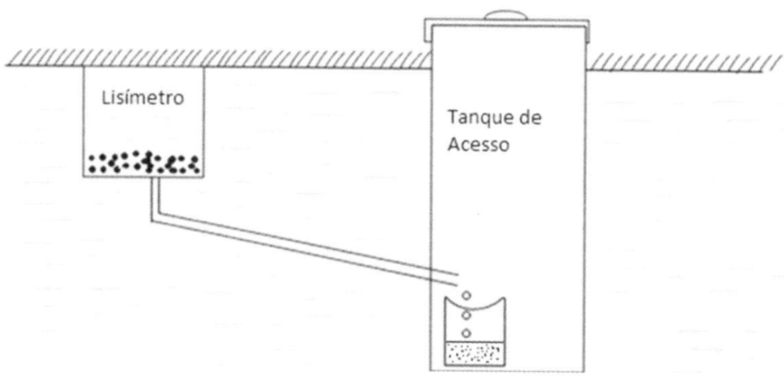

Figura 9.12. Representação esquemática de um lisímetros de drenagem.

Outro tipo de lisímetro é classificado como lençol freático constante, que tem princípio de funcionamento similar ao dos lisímetros de drenagem. A diferença está na associação de um reservatório suprindo água constantemente ao volume de solo definido pelo lisímetro. Assim, ao se mensurar o volume de água drenado do reservatório para o lisímetro (e dividindo-se pela área do lisímetro), tem-se a lâmina de água evapotranspirada.

Por fim, tem-se os lisímetros de pesagem (Figura 9.13.), nos quais a diferença de massa nos lisímetros é computada num intervalo de tempo, admitindo-se que o acúmulo de biomassa da vegetação possa ser desprezado no intervalo entre duas medidas e que, portanto, a variação da massa do sistema seja devida exclusivamente a água perdida por drenagem ou evapotranspiração. É obvio que se a drenagem for impedida neste período, a única forma de perda de água é através da evapotranspiração. Este tipo de lisímetro é atualmente o mais utilizado cientificamente e admitido como medida de referência em estudos de evapotranspiração. Isso se deve principalmente ao avanço, simplificação e barateamento dos sistemas automáticos de aquisição de dados e das células de carga com capacidade de pesagem de massas elevadas e alta resolução de medida. Apesar da possibilidade de medida automática, contínua e a curtos intervalos de tempo, Santiago (2001) destaca algumas limitações desse tipo de lisímetro que merecem atenção quando se pretende construir ou utilizar dados de lisímetros de pesagem. Uma delas está relacionada com a velocidade do vento incidente sobre o lisímetro, que pode influir fortemente sobre as medidas, ou com eventos de chuva excessiva, que podem causar transbordamento do lisímetro e armazenamento indevido de água na estrutura em alguns tipos de equipamento, prejudicando as medidas.

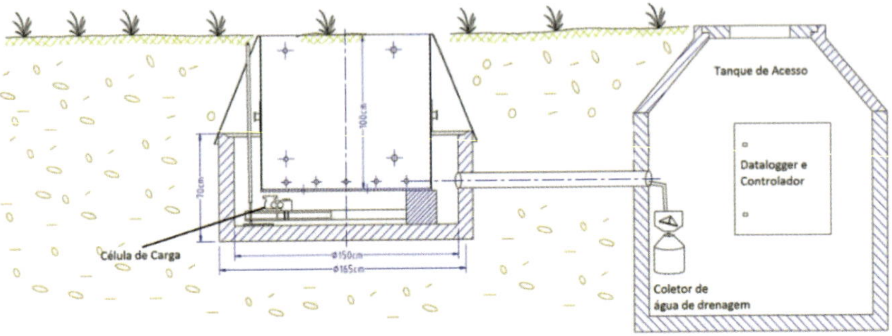

Adaptada de von Unold (2006).

Figura 9.13. Representação esquemática de lisímetro de pesagem.

Independentemente do tipo de lisímetro, um aspecto que merece destaque é a necessidade de se manter a vegetação no interior do lisímetro com as mesmas condições (altura, estrutura e área foliar similares) da área de contorno envolvendo o equipamento, uma vez que é comum que a vegetação interna cresça mais que as plantas do entorno e ocupem área além dos limites de sua borda, constituindo o que se convencionou denominar de "efeito buquê". Essa diferença de crescimento, por conseguinte, interfere na interação entre a vegetação e a atmosfera podendo elevar a taxa de evapotranspiração medida no lisímetro.

Um dos fatores necessários para que haja uniformidade entre a vegetação do lisímetro e vegetação da área circundante, é necessário considerar que o sistema radicular e, portanto, o solo, devem também ser o mais próximo possível do solo que contorna o equipamento lisimétrico. O perfil de solo dentro dos lisímetros é uma questão importante neste aspecto. Sempre que possível, o uso de monólitos indeformados de solo é aconselhado pela possibilidade de preservação das características físicas e químicas do solo. Esta estratégia permite também a colocação de plantas adultas nos lisímetros, preservando-se o sistema radicular aproximando as medidas lisimétricas das condições normais de cultivo da cultura. Contudo, quando não é possível utilizar monólitos e é necessário deformar a estrutura do solo, os lisímetros devem ser preenchidos mantendo-se a mesma sequência de horizontes do solo original. Neste caso, é também conveniente que as medidas sejam iniciadas após um período de tempo que permita ao sistema alcançar um nível mínimo de estruturação e se aproxime ao menos minimamente do solo natural.

Segundo Allen et al. (1991) a acurácia de medida dos lisímetros é dada pelo intervalo de medida (i.e. horário, diário ou semanal) e pela resolução do sistema de medida. O projeto de lisímetros, quanto à forma e a área ocupada, devem ser definidos considerando-se a cultura a ser estudada no sistema, especialmente quanto ao sistema radicular. Por facilidade de construção, a maioria dos lisímetros tem forma retangular com área variando entre 1 e 29 m^2 (Allen et al. 1991). Lisímetros com formato circular, sempre que possível, devem ter diâmetro várias vezes maior que o espaçamento entre linhas para evitar problemas de representatividade quanto à geometria de plantio da cultura estudada. Isso pode, por exemplo, alterar a relação entre a evaporação do solo e a transpiração das plantas. Para culturas como alfafa, gramados, pastagens e outras espécies cultivadas sem uma geometria predominante, a influência do formato dos lisímetros sobre a qualidade das medidas de ET é reduzida.

9.3.3. ACOPLAMENTO ENTRE A VEGETAÇÃO E A ATMOSFERA

Como discutimos na seção 9.3., o papel do estômato é reconhecido como preponderante no controle da transpiração. No entanto, há algumas décadas, essa constatação não estava clara. A confrontação de experimentos em laboratório com experimentos de campo comumente produzia interpretações diferentes quanto aos fatores controlando a transpiração das plantas. Ora as condições atmosféricas eram tidas como as únicas responsáveis pelo processo (especialmente quando os experimentos eram conduzidos por meteorologistas), ora a regulação estomática explicava praticamente todo o processo transpiratório (como resultados dos experimentos dos fisiologistas). Essa confusão temporária deveu-se principalmente porque no laboratório, com ar totalmente parado, a espessura da camada limite foliar tornava-se muito grande, com consequente aumento expressivo da resistência aerodinâmica à difusão de vapor. Em experimentos de campo, ao contrário, a espessura da camada limite foliar era ordens de grandeza menor que aquela observada em condições de laboratório. Experimentos testando a resposta de folhas ventiladas e sem ventilação conduzidos na década de 1950 (Penman & Schofield, 1951; Bange, 1953) mostraram que a importância dos estômatos controlando esse processo aumentava com o vento incidente sobre as folhas. Esses experimentos também permitiram constatar que, como a resistência aerodinâmica e a resistência foliar estão conectadas em série quando se analisa o fluxo de vapor a partir de uma folha, a relação entre elas é muito importante no controle do processo transpiratório (Jarvis & McNaughton, 1986).

Sobre isso, McNaughton e Jarvis (1983) propuseram uma forma de se quantificar o grau de acoplamento entre a vegetação e a atmosfera. Apesar desse aparente contato, nem sempre essa interação dá-se de modo pleno, e esse desacoplamento é principalmente devido ao aumento da camada limite foliar e da resistência aerodinâmica ou ao fechamento estomático. Os autores propuseram então o fator de acoplamento (Ω), expresso na Equação 9.14., como um indicador de bases físicas, do nível de interação entre a folhagem e a atmosfera e do modo como a vegetação experimenta as condições atmosféricas:

$$\Omega = \frac{1}{1 + \frac{\gamma}{(s+\gamma)} \cdot \frac{r_f}{r_a}} \qquad (9.14.)$$

em que r_f é a resistência da cobertura à difusão de vapor ($s \cdot m^{-1}$) e r_a é resistência aerodinâmica da cultura ($s \cdot m^{-1}$), γ é a constante psicrométrica ($kPa \cdot {}^oC^{-1}$); e s é a tangente à curva de saturação de vapor ($kPa \cdot {}^oC^{-1}$).

O fator de acoplamento pode ser interpretado pela análise de seus valores extremos. Quando Ω tende para a unidade, isso significa que r_f/r_a tende para zero, o que implica no fato de que apenas a energia radiante contribui para o processo de transpiração e a cultura é considerada desacoplada da atmosfera. De modo inverso, quando Ω tende para zero, r_f/r_a tende para infinito e a vegetação encontra-se totalmente acoplada com a atmosfera. Com isso, a transpiração sofre grande influência do déficit de pressão de vapor e da velocidade do vento.

Sob o ponto de vista fisiológico, a sensibilidade da vegetação ao ambiente é dada, de fato, pela resposta dos estômatos ao microclima foliar, definindo o nível de acoplamento da vegetação à atmosfera e as relações hídricas de cada espécie vegetal. Em vegetações de alta rugosidade, por exemplo, pode-se esperar um acentuado padrão de resposta em relação às variações nas propriedades atmosféricas, em especial à velocidade do vento, à temperatura do ar e ao déficit de pressão de vapor. Isso se deve ao maior grau de interação entre a folhagem e a atmosfera ($\Omega \rightarrow 0$), consequência da maior rugosidade da vegetação. Por outro lado, sob condições de menor rugosidade aerodinâmica ou baixa velocidade do vento, pode-se esperar um certo desacoplamento entre as condições experimentadas pela vegetação e aquelas registradas pelas estações meteorológicas. Isso ocorre porque a camada limite da vegetação torna-se mais espessa, com propriedades mais ajustadas à vegetação e, com isso, passa a atuar como uma camada intermediária entre a atmosfera livre (nessas condições, normalmente mais quente seca) e a cavidade estomática. Essa condição é comum em culturas com copas bastante densas, como é o caso da soja, onde apenas parte das folhas fica de fato exposta à atmosfera livre, enquanto uma porção importante fica de certo modo protegida pelas folhas superiores e experimentam uma condição mais amena para a realização das trocas de CO_2 e vapor d'água com a atmosfera, mantendo-se com maior potencial de água mesmo nos momentos mais quentes do dia e, assim, com mais vigor em relação as folhas da parte superior da copa.

Exemplo 9.5. Estime o valor do fator ômega para um dia em que a resistência aerodinâmica foi de 35,3 $s \cdot m^{-1}$ e a resistência foliar foi de 180,1 $s \cdot m^{-1}$. Assuma γ=0,064 $kPa \cdot {}^oC^{-1}$ e s=0,224 $kPa \cdot {}^oC^{-1}$.

Resposta: utilizando os valores fornecidos no exemplo e aplicando-os na equação 9.14., tem-se que o valor do fator ômega nesta condição seria de 0,4684.

$$\Omega = \frac{1}{1 + \frac{0,064}{(0,064+0,224)} \cdot \frac{180,1}{35,3}} = 0,4684 \qquad (9.15.)$$

REFERÊNCIAS

Aboukhaled, A.; Alfaro, A.; Smith, M. Lysimeters. Food and Agriculture Organization of the United Nations. FAO Irrigation and Drainage Paper, no. 39, 68p. 1982

Allen, R.G., Howell, T.A., Pruitt, W.O., Walter, I.A., Jensen, M.E. 1991. Lysimeters for Evapotranspiration and Environmental Measurements.

Allen, R.G.; Pereira, L.S.; Raes, D.; Smith, M. Crop evapotranspiration: guidelines for computing crop water requirements. Rome: FAO, 1998. 300p. (FAO. Irrigation and Drainage Paper, 56).

Angus, D.E.; Watts , P.J. Evapotranspiration: How good is the Bowen ratio method? Agricultural Water Management, Amsterdam, v. 8, p. 133-150, 1984.

Baker, J.M.; Van Bavel, C.H.M. Measurements of mass flow of water in stems of herbaceous plants. Plant, Cell and Environment, v.10, p.777-782, 1987.

Bange, G. G. J. (1953). On the quantative explanation of stomatal transpiration. Acta botanica Neerlandica. 2, 255-291.

Batten, D.; Lloyd, J.J.; Mcconchie, C. Seasonal variation in stomatal responses of two cultivars of lychee (Litchi chinensis Sonn.). Australian Journal of Plant Physiology. v.19, p.317-329, 1992.

Boussinesq, J., 1877. Essai sur la theorie des eaux courantes. Mem.Acad. Sci. Inst. Fr. 23 (1), 252 – 260.

Bowen, I.S. The ratio of heat losses by conduction and by evaporation from any water surface, Physical Review, v.27, p.779-787, 1926.

Denmead, O.T., Shaw, R.H., 1962. Availability of soil water to plants as affected by soil moisture content and meteorological conditions. Agronomy Journal 54, 385–390.

Doorenbos, J.; Pruitt, W.O. Crop water requirements. Rome: FAO, 1975. 179 p. (Irrigation and Drainage Paper, 24).

Dourado-Neto, D., De Jong Van Lier, Q., 1993. Estimativa do armazenamento de água no solo para realização de balanço hídrico. Revista Brasileira de Ciência do Solo 17, 9–15.

Dourado-Neto, Durval, Axel García y García, Antonio Luiz Fancelli, José Antonio Frizzone, and Klaus Reichardt. 1999. "Cyclic and Sequential Water Balance: Estimation of the Available Soil Water Storage." Scientia Agricola 56 (3): 537–46.

Fick, A. Uber difusion. Ann. Phys. U. Chemie, 94:170, p.59-86.

Granier, A. Mesure Du Flux De Sève Brute Dans Le Tronc Du Douglas Par Une Nouvelle Méthode Thermique. Annales Des Sciences Forestieres, V.44, N.1, P.1-14, 1987.

Granier, A. Une nouvelle méthode pour la measure du flux de sève brute dans le tronc des arbres. Annales des Sciences Forestieres, v.42, n.2, p.81-88, 1985.z

Grantz, D.A.; Meinzer, F.C. Regulation of transpiration in field-grown sugarcane: evaluation of the stomatal response to humidity with the Bowen ratio technique. Agricultural and Forest Meteorology, v. 53, p.169-183, 1991.

Heilman, J.L.; Brittin, C.L. Fetch requirements for Bowen Ratio measurements of latent and sensible heat fluxes. Agricultural and Forest Meteorology, v.44, p.261-273, 1989.

Jarvis, P.G., 1985. Coupling of transpiration to the atmosphere in horticultural crops: the omega factor. Acta Hortic. 171, 187–205.

Jarvis, P.G., McNaughton, K.G., 1986. Stomatal control of transpiration: scaling up from leaf to region. Adv. Ecol. Res. 15, 1–49.Jensen, M.E., 1968, *Water consumption by agricultural plants*, In: Kozlowski, T.T. (Ed.), Water Deficits and Plant Growth, Vol. II. Academic Press, Inc., New York, NY, pp. 1–22.

Malek, E.; Bingham, G.E. Growing season evapotranspiration and crop coefficient. In: Allen, R.G.; Van Bavel, C.M.U. (Ed.). Management of irrigation and drainage systems: integrated perspectives. New York: ASCE, 1993. p.961-968.

Malek, E.; Bingham, G.E.; Mccurdy, G.D. Evapotranspiration from the margin and moist playa of a closed desert valley. Journal of Hydrology, v. 120, p. 15-34, 1990.

Marin, F R, R V Ribeiro, L R Angelocci, and E Z Righi. 2008. Fluxo de Seiva Pelo Método Do Balanço de Calor: Base Teórica, Qualidade Das Medidas e Aspectos Práticos. Bragantia, no. 001: 1–14.

Marin, F R. 2003 Evapotranspiração e Transpiração Máxima Em Cafezal Adensado. Piracicaba, 2003. 118p. Tese (Doutorado)–Escola Superior de Agricultura “Luiz de Queiroz”, Universidade de São Paulo.

Marin, F. R., E. Z. Righi, A. V. Santiago, P. C. Sentelhas, S. R. Maggiotto, G. B. Lyra. 2003b. “Estimativa da temperatura da superfície e da evapotranspiração em gramado com método iterativo.” Revista Brasileira de Agrometeorologia 11 (2): 221–28.

Marin, F. R., L. R. Angelocci, D. S. P. Nassif, M. S. Vianna, F. G. Pilau, E. H. F. M. Silva, L. R. Sobenko, A. O. Gonçalves, R. A. A. Pereira, And K. S. Carvalho. 2019. Revisiting the Crop Coefficient–Reference Evapotranspiration Procedure for Improving Irrigation Management. Theoretical and Applied Climatology, 138(3 – 4), 1785 – 1783.

Marin, F. R., L. R. Angelocci, M. A. Coelho-Filho, N A Villa Nova. 2001. Construção e Avaliação de Psicrômetro Aspirado de Termopar. Scientia Agricola 58 (4): 839–44.

Marin, F. R., L. R. Angelocci, N A Villa Nova. 2003a. Estimativa Da Transpiração Máxima de Lima Ácida, Cv. Tahiti, Pelo Modelo de Penman-Monteith. Revista Brasileira de Agrometeorologia, Santa Maria 11 (2): 237–43.

Marin, F. R., L. R. Angelocci,; E. Z. Righi. 2001. Modelo Simplificado Para Estimativa Da Resistência à Difusão de Vapor de Árvores de Lima Ácida 'Tahiti. Revista Brasileira de Agrometeorologia 9 (2): 227–33.

Marin, F.R., Angelocci, L.R., Nassif, D.S.P., Costa, L.G., Vianna, M.S., Carvalho, K.S. 2016. Crop coefficient changes with reference evapotranspiration for highly canopy-atmosphere coupled crops. Agricultural Water Management 163, 139–145. doi:10.1016/j.agwat.2015.09.010

Marin, F.R., Angelocci, L.R., Righi, E.Z., Sentelhas, P.C. 2005. Evapotranspiration and irrigation requirements of a coffee plantation in Southern Brazil. Experimental Agriculture 41, 187–197.

Marin, F.R., L. R Angelocci, 2011. Irrigation requirements and transpiration coupling to the atmosphere of a citrus orchard in Southern Brazil. Agricultural Water Management 98, 1091–1096.

Marshall, D.C. Measurement of sap flow in conifers by heat transport. Plant Physiology, v.33, n.6, p.385-396, 1958.

Massman, W.J. A surface energy balance for partitioning evapotranspiration data into plant and soil components for a surface with partial canopy cover. Water Resources Research, v.28, n.6, p.1723-1732, 1992.

McNaughton, K G, and P G Jarvis. 1983. Predicting Effects of Vegetation Changes on Transpiration and Evaporation. In Water Deficits and Plant Growth CN - 0000, 7:1–47. Academic Press.

Monteith, J.L. And Szeicz, G., 1961. The radiation balance of bare soil and vegetation. Q. J. R. Meteorol. Soc. 87, pp. 159–170.

Monteith, J.L. Evaporation and environment. Symposium of Society of Experimental Biology, v.19, p.205-234. 1965.

Monteith, J.L.; Unsworth, M.H. Principles Environmental Physics. Edward Arnold, Londres, 1990. 291p.

Nobel, P. S. 2009 Physicochemical e environmental plant physiology. Academic Pr.

Penman, H . L., And Schofield, R. K. (1951). Some physical aspects of assimilation and transpiration. Symp. SOC. Exp. Biol. 5, 115-129.

Penman, H.L.; Long, I.F. Weather in wheat: an essay in micro-meteorology. Quarterly Journal of the Royal Meteorological Society, v.86, p.17-50, 1960.

Penman, M.L. Natural evaporation from open water, bare soil and grass. Proccedings Royal Society Series A, 193: 120-145, 1948.

Pereira, A.R.; Villa Nova, N.A.; Sediyama, G.C. Evapo(transpi)ração. Piracicaba: FEALQ, 1997. 183p.

Perez, P. J.; Castellvi, F.; Ibañez, M.; et al. Assessment of reliability of Bowen ratio method for partitioning fluxes. Agricultural and Forest Meteorology, Amsterdam, v. 97, p. 141-150, 1999.

Prueger, J.H.; Hatfield, J.L.; Sauer, T.J. Surface energy balance partitioning over rye and oats cover crops in central Iowa. Journal of Soil and Water Conservation, v.53, n.3, p.263-268, 1998.

Prueger, J.H.; Kustas, W.P. Aerodynamic methods for estimating turbulent fluxes. In: Hatfield, J.L.; Baker, J.M. Micrometeorology in agricultural systems. p. 407-436, 2005.

Ramírez-Builes, V.H., Harmsen, E.W., 2011. Water Vapor Flux in Agroecosystems Methods and Models Review. In: Evapotranspiration. In Tech, Rijeka, p. 446.

Rana, G.; Katerji, N. Measurement and estimation of actual evapotranspiration in the field under Mediterranean climate: a review. European Journal of Agronomy, v. 13, p. 125 – 152, 2000.

Rijtema, P.E.; Aboukhaked, A. Crop water use. In: Aboukhaked, A.; Arar, A; Balba, A.M. et al. Research on crop water use, salt affected soils and drainage in teh Arab Republic of Egypt. FAO Regional Office for the Near East, 1975. p.5-61.

Ritchie, J.E. Model for predicting evaporation from a row crop with incomplete cover. Water Resources Research, v.8, n.5, p.1204-1213, 1972.

Rosenberg, N.J., Blad, B.L., Verma, S.B. Microclimate: The Biological Environment. Wiley, USA, 495 pp. 1983.

Sakuratani, T. A heat balance method for measuring water sap flow in the stem of intact plant. Journal of Agricultural Meteorology, Tokyo, v. 39, n. 1, p. 9-17, 1981.

Santiago, A.V., 2001. Evapotranspiração de referência medida por lisímetro de pesagem e estimada por Penman-Monteith (FAO-56), nas escalas mensal e decendial (Dissertação de Mestrado). USP-ESALQ, Piracicaba.

Schmidt, W. Radiation and evaporation from an open water surface, a contribution to the heat budget of the world oceans and to the water budget of the earth. Annals of Hydrological and Maritime Meteorology, v.43, p. 111-124, 1915.

Swinbank, W.C. (1951). The measurement of vertical transfer of heat and water vapor by eddies in the lower atmosphere. J. Meteorol., 8: 135-145.

Szeicz, G., Long, I.F. 1969. Surface resistance of crop canopies. Water Resources Research 5, 622–633.

Thomas, D. A. The regulation of stomatal aerture in tobacco leaf epidermal strips. Australian Journal Biological Sciences, v.23, p.961-979, 1970.

Thornthwaite, C.W. An approach toward a rational classification of climate. Geographical Review, v. 38, p. 55-94, 1948.

Thornthwaite, C.W., Hare, F.K. 1965. The loss of water to the air, in: Agricultural Meteorology, Meteorol. Monographs Amer. Meteorol. Soc. Monogr. pp. 163–180.

Thornthwaite, C.W., Holzman, B., 1942: Measurement of evapotranspiration from land and water surfaces. USDA Technic a l Report. No. 817.

Todd, R. W.; Evett, S. R.; Howell, T. A. The Bowen ratio-energy balance method for estimating latent heat flux of irrigated alfalfa evaluated in a semi-arid, advective environment. Agricultural and Forest Meteorology, Amsterdam, v. 103, p. 335-348, 2000.

Unland, H. E.; Houser, P. R.; Shutteworth, W. et. al. Surface flux measurements and modeling at a semi-arid sonoran desert site. Agricultural and Forest Meteorology, Amsterdan, v. 82, p. 119 – 153, 1996.

Valancogne, C.; Nasr, Z. A heat balance method for measuring sap flow in small trees. In: Borghetti, M.; Grace, J.; Raschi, A. (Ed.). Water transport in plants under climatic stress. Cambridge: Cambridge University Press, 1993. p. 166-173.

Unold, G., 2006. Water Balancing Precision Weighable Lysimeters., in: Annals of World Congress of Soil Science. Presented at the 18th World Congress of Soil Science, World Soil Science, Philadelphia.

Wullschleger, S.D., Wilson, K.B., Hanson, P.J., 2000. Environmental control of whole-plant transpiration, canopy conductance and estimates of the decoupling coefficient for large red maple trees. Agric. For. Meteorol. 104, 157–168.